MATTHIAS BERGBAUER
BERND HUMBERG

Fauna y flora del mar Mediterráneo

OMEGA

Acerca de los autores

El doctor **Matthias Bergbauer** se doctoró en biología. Desde la obtención de su doctorado trabajó en la Universidad de Berlín investigando y dando clases. Ha realizado diferentes estudios ecológicos en hábitats acuáticos y marinos. Realiza proyectos científicos para la comunidad de investigación alemana y ha publicado numerosos artículos en revistas especializadas nacionales e internacionales. Matthias Bergbauer bucea desde 1982 sirviéndose de su experiencia para sus actividades científicas. Cuenta con una larga experiencia trabajando en estaciones oceanográficas en las islas Fidji, la Gran Barrera de Coral, en EE. UU. el mar Rojo y el Mediterráneo. En 2001 comenzó su labor como reportero/periodista. Desde ese momento pública numerosos artículos en distintas revistas y periódicos. En la editorial KOSMOS ha publicado, conjuntamente con Manuela Kirschner como fotógrafa y coautora, numerosos libros científicos, algunos de los cuales han sido editados en España por la editorial OMEGA. Desde el año 2010 Matthias Bergbauer es el redactor jefe de la revista de buceo alemana *SILENT WORLD*.

Bernd Humberg se licenció en biología. Tras sus estudios en la Universidad de Heidelberg trabajó en diferentes estaciones oceanográficas (entre otras en Australia y Francia). Es instructor de submarinismo y bucea desde el año 1973. Bernd Humberg es un conocido especialista y un renombrado perito. Trabaja en el FFH Monitoring (estado de conservación de la Fauna, Flora y Hábitat) a nivel federal alemán y ha obtenido datos de carácter nacional según las normas de la Directiva marco del agua (Wasserrahmenrichtlini: WRRL en alemán) en aguas corrientes y lagos. Como evaluador profesional en el campo del planteamiento ecológico el punto central de su trabajo, hoy en día, son los lagos alemanes y las aguas corrientes. Su atención se centra en la bioindicación por medio de fitobentos y macrofitas sumergidas (plantas acuáticas así como algas que habitan en los fondos de las aguas). Su trayectoria como periodista la inició como redactor jefe de la revista especializada *DIVEMASTER* y como autor de dos populares guías de identificación. Tiene publicados gran cantidad de libros y artículos relacionados con su actividad profesional, entre otros sobre las plantas acuáticas de los lagos artificiales en la llanura del Rin Superior.

Manuela Kirschner obtuvo el premio de fotografía submarina para participantes nacionales e internacionales. Ya desde muy pronto se centró en la fotografía para reportajes gráficos sobre temas documentales de animales y mundo submarino. Sus imágenes y textos aparecen en todas las grandes revistas alemanas dedicadas al buceo así como en numerosísimas revistas y periódicos. Manuela Kirschner es coautora de manuales de identificación y guías de buceo, y desde 2010, es redactora y fotógrafa de plantilla de la revista de buceo *SILENT WORD*. En la presente obra se pueden contemplar más de 200 de sus fotografías.

La editorial y los autores agradecen a Ralf Kiefner la preparación de las fotografías sobre ballenas y delfines que se representan en las solapas.

Nuestro agradecimiento a los siguientes colegas científicos que, con sus conocimientos, nos han ayudado en la complicada misión de la identificación de especies a partir de fotografías submarinas: Prof. MARIA JESÚS URIZ (esponjas), Prof. Dr. HAJO SCHMIDT († (cnidarios), Dr. JEAN-GEORGES HARMELIN (briozoos), Dr. JOACHIM SCHOLZ (briozoos), Dr. WOLFGANG SEIFARTH (platelmintos), Dr. MICHAEL TÜRKAY (crustáceos), Dr. CHARLES FRANSEN (crustáceos), Dip.-Geo. HANS-JÖRG NIEDERHÖFER (prosobranquios y bivalvos), Prof. LUISE SCHMEKEL (opistobranquioscrustáceos), Dr. SIGURD VON BOLETZKY (cefalópodos), Prof. Dr. GUNDOLF ERNST (erizos de mar irregulares), Dr. XAVIER TURON (ascidias), Dr. RONALD FRICKE (peces), Prof. Dr. ROBERT A. PATZNER (peces y moluscos).

También agradecemos a KERSTIN ROHDE la revisión de los manuscritos.

Índice

El mar Mediterráneo

El mar Mediterráneo

Introducción: el mar Mediterráneo

Historia del origen del Mediterráneo

El Mediterráneo es uno de los mares más interesantes que existen. Cabe recalcar su abundancia en flora y fauna, la gran variedad estructural de sus distintos hábitats y el encuentro entre distintos elementos faunísticos y florísticos que en él se da: de forma casi única en el mundo, conviven especies propias de mares fríos (árticas) y de mares calientes (subtropicales o tropicales). Los procesos históricos y actuales de la colonización y expansión de dichas especies en el Mediterráneo oriental son algo singular e incomparable.
Para comprender estas características del Mediterráneo hay que hacer un breve recorrido histórico: según la hipótesis de la tectónica de placas, las seis grandes placas y las varias menores en que se divide la superficie de nuestro planeta experimentan anualmente un desplazamiento de varios centímetros unas respecto de otras. Hace unos 200 millones de años (triásico inferior) existía un único continente primitivo (Pangea) rodeado por un único océano gigante (Panthalassa). Hace unos 165 millones de años (jurásico medio) ya se había producido la fragmentación del continente primitivo. Entre la actual Eurasia y el norte de África se formó el mar de Tetis –el Mediterráneo sería una parte residual de aquel mar primitivo–, el cual se uniría hace unos 135 millones de años (cretácico inferior) con el recién formado Atlántico. Hace unos 65-17 millones de años (terciario), el Mediterráneo –como parte del mar de Tetis– se encontraba en conexión con el océano tropical "Indo-pacífico". Hace unos 17 millones de años la lengua de tierra en la que se abre el canal de Suez se cerró, como también sucedió hace unos 5 millones de años con el estrecho de Gibraltar. El Mediterráneo se transformó en el transcurso de unos 2 millones de años en un mar interior hipersalino o bien quizás llegó a secarse por completo. En esta fase se supone que numerosos organismos del mar de Tetis inicial se extinguieron. De entre las especies supervivientes a la catástrofe aún existen en la actualidad algunos endemismos vivos. No hay acuerdo entre los científicos sobre cómo pudieron sobrevivir los organismos vivos originales –los paleoendemismos– Se supone que antes del cierre del estrecho de Gibraltar pudo darse el repliegue hacia el Atlántico de numerosas especies, las que pudieron sobrevivir en las costas atlánticas norteafricanas, desde las cuales pudieron volver a recolonizar el Mediterráneo tras reabrirse el estrecho de Gibraltar. Una segunda teoría propone que algunas especies mediterráneas pudieron sobrevivir en las desembocaduras de los ríos, donde las aguas no alcanzaban valores de salinidad tan altos como los que se debieron dar en pleno mar. Pero en el transcurso de 2 millones de años (desde el cuaternario hasta la actualidad) no se dio un estado de tranquilidad en el Mediterráneo, pues en todo este tiempo se alternaron algunas glaciaciones con otras épocas de clima caluroso, lo que debió de ocasionar diferentes oleadas de entrada de especies desde el Atlántico hasta el Mediterráneo.
Durante las glaciaciones (en el pleistoceno hubo 6) las especies de aguas frías (boreales) penetraron en el Mediterráneo desde el Atlántico, y en los periodos calurosos intermedios en los que las temperaturas llegaron a superar incluso los de la época actual, se debió dar una expansión del dominio de aguas tropicales hacia el norte, por el Atlántico, por lo que pudieron llegar especies subtropicales hasta el Mediterráneo.

Típico Mediterráneo: zoantarios, esponjas, gorgonias, algas pardas y castañuelas.

Inmigrantes del mar Rojo

Hasta fines del siglo XIX sólo se habían observado migraciones de poblaciones en el Mediterráneo occidental. Tras la apertura del canal de Suez en 1869, el Mediterráneo, tras 17 millones de años, estableció de nuevo contacto con el mar Rojo y, con el mar Índico, viéndose desde entonces influido por especies tanto de Oriente como de Occidente. Aparte de la hipotética llegada de especies al Mediterráneo desde el mar Rojo a través de canales construidos en la antigüedad por egipcios y romanos, la apertura del canal de Suez supuso el establecimiento de verdaderos movimientos migratorios. El paso a través de los 162 km de largo, 100 m de ancho y hasta 15 m de profundidad del canal, fue al comienzo impracticable para muchos organismos marinos debido al alto contenido inicial de sal, causado por tramos separados por esclusas. Una vez que la salinidad descendió desde un 7 hasta un 4,5 %, a partir de 1960 comenzó una migración de organismos en ambos sentidos (también desde el Mediterráneo hacia el mar Rojo). Desde entonces unas 50 especies de peces tropicales –p. ej., un pez soldado, un pez caimán (sinodóntido) del género Sauria, un pez conejo (sigánido), un pez lima (monocántido), dos especies de cabezas planas (platicefálidos) y un pez cofre–, más de 20 especies de algas y la angiosperma Hatophí*la stipulacea*, han llegado al Mediterráneo oriental. Numerosas especies de peces han alcanzado grandes poblaciones, de forma que en las costas de Israel son capturados de manera regular y en gran cantidad, habiéndose desplazado incluso más al norte, hasta las costas de Turquía.

Suelos duros

Los sustratos duros representan una fracción baja del total de los fondos marinos, con una proporción mundial de sólo un 10 %. De forma característica, éstos se forman a partir de desfiladeros submarinos en las costas rocosas. Son muy numerosos en todo el Mediterráneo, sobre todo en las costas de España, Francia, Italia, costas orientales del Adriático, Grecia y Turquía. También las Baleares, Cerdeña, Malta o Creta son ricas en acantilados rocosos. Por el contrario, están ausentes en una amplia extensión de las costas norteafricanas o en las italianas bañadas por el Adriático. Los suelos duros poseen una extraordinaria importancia ecológica. Representan un sustrato colonizable ideal para un gran número de vida fija. Sólo la firmeza y adherencia prolongada de los suelos duros permiten la formación de una comunidad de organismos rica en especies y formas, constituida por algas y animales. sésiles, característica de las costas rocosas del Mediterráneo.

De forma genérica y respecto a su origen, se distingue entre suelos duros primarios o secundarios. Los primeros están formados por rocas de origen geológico, y los segundos son de naturaleza biogénica y se forman por la sedimentación de algas escuamiformes calcáreas recubridoras de los fondos marinos. A la constitución de estos sustratos biológicos duros designados como *coralinos* también contribuyen en menor medida otros organismos secretores de estructuras calcáreas como son los briozoos o los tubos con secreciones calcáreas de poliquetos.

A la elevada diversidad de especies de los suelos duros contribuye también de forma especial su rica estructuración. En un espacio muy reducido se alternan zonas con una alta intensidad de luz y zonas de sombra, así como zonas sometidas a fuertes corrientes o aguas con poco movimiento. Esta gran estructuración es responsable de la convivencia en un espacio relativamente reducido de comunidades muy diferentes de seres vivos. Por otra parte, los suelos rocosos suelen implicar aguas más claras que las de zonas con suelos arenosos, donde suele haber un mayor transporte de sedimentos. Todo ello hace que en zonas relativamente poco profundas los suelos presenten una mayor riqueza en especies y sean más productivos, constituyendo los hábitats submarinos más interesantes. En el Mediterráneo las zonas rocosas submarinas suelen fascinar al observador con variadas formaciones: acantilados, gargantas, brechas, cortados, grietas, pequeñas grutas o grandes e Impresionantes cavernas, y fondos de cantos rodados o grandes bloques de rocas. Los suelos duros presentan la mayor parte de la *epifauna* o comunidades de animales que viven sobre las superficies de rocas y fondos. En comparación, la *endofauna* (animales que perforan el sustrato) es bastante pobre, dada la dificultad de penetrar en las duras rocas; como representantes regularmente presentes de la endofauna cabe destacar las esponjas perforantes del género *Cliona* o al bivalvo *Lithophaga Hthophaga*. Entre los animales sésiles más abundantes de los fondos duros se cuentan esponjas, hidrozoos, anémonas, corales pétreos y córneos, briozoos y ascidias. También existe una rica representación de la epifauna móvil formada por moluscos, crustáceos, erizos de mar y estrellas de mar. Entre los habitantes característicos de los suelos duros se encuentran las morenas, los peces escorpión, y los serránidos, apogónidos y blénidos. En las zonas suficientemente iluminadas aparecen diferentes algas verdes, rojas y pardas, que en el caso de emplazamientos idóneos llegan a constituir formaciones dominantes. (Véase también Zonación de las costas rocosas).

Luces y sombras: la parte de umbría de un bloque de piedra está llena de coloridos cnidarios y esponjas.

GRUTAS SUBMARINAS

En la mayoría de las grutas la radiación lumínica que llega y el movimiento del agua van decreciendo desde la entrada de la gruta hacia el interior. En contraste, en el litoral rocoso al descubierto dicho gradiente de luz y de movimiento del agua se prolonga típicamente en vertical hasta más allá de los 100 m. Ello supone que con frecuencia, incluso en grutas horizontales a poca profundidad, se den unas condiciones de iluminación en el interior de la gruta como no se dan en el exterior hasta profundidades prácticamente inalcanzables para los submarinistas. Estos acusados gradientes de intensidad lumínica y de movimiento del agua en las grutas condicionan una rápida y característica desaparición de especies en distancias muy reducidas de tan sólo unos pocos metros. Desde la entrada de la gruta, y conforme la iluminación va siendo menos intensa, las algas características de las zonas intensamente iluminadas van desapareciendo siendo gradualmente sustituidas por algas esciófilas (amantes de la sombra). Como ejemplo de ello están las algas verdes esciófilas del género *Halimeda*, algas rojas no calcáreas (*Peyssonnelia*) y en especial algas rojas calcáreas del género *Pseudolithophyllum*. Junto a estas algas de aguas umbrías, desde la entrada de la caverna se pueden percibir ya diferentes animales: colonias de hidrozoos, briozoos, ascidias y especialmente diversas especies de esponjas. En la zona central de la caverna aún se pueden ver comunidades puras de ciertos organismos animales, cuyo crecimiento es aquí especialmente denso y abundante. Las esponjas, que desde el punto de vista de su biomasa son los organismos más significativos de las cavernas, están representadas por formas tanto masivas como incrustantes. La anémona incrustante amarilla (*Parazoanthus axinellae*) puede formar extensos grupos. También el coral pétreo amarillo (*Leptopsammia pruvoti*) es a veces abundante. Al fondo de la caverna la densidad de organismos decrece de nuevo y predominan las esponjas. Incluso las grandes cavernas submarinas no poseen una fauna verdaderamente propia. Sus animales pueden encontrarse en las zonas umbrías de las zonas rocosas circundantes o bien a mayores profundidades. Pero, las diferencias entre las comunidades de seres vivos en el exterior y en el interior de las cavernas o, en general, en los lugares donde apenas penetra la luz del sol, son bastante perceptibles a simple vista: los tonos rojos, naranjas o amarillos suponen un fuerte contraste con la impresión general gris-verdosa predominante en las zonas inundadas de luz. Algunos de los habitantes de las cavernas submarinas raramente se encuentran fuera de ellas, a no ser al caer la noche o a grandes profundidades. Un ejemplo lo constituyen los decápodos *Pleisionika narval* y *Stenopus spinosus*, un tipo de quisquilla y un pequeño langostino, respectivamente. Las cavernas también son escondite diurno de diferentes peces como el gádido *Phycis phycis*, el corvallo (*Sciaena umbra*) o el apogónido *Apogon imberbis*. Un habitante típico de las cavernas es el góbido (*Thorogobius ephippiatus*).

Cuanto más oscuro, más colorido: las cuevas albergan una fauna muy rica formada por briozoos, corales pétreos y esponjas.

Suelos de sedimentos

Los sedimentos constituyen casi un 90 % de los fondos marinos. La clase de sedimentos, sobre todo la granulometría de las partículas, es un factor ecológico de primer orden. Éste tiene importancia en la composición de las comunidades de organismos vivos que habitan los fondos. Los sedimentos más finos presentan granulometrías por debajo de 0,004 mm y son considerados en conjunto como arcillas. Las granulometrías entre 0,004 y 0,063 mm se denominan limos. Los sedimentos finos, constituidos por arcillas y limos, son los denominados suelos cenagosos o suelos blandos. Las arenas presentan grosores entre 0,063 y 2,0 mm. Las gravas y gravillas tienen un grosor entre 2 y 6 mm. Los sedimentos naturales suelen estar constituidos por mezclas de partículas de diferentes grosores, estableciéndose su diferenciación según las diferentes fracciones que componen la mezcla: limo puro, arena fina limosa, arena gruesa-gravillas, etc.
Tanto el hecho de que los sedimentos se lleguen a depositar, como la forma en que dichos depósitos se produzcan, dependerá invariablemente de la fuerza de los movimientos del agua. Ésta disminuye con el aumento de la profundidad. Cuanto menor sea el movimiento del agua, más fino será el sedimento depositado. Lo caracterís-

tico es que la arena se deposite en calas y bahías, costas con ligera pendiente en zonas próximas a las orillas y a profundidades escasas. Los suelos blandos, por el contrario, se encuentran a mayor profundidad. También pueden formarse suelos blandos cerca de la orilla y a poca profundidad en zonas resguardadas. La disminución constante del movimiento del agua conforme aumenta la profundidad implica una modificación continua de la estructura del suelo submarino. De ahí que los suelos sedimentarios apenas exhiban una zonación clara con la profundidad, en contraste con los suelos duros, donde dicha zonación suele quedar mucho más manifiesta.

Suelos de sedimentos

Vida bulliciosa: los suelos de arena son hábitats muy codiciados para los especialistas como por ejemplo pínnidos, estrellas y erizos de mar.

Un rasgo característico de los suelos de sedimentos es su inestabilidad. Las olas, las mareas, el mar de fondo y las corrientes, someten a los sedimentos a un incesante desplazamiento y cambio de posición. En especial los suelos arenosos en zonas llanas se perciben como sustratos extremadamente inestables. La indicación más patente son las continuas modificaciones en el pronunciamiento y dirección de la estriación de la superficie de la arena. Su movilidad implica la falta de un sustrato firme para los animales sésiles. Junto al continuo cambio de forma, también es de gran importancia biológica la presencia de animales de distinto tamaño capaces de perforar, cavar o practicar galerías en dichos sustratos.

En biología marina los suelos de sedimentos se subdividen en dos grupos: los arenosos y los cenagosos o suelos blandos. La diferencia más importante para los seres vivos reside en el sistema de poros. Los suelos arenosos se caracterizan por un sistema de poros muy rico. Entre los distintos granos de arena hay suficiente espacio para que vivan animales de muy pequeño tamaño (0,2-2 mm) que pueden deslizarse a través del laberíntico sistema de canales y galerías. Esta comunidad especial de seres vivos se denomina mesofauna. Pero a pesar de la gran diversidad e importancia de ésta, dado su tamaño casi microscópico, pasa desapercibida a los buceadores. En los suelos blandos, por el contrario, faltan estos sistemas de poros y cavidades dados los diminutos espacios huecos existentes, careciendo por tanto de esta mesofauna.

Junto a la mesofauna, limitada a los suelos arenosos, en todos los suelos sedimentarios pueden diferenciarse otros dos tipos de formas vivas. Incluso entre los mayores habitantes de los suelos sedimentarios, la mayor parte de organismos viven en el subsuelo, por lo que tampoco son visibles. Se trata de formas mayores, de movimiento libre, que se entierran en el suelo y que se engloban dentro del concepto de *endofauna*. Los que viven sobre la superficie del fondo pertenecen a la epifauna. Para el buceador, éstos son los únicos habitantes visibles de este hábitat.

Por dichas razones, los submarinistas no encuentran en los suelos blandos y arenosos sino unos hábitats pobres en especies y más bien monótonos. La epifauna, en este caso los animales que viven sobre los sedimentos, es claramente pobre en especies e individuos y no tiene comparación con la diversidad de formas de los suelos duros del Mediterráneo. Además, los habitantes de los fondos de sedimentos suelen estar tan bien camuflados que apenas son perceptibles. Ello implica que en los fondos de sedimentos deba emplearse la mayor parte de la inmersión en descubrir algún ser vivo que observar. A pesar de

Agradable a la vista: anémona (*Cereus pedunculatus*) sobre detritus costeros.

todo, vale la pena hacer alguna incursión. Para ello no es necesario bucear a lo largo de una gran extensión de fondos blandos o arenosos. Numerosos cordones de arena suelen interrumpir incluso los extensos dominios del Mediterráneo propios de las costas rocosas, pudiendo encontrarse también dentro de los territorios marcadamente rocosos pequeñas extensiones de arena a modo de pequeñas islas,

Entre los cnidarios propios de los suelos arenosos se encuentran la anémona de mar dorada (*Condylactis aurantiaca*), la cual vive enterrada en la arena hasta la corona de tentáculos, y la anémona *Cerianthus membranacea*, colonizadora también de fondos cenagosos y de la que se ve sobresalir sobre el sustrato el tubo que ella misma produce. Entre los numerosos moluscos de los sedimentos llama la atención el nácar (*Pinna nobilis*). La estrella de mar anaranjada (*Astropecten aranciacus*) pasa la mayor parte del día enterrada en la arena y no sale a cazar a la superficie hasta la noche. Entre los habitantes propios de los sedimentos también se cuentan algunos erizos de mar de la subclase Irregularia (por ej., de los géneros *Spatangus* o *Echinocardium*). Éstos, que suelen vivir enterrados del todo en los fondos, y que pertenecerían a la endofauna, suelen ser perceptibles desde la superficie por mantener un tubo respiratorio que sobresale del sustrato. Aunque es difícil observar ejemplares deslizándose por la superficie, sí es fácil observar los caparazones de ejemplares muertos. Más fácil de encontrar en los suelos blandos son algunas plumas de mar, el poliqueto conocido como gusano de funda (*Myxicola infundibulum*) o algunas ofiuras.

Los peces que se pueden hallar sobre fondos de sedimentos son distintos tipos de rayas, peces planos (pleuronectiformes), traquínidos, tríglidos, múlidos, góbidos y calionímidos. La gran mayoría pasan desapercibidos en el fondo dada su coloración y estructura de la piel, como los peces planos y traquínidos, que llegan a enterrarse hasta los ojos para lograr un mayor camuflaje.

Una forma especial de suelos sedimentarios son los *detritos costeros*. Se encuentran en las proximidades inmediatas de la costa fondos de sedimentos de origen biológico, resultado de los numerosos productos de secreción y descomposición de organismos muertos como bivalvos, equinodermos, algas rojas, etc. Estos suelos suelen localizarse en terrazas horizontales por debajo de paredes rocosas verticales. También es típica la comunidad de organismos vivos de estos suelos, denominada “biocenosis de detritos costeros”. A esta comunidad pertenecen, entre otras especies, actinias como *Arachnanthus oligopo-*

Bosques bajo el agua: las praderas marinas son espacios vitales muy ricos en especies y con gran valor ecológico.

dus, la anémona de mar dorada (*Condylactis aurantiaca*), la anémona comensal (*Adamsia palliata*), o las anémonas *Sargatia elegans* y *Phymanthus pulcher*.

Sobre suelos sedimentarios a mayor profundidad puede formarse una "facies" especial en el seno de la comunidad de organismos propios de los detritos costeros constituida por algas calcáreas rojas yacentes (familia Coral/inaceae). Estos suelos biogénicos se denominan suelos de algas calcáreas rojas.

Praderas marinas

Sobre los suelos blandos y arenosos con buena insolación, se pueden encontrar en el Mediterráneo cinco especies de angiospermas. Se trata de plantas superiores de la familia Potamogefonaceae, que descienden de otras plantas terrestres que ya en tiempos remotos conquistaron lagos, ríos y mares. Además de las especies del género *Cymodocea* y *Zostera*, desde un punto de vista ecológico cabe mencionar la especie más frecuente y extendida en todo el Mediterráneo, la posidonia (*Posidonia oceánica*). Endémica del Mediterráneo, desarrolla densas formaciones que constituyen uno de los hábitats marinos más importantes: las praderas marinas.

Las flores de la posidonia pasan desapercibidas: son de color verde y suelen resultar muy difíciles de reconocer entre las hojas acintadas. Además, dichas flores no se desarrollan todos los años. Aparentemente sólo aparecen después de los veranos especialmente cálidos en los que la temperatura del agua se eleva por encima de los valores normales. Estas flores no resultan indispensables para su reproducción, pues en la posidonia predomina la reproducción vegetativa

por medio de vástagos que nacen de su rizoma. El "anclaje" de la planta se da por medio de su rizoma rastrero o erguido, del cual se desarrollan las raíces y los haces de hojas acintadas.
Las praderas de posidonia se ven limitadas en su extensión vertical por la dinámica del agua y la temperatura, y hacia abajo por el factor "luz". En bahías protegidas y no demasiado cálidas, las formaciones de posidonia pueden llegar a desarrollarse muy cerca de la superficie marina. En costas con mucha visibilidad, por el contrario, donde la luz del sol penetra a gran profundidad, se pueden encontrar formaciones menos densas o plantas aisladas de posidonia a incluso 50 metros de profundidad.
Las praderas submarinas de posidonia, a pesar de la primera impresión que podrían producir, constituyen un hábitat muy complejo y rico estructuralmente, surgido por el crecimiento de los rizomas de posidonia, los cuales crecen en vertical y horizontal, formando un entramado de "estratos de raíces" entrelazados en los que se depositan los sedimentos llevados por el agua. A medida que el nuevo sedimento va enterrando el rizoma, la posidonia va creciendo en altura. Ello conlleva una velocidad de crecimiento estimada en 1 metro por siglo. A menudo se forman en las praderas canales a modo de sendas o islas libres de posidonia en las que se sedimenta arena o incluso arena gruesa. El movimiento del agua establece de "isla" en "isla" un pasillo que se va ampliando gradualmente hasta que se origina un canal de arena con un fondo más profundo. El hábitat de estas praderas submarinas se caracteriza así por la presencia de diferentes sustratos y propiedades locales: los rizomas forman un sustrato duradero, en parte con una gran umbría, colonizado por plantas y animales sésiles. Aquí se encuentran algas calcáreas rojas, colonias de briozoos, ascidias y esponjas. Típicos de este dominio son el erizo violáceo (*Sphaerechinus granularis*) y el nácar (*Pinna nobilis*). La mayoría no se alimentan directamente de la posidonia, sino de los organismos que crecen sobre ella, como algas, briozoos, hidrozoos, foraminíferos, etc. Entre los rizomas se ocultan dichos organismos, los cuales salen en busca de alimento al caer la oscuridad.
Las hojas no constituyen ningún sustrato duradero, pues la edad promedio de las mismas oscila entre los 5 y los 13 meses. Además, éstas se hallan en un movimiento continuo, chocando y rozando unas contra otras. Ello implica que sean colonizadas fundamentalmente por hidrozoos y briozoos de crecimiento rápido, mientras que las esponjas, de crecimiento más bien lento, cuentan con pocas "especies pioneras", como algunas especies del género Leucosolenia. Por la noche también se encuentran sobre las hojas numerosos organismos vágiles buscando su alimento. Junto a algunas caracolas y cangrejos ermitaños, las especies más frecuentes suelen ser el ericillo de mar (*Psammechninus microtuberculatus*), la estrella capitán (*Asterina gibbosa*), el isópodo Idothea báltica, las cámbaras del género Pisa, las quisquillas propias de praderas mari-

nas del género *Hippolyte*, y la estrella de mar *Astropecten spinulosus*. En el hábitat que constituye el espacio entre las hojas se ha adaptado una fauna especial en forma y color. Suele poseer un cuerpo estrecho y alargado de color verde-castaño. El ejemplo clásico son las agujas de mar, y también los caballitos de mar emparentados con éstas, que se pueden sujetar a las hojas de forma óptima gracias a su "cola espiral".

Aguas libres

Las aguas libres o dominio pelagial no sólo constituyen el hábitat marino más extenso, sino el mayor de toda la Tierra. Sólo una capa superior relativamente fina recibe insolación suficiente como para permitir la fotosíntesis a las algas que allí viven. El grosor de esta capa oscila con la intensidad de la radiación solar y la turbidez de las aguas. Se equipara con la capa de la superficie

Azul profundo: para la obtención de su alimento, las bremas se reúnen en pequeños grupos.

marina o dominio *epipelagial*. Ésta es la zona comprendida entre la superficie marina y los 200 m. El dominio exterior a las aguas sobre la plataforma continental se conoce como alta mar y representa sobradamente la mayor fracción de los mares del mundo, con un porcentaje del 93 %. En este dominio gigante que son las aguas libres, los submarinistas hacen incursiones en una ínfima parte de él, y casi sin excepción en las inmediaciones de la costa. Por tanto apenas llegan a observar a los grandes habitantes de este dominio pelagial poco poblado, y si lo hacen es sólo cuando éstos se aproximan mucho a las costas. Los organismos pelágicos se subdividen en plancton y necton. Los organismos activos con movimiento libre pertenecen al necton, mientras que los que son llevados pasivamente por la corriente conforman el plancton, en el que cabe distinguir a su vez el bacterioplancton, el fitoplancton y el zooplancton. El plancton está compuesto en su mayor parte por pequeñas formas como bacterias o algas unicelulares. También la mayor parte del zooplancton es ciertamente de un tamaño ínfimo e invisible; la mayor fracción está compuesta por los organismos denominados copépodos. A simple vista todos estos organismos planctónicos son percibidos como si se tratara de una simple turbidez del agua. No obstante, también existen organismos de mayor tamaño dentro del plancton: los sargazos (*Sargassum spp.*) son un representante vegetal del denominado megaplancton. También entre estas grandes formas hay animales, como las medusas.

Al necton pertenecen sobre todo una gran variedad de peces cartilaginosos y óseos, mamíferos marinos, algunos cefalópodos y las tortugas marinas. Entre los peces típicos de las aguas libres, muchos de ellos con Importancia económica, se cuentan especialmente arenques, sardinas, atunes, caballas y el pez espada (*Xiphias gladius*). También se encuentra en las aguas próximas a la costa el pez de limón o serviola (*Seriola dumerilii*). Y a veces pueden darse encuentros con el pez luna (*Mola mola*) o con el pez de San Pedro (*Zeus faber*).

Zonación de las costas rocosas

Los habitantes del mar no viven de forma casual en cualquier lugar de los fondos marinos. Las personas avezadas que frecuentan las playas del Mediterráneo o los submarinistas experimentados son capaces de observar aspectos o acontecimientos que se repiten en la costa o bajo las aguas. Por ejemplo, los numerosos mejillones y las actinias rojas o tomates marinos en las aguas someras junto a las rocas, o las gorgonias de colores cambiantes en los cortados submarinos a cierta profundidad. Tras estas observaciones se ocultan los "cambios" de la naturaleza viva (peces, gorgonias, algas, etc.) en función de los requerimientos vitales en el medio ambiente, como las propiedades del agua, las condiciones de luz y presión, o la influencia del oleaje y las corrientes. Es decir, los organismos marinos no viven en cualquier lugar por azar, sino exactamente allí donde se dan las condiciones óptimas para cada especie respecto a las corrientes, luz, presión de competidores, etc. Estos requerimientos locales diferentes permiten una estructuración vertical precisa (zonación) de las zonas costeras marinas. La intensidad de luz, el oleaje, las mareas, la temperatura, la concentración salina, la presión, las corrientes y la sedimentación, son los factores ambientales que conforman los distintos hábitats a los que los organismos vivos se han adaptado en el curso de la evolución. Se distingue así en el dominio de la orilla la zona de rompiente, la zona intermareal, la zona sumergida iluminada y la zona de umbría.

Baños alternos: En la zona de mareas las algas calcáreas rojas forman lo que se denomina un "Trottoir".

Sumergidas: algas marrones a pesar del fuerte movimiento en aguas poco profundas y soleadas.

ZONA DE ROMPIENTE

En la zona de rompiente (*supralitoral*) se da un encuentro de las típicas propiedades de la tierra y del agua. El agua llega a dicha zona únicamente por el movimiento de las olas. Además, la radiación solar calienta intensamente el subsuelo de dicha zona. La evaporación del agua en la zona de rompiente produce la cristalización de la sal marina, que vuelve a ser lavada por las precipitaciones. Las condiciones ambientales extremas exigen así capacidades adaptativas especiales a los "especialistas" que allí viven, como son los líquenes (*Verrucaria symbalana, Lichina confinis*), algas azules, el bígaro enano (*Littorina neritoides*) que se alimenta de las algas azules, el cangrejo corredor o de roca (*Pachygrapsus marmoratus*) y la cochinilla marina (*Ligia italica*).

ZONA INTERMAREAL

La zona intermareal (*mediolitoral*) es el dominio entre el nivel de agua medio más profundo y el nivel medio más alto causados por las mareas que someten a esta zona a una inundación y retirada del agua periódica. En el Mediterráneo y como promedio, la diferencia del nivel del mar en pleamar y bajamar oscila entre 20 y 40 cm. Sólo en el Adriático norte y en el golfo de Gabes (Túnez) esta diferencia alcanza entre 1,5 y 2,2 m. Los organismos de la zona intermareal están expuestos a la fuerza de olas y corrientes (hidrodinámica). Los organismos firmemente adheridos al sus-

trato, como la bellota de mar (*Chthamalus stellatus*) y los quitones (*Chiten* sp.) emplean su caparazón como escudo protector contra la fuerza de las olas y contra la deshidratación. La actinia roja o tomate marino (*Actinia equina*) secreta una mucosidad que puede hidratarse y se compacta de forma esférica, con la apariencia de un pequeño tomate, para sobrevivir a la fase de bajamar. Numerosas algas colonizan también la zona intermareal. Cabe mencionar sobre todo al alga calcárea roja *Lithophyllum tortuosum*, que en el Mediterráneo occidental forma densos corredores en el dominio inferior de la zona intermareal: es el "trottoir" (término francés de uso extendido), que alcanza en algunos lugares una extensión en vertical de hasta 1 mm en horizontal de hasta 50 cm. Sólo las algas calcáreas rojas en el lado exterior del "trottoir" que da al mar siguen creciendo, y del lado de la costa se forma un conglomerado de algas muertas, granos de arena y restos de conchas. El corredor presenta, además de huecos y fisuras, una cara superior expuesta al sol y una inferior protegida del sol. Los distintos ambientes de este hábitat son colonizados por gran variedad de organismos como moluscos, algas, esponjas y cangrejos.

ZONA ILUMINADA

Perpetuamente bajo el agua e inundada de la luz del sol está la zona iluminada (*infralitoral*), cuya extensión en profundidad depende de la transparencia del agua, del perfil del suelo (en pendiente o plano) y de la exposición al sol (al norte o al sur). El infralitoral queda determinado por la presencia de las algas fotófilas y las angiospermas submarinas. El límite inferior de extensión de la posidonia (*Posidonia oceánica*) representa la marca inferior del infralitoral. No sólo la elevada intensidad de la luz, sino también la temperatura y la hidrodinámica tienen gran influencia sobre las distintas especies en el infralitoral. Las temperaturas en la superficie de la masa de agua por encima del rompiente oscilan a lo largo del año, en el Mediterráneo occidental, entre 12 y 25 °C y entre 15 y 29 °C en el Mediterráneo oriental. La hidrodinámica del agua en superficie se diferencia de todos modos del movimiento del agua en zonas más profundas: en la capa superficial cercana a la costa las olas rompen causando la típica resaca marina. Inmediatamente por debajo de la superficie, la dinámica del agua es extremadamente violenta (turbulenta). Los movimientos en las aguas superficiales consisten en desplazamientos verticales arriba y abajo que producen

Adoradoras del sol: las algas forman gruesos mantos.

una zona de oscilación o batido. Al bucear a mayor profundidad, las oscilaciones verticales son menos acusadas, transitándose a una zona de crecientes corrientes regulares de componente horizontal (zona de corrientes). Una comunidad madura de algas fotófilas bien pudiera ser comparada con un bosque: las algas pardas del género *Cystoseira* destacan como pequeños árboles sobre los estratos inferiores de algas (p. ej., *Dictyopteris* y *Digenea*), que a su vez constituirían el sotobosque que se elevaría sobre el "estrato herbáceo" formado por algas crustáceas, mejillones (*Mytilus edulis*) y grupos de cirrípedos de la gran bellota de mar (*Balanus perforatus*). Las formas características de esta comunidad de algas fotófilas serían, junto a las especies de *Cystoseira* en las aguas más superficiales, las siguientes especies (desde arriba hacia abajo): *Laurencia obtusa, Acetabularia acetabulum, Padina pavonica, Colpomenia sinuosa* y *Codium bursa*. En una inmersión de reconocimiento por el infralitoral, además de las algas fotófilas y distintas especies de angiospermas marinas, llaman la atención numerosos animales típicos de esta zona: la Julia o doncella (*Coris julis*), el tordo (*Symphodus ocellatus*), el pez verde (*Thalassoma pavo*) y el serrano (*Serranus scriba*). La posesión de algas simbiontes fotosintéticas (*zooxantelas*) hace que algunos cnidarios dependan de la luz solar y colonicen por tanto zonas del infralitoral: p. ej., la anémona *Aiptasia mutabiiis*, las madréporas *Balanophyilia europaea* y *Cladocora cespitosa*, o la anémona de mar común (*Anemonia sulcata*). En la transición del infralitoral al circalitoral, pero también en los lugares umbríos de cortados y fisuras en el dominio de las aguas superficiales, siempre en aguas tranquilas, se encuentra una comunidad de organismos especialmente bien adaptada a su medio: la precoralígena. Se trata de una verdadera comunidad de algas esciófilas del circalitoral superior con una rica fauna asociada. Las especies características en la zona precoralígena son cnidarios llamativos como el coral blando *Alcyonium acaule*, la gorgonla blanca (*Eunicella singularis*) y la anémona incrustante amarilla (*Parazoanthus axinellae*). Junto a las esponjas incrustantes de vivo color rojo *Crambe crambe* y *Spirastrella cunctarrix*, también son típicas del ámbito precoralígeno dos especies de algas verdes, *Halimeda tuna* y *Udotea petioiata*.

ZONA DE UMBRÍA

La verdadera riqueza de colorido de determinados animales y plantas de la zona de umbría (*circalitoral*) resulta patente al emplear luz artificial por medio de focos especiales subacuáticos y

Amarillo y azul: típico juego de color en la zona de umbría.

dispositivos de Riqueza de colorido: gorgonias en el circalitoral flash submarino, pues los colores del espectro de luz solar de onda larga son absorbidos ya tras penetrar unos pocos metros en la masa de agua marina. El circalitoral comienza a la profundidad donde las algas fotófilas y las angiospermas marinas no pueden vivir más dada la escasez de luz. Aquí viven las algas esciófilas. La zona circalitoral finaliza simultáneamente en el límite de extensión inferior de las algas pluricelulares. El final del infralitoral o

Amarillo, azul y rojo: típico juego de color en la zona de umbría.

comienzo del circalitoral y el límite inferior del circalitoral no pueden definirse a determinadas profundidades en metros, pues depende en cada caso de la "profundidad de penetración" de la luz solar y portante de la transparencia de la masa de agua, aunque también del perfil de la costa y de la exposición del sustrato (dirección del cielo). En las aguas ricas en nutrientes de las costas españolas el circalitoral comienza ya a profundidades entre 18 y 40 m. En la Costa Azul francesa aparecen esciófilas entre 30 y 50 m, y en las aguas extremadamente claras de Córcega y Mallorca el circalitoral comienza hasta los 60-80 m de profundidad. Expresado en porcentajes de luz, el circalitoral corresponde al dominio en el que sólo penetra entre el 10 y el 0,05 % de la luz solar de la superficie. El límite inferior de la zona de umbría y, por tanto, de extensión de las algas pluricelulares oscila del mismo modo: en muchas partes del Mediterráneo se encuentra entre 100 y 150 m. Además del factor lumínico, también las corrientes y la temperatura del agua tienen su efecto sobre las comunidades de organismos. En el circalitoral predomina una corriente constante, a veces muy intensa, que en general discurre en horizontal y por tanto en paralelo a la costa (zona de corriente). Ésta proporciona a los organismos sésiles los nutrientes y oxígeno necesarios. Ésta es la causa de que los pólipos de las gorgonias y las colonias de distintos hidrozoos se dispongan exactamente perpendiculares a la dirección principal de afluencia de la corriente para lograr el máximo efecto de filtración. De hecho, en el circalitoral se hace patente la lucha por el mejor lugar en la corriente. Numerosos organismos epibiontes y parásitos espaciales compiten por los lugares más expuestos sobre las gorgonias y otros filtradores fijados al sustrato. Sobre la gorgonia violácea (*Paramuricea clavata*), típica del circalitoral, suelen encontrarse frecuentemente ascidias (*Clavelina* sp.), el bivalvo conocido como pajarita (*Pteria hirundo*) y algunos serpúlidos con tubo calizo (*Filograna* sp.). Otro factor abiótico importante es la temperatura del agua, que en contraste con la de la superficie en el infralitoral suele mantenerse fresca, casi constante. Por debajo de los 50 m las temperaturas en el Mediterráneo occidental

oscilan de forma insignificante. Por ejemplo, en Nápoles entre los 13 °C de febrero y los 15 °C de agosto.
La razón se debe a la formación de una capa de separación térmica por debajo de la cual la temperatura del agua se mantiene relativamente constante a lo largo del año.
A pesar de que las plantas en el dominio circalitoral sólo proporcionan una reducida producción de biomasa, desempeñan un papel fundamental en el seno de la comunidad de organismos del coralígeno. Coralígeno (del francés *coralligéne*) significa "formado a partir del coral rojo (*Corallium*)". Esta denominación se debe a una confusión producida en el pasado al recogerse coral rojo junto con sustrato calizo del coralígeno en las redes de captura. El coral rojo es una forma característica de las cavernas en semipenumbra y no del coralígeno, aun cuando también pueda estar presente sobre dicho sustrato.
Se distinguen dos tipos de formaciones coralígenas: una comunidad de organismos coralígenos se encuentra sobre las rocas del circalitoral, y una segunda forma sobre fondos blandos en un tipo de plataforma estructural a modo de "arrecife". Ambas comunidades en su conjunto contienen una gran abundancia de especies casi comparable en su biodiversidad con los arrecifes tropicales, con la presencia de algas calcáreas rojas (*Pseudolithophyllum expansum, Mesophyllum lichenoides*, etc.) y algas rojas del género *Peyssonnelia*. Estas algas rojas son las verdaderas responsables de la formación de las plataformas de bancos coralígenos, pues el porcentaje de componentes animales –briozoos, moluscos y esponjas– alcanza como máximo un 20 %. El resultado de estas impresionantes estructuras de origen biológico es una roca masiva orgánica, con gran riqueza estructural, que presenta numerosos huecos y fisuras, como un "queso suizo". Gracias a esta variedad estructural dispone de muchos hábitats que son colonizados por una gran variedad de organismos de gran colorido; los peces característicos de origen tropical son el tres colas (*Anthias anthias*), el salmonete real o reyezuelo (*Apogon imberbis*), el mero (*Epinephelus marginatus*) y la castañuela o negrita (*Chromis chromis*). Las numerosas esponjas, ascidias y briozoos allí presentes también presentan vivos colores, llamando la atención las gorgonias y corales pétreos. Especialmente dignos de mención en el coralígeno son los cnidarios: los claveles de mar (*Caryophyilia inornata, Caryophyllia smithii*), las madréporas *Leptosammia pruvoti* y *Madracis pharensis*, la anémona incrustante amarilla (*Parazoanthus axinellae*) y la gorgonia violácea (*Paramuricea clavata*).
Las hendiduras y pequeñas oquedades son colonizadas por numerosos crustáceos: el sastre (*Galathea strigosa*), el bogavante (*Homarus gammarus*), la langosta común (Palinurus elephas), el langostino de antenas largas Stenopus spinosus, la quisquilla limpiadora *Lysmata seticaudata* y las quisquillas del género *Processa*. Tampoco deben olvidarse los siguientes representantes de los equinodermos, que tienen una gran importancia dentro de la comunidad de coralígenos y que también se pueden encontrar fácilmente: la ofiura (*Astrospartus mediterránea*), la estrella espinosa roja (*Echinaster sepositus*), la estrella de mar común (*Marthasterias glacialis*), la estrella purpúrea (*Ophidiaster ophidianus*), el cohombro de mar Negro (*Holothuria forskåli*), el cohombro de mar pardo (*Holothuria tubulosa*), el erizo de mar (*Echinus melo*), el erizo de hondura (*Echinus acutus*) y la tabaquera roja (*Stylocidaris affinis*).

1 Foraminífera roja *Miniacina miniacea* —Familia *Homotremidae*

CAT— *Miniacina miniacea*
FRA— Foraminifère rouge
ING— Red foraminiferan
ALE— Korallen-Kammerling

CARACTERÍSTICAS: Organismo unicelular cuyas colonias alcanzan un tamaño de hasta 1 cm. Organismos jóvenes con envolturas retorcidas, posteriormente arborescentes e irregularmente ramificados. Coloración de un rojo brillante.
HÁBITAT Y DISTRIBUCIÓN: Emplazamientos umbríos, sobre diferentes sustratos duros.
BIOLOGÍA: Los foraminíferos son rizópodos caracterizados por presentar seudópodos, un tipo de prolongaciones celulares con contenido citoplasmático. Al igual que flagelados y ciliados, éstos son un tipo de protozoos o animales unicelulares. El tamaño de estos organismos varía entre 50 mm y varios milímetros. Las especies de foraminíferos coralinos viven adheridas a sustratos duros como rocas, conchas de bivalvos y algas; otras especies pueden desplazarse con ayuda de sus seudópodos por el lecho marino o entre los granos de arena. Los representantes de menor tamaño son de vida planctónica. Los foraminíferos segregan envolturas calizas con una o varias cámaras que recuerdan a las de los gasterópodos.

2 Lechuga de mar *Ulva sp* —Familia *Ulvaceae*

CAT— Enciam de mar
FRA— Laitue de mer
ING— Sea lettuce
ALE— Meersalat

CARACTERÍSTICAS: Talo con pedúnculo corto o casi sésil, foliáceo y membranoso-translúcido, como una lechuga. El talo, que alcanza hasta 40 cm, está compuesto por dos capas de células.
POSIBLE CONFUSIÓN: En el Mediterráneo hay dos especies representantes del género: *Ulva lactuca,* que vive sobre todo en zonas de aguas salobres y aguas sucias (puertos y desembocaduras de ríos) cerca de la superficie, y la más frecuente *Ulva rigida*, también en puertos y ensenadas. Esta última se diferencia de *U. lactuca* por sus protuberancias ligeramente dentadas en el borde del talo. Hábitat y distribución: Las especies del género *Ulva* se caracterizan por el amplio espectro ecológico que ocupan. En costas eutrofizadas (puertos, desembocaduras de ríos) las especies colonizan la zona intermareal (mediolitoral), las marismas costeras y la zona infralitoral superior. En grandes profundidades y zonas con una gran dinámica hídrica, la lechuga de mar puede encontrarse a profundidades de hasta 60 m (p. ej., en el estrecho de Mesina). Se encuentra en el Mediterráneo occidental (raramente a lo largo de la costa norteafricana), Adriático, a lo largo de las costas griegas y del norte de Turquía y en el vecino Atlántico.
BIOLOGÍA: La lechuga de mar se fija a los sustratos duros por medio de sus rizoides en forma de discos adherentes. De la base foliar crecen células prolongadas Individuales a través del pedúnculo y hasta el pie, las cuales aportan un anclaje extraordinariamente fuerte. Ello le permite vivir también en zonas de rompiente y fuerte oleaje o gran corriente. Si se desprenden foliolos enteros o partes de hojas, éstos pueden sobrevivir en forma flotante.

3 *Anadyomene stellata* —Familia *Anadyomenaceae*

CAT— *Anadyomene stellata*
FRA— Anadyomène ètoilèe
ING— *Anadyomene stellata*
ALE— Blattförmige Grünalge

CARACTERÍSTICAS: Talo foliáceo erguido, con pedúnculo corto, compuesto por una única capa de células. Los talos forman lóbulos ondulados y translúcidos, de hasta 4 cm de altura. Las células de los "nervios", de hasta 1 mm de largo y estructuradas en forma radial, son claramente visibles. Coloración de un verde brillante translúcido.
POSIBLE CONFUSIÓN: Puede confundirse con la lechuga de mar. *Anadyomene* se diferencia por la ordenación radial de las células, pero la lechuga de mar presenta una "hoja" de estructura amorfa.
HÁBITAT Y DISTRIBUCIÓN: Especie heliófila propia de la zona infralitoral.
BIOLOGÍA: *Anadyomene* es un representante de las algas tropicales en el Mediterráneo. La mayor densidad en la distribución del género se da en los mares tropicales.

1

2

3

1 *Valonia utricularis* —Familia *Valoniaceae*

CAT— *Valonia utricularis*
FRA— Valonie tubuleuse
ING— Sea tube
ALE— Seetraube

CARACTERÍSTICAS: Talos vesiculares o tubulares de hasta 3 cm de altura, originados a partir de una célula gigante. Talo translúcido, duro y prieto. De la misma base salen varios talos y forman un césped denso, enredado y compacto.
POSIBLE CONFUSIÓN: El género *Valonia* está representado en el Mediterráneo por ésta y por una segunda especie, *V. macrophysa*. Esta segunda, no obstante, posee un talo en forma de pera invertida.
HÁBITAT Y DISTRIBUCIÓN: Especie esciófila que vive en lugares muy expuestos. Sobre sustratos duros primarios y secundarios, en entradas de cavernas, en grietas y en grutas, En el Mediterráneo y en el vecino Atlántico, desde el trópico hasta Portugal.
BIOLOGÍA: Esta especie es un elemento florístico tropical en el Mediterráneo, apareciendo también en el Indopacífico tropical y en el Atlántico occidental tropical.

2 Acetabularia *Acetabularia acetabulum* —Familia *Dasycladaceae*

CAT— *Acetabularia acetabulum*
FRA— Acétabulaire
ING— Mermaid´s cup
ALE— Schirmalge

CARACTERÍSTICAS: Alga verde con la forma de una pequeña sombrilla, que crece firmemente adherida a las rocas. Hasta 8 cm de altura, con un diámetro de la sombrilla de hasta 1 cm. Sombrilla segmentada, frecuentemente con incrustaciones calcáreas.
HÁBITAT Y DISTRIBUCIÓN: Especie fotófila propia de la zona infralitoral. Sobre rocas y bloques (sólo en superficies horizontales) en aguas tranquilas, desde aguas superficiales hasta untal, en el Adriático norte, a lo largo de las costas de Grecia y Turquía, y de Argelia y Libia. Especie endémica del Mediterráneo.
BIOLOGÍA: Representante tropical (relicto del mar de Tetis) entre las algas mediterráneas. Tiene una única célula (!) que desarrolla simultáneamente los filamentos radiculares, el pedúnculo y la sombrilla. La reproducción es en mayo y junio. Para esta época ya están formadas las sombrillas segmentadas. El único "núcleo de la célula gigante" se divide en unos 15-20.000 núcleos menores que emigran a las cámaras de la sombrilla y desde allí son liberados al interior de unas esporas flageladas. las esporas abandonan la sombrilla, se fusionan (copulación), alcanzan el fondo y desarrollan allí un alga completa nueva.

3 *Derbesia lamourouxi* —Familia *Derbesiaceae*

CAT— *Derbesia lamourouxi*
FRA— *Derbesia lamourouxi*
ING— *Derbesia lamourouxi*
ALE— Fädige Schlauchalge

CARACTERÍSTICAS: Talos filamentosos verticales, poco ramificados (0,1-0,6 mm de grosor), que nacen de una base común y que pueden desarrollar formaciones cespitosas de hasta 10 cm de alto.
HÁBITAT Y DISTRIBUCIÓN: Especie esciófila propia de emplazamientos tranquilos, donde crece sobre rocas, sobre algas calcáreas rojas (p. ej., sobre *Pseudollthophyllum expansum)* y entre otras algas.

4 Dasicladus *Dasycladus vermicularis* —Familia *Dasycladaceae*

CAT— *Dasycladus vermicularis*
FRA— Dasyclade vermiforme
ING— Squirrel tail algae
ALE— Keulenalge

CARACTERÍSTICAS: Talo cilíndrico en forma de maza (claviforme) que crece en vertical hasta unos 4 cm de altura, estrechado hacia la base y con consistencia esponjosa. Esta especie crece en grupos.
HÁBITAT Y DISTRIBUCIÓN: Alga verde esciófila, que vive en las costas egipcias e israelíes a profundidades de hasta 90 m (!). Sobre suelos rocosos, sustratos duros secundarios y suelos arenosos y detritos costeros. En todo el mar Mediterráneo y en el vecino Atlántico,
BIOLOGÍA: Esta alga es un representante tropical de las algas verdes en el Mediterráneo.

1

2

3

4

1 Caulerpe *Caulerpa prolifera* —Familia *Caulerpaceae*

CAT— *Caulerpa prolifera*
FRA— Caulerpe
ING— Caulerpa
ALE— Mittelmeer-Caulerpa

CARACTERÍSTICAS: Un rasgo de esta familia es el talo funcionalmente dividido en tres partes: un filoide más o menos foliáceo dedicado a funciones de fotosíntesis (1A), un cauloide (estolón) que sirve para la propagación, y un rizoide para el enraizamiento. Aun así, el talo en su conjunto está compuesto por una sola célula (!). Esta especie presenta unos filoides de 1-5 cm de largo y 3-13 mm de ancho, foliáceos, alargados, de borde liso y con la punta redondeada.
POSIBLE CONFUSIÓN: Ninguna. El género *Caulerpa* vive en el Mediterráneo en tres especies fáciles de distinguir. Además de *C. prolifera,* se conocen otras dos algas llegadas de otros mares: *C. racemosa* (con filoides en forma de baya) y C. *taxifolia,* con filoides pinnados.
HÁBITAT Y DISTRIBUCIÓN: Especie fotófila del infralitoral, que crece sobre fondos arenosos y fangosos entre 1 y 20 m de profundidad (en casos extraordinarios hasta 150 m). Prefiere regiones cálidas del Mediterráneo, falta en el Adriático norte y en el Egeo norte. Presente en las costas norteafricanas, griegas y del sur de Italia. En el Atlántico sólo en el sur de Portugal (Algarve); también en el Caribe.
BIOLOGÍA: Las especies del género *Caulerpa* presentan su distribución mayor en los mares tropicales, por lo que *C. prolifera* también puede ser considerada un elemento trópico-mediterráneo. Las especies de este género son un objeto típico de estudio, pues el conjunto del talo no está compuesto por diferentes células sino por una única "célula gigante".

2 *Caulerpa racemosa* —Familia *Caulerpaceae*

CAT— *Caulerpa racemosa*
FRA— *Caulerpa racemosa*
ING— *Caulerpa racemosa*
ALE— Kugel-Caulerpa

CARACTERÍSTICAS: Cauloide (vástago) muy ramificado con órganos fotosintéticos en forma de racimos (filoides), que puede alcanzar hasta 7 cm de altura. Es un alga muy variable con filoides en forma de bayas.
HÁBITAT Y DISTRIBUCIÓN: Especie fotófila del infralitoral, de fondos arenosos y fangosos, aunque también sobre rocas y sustratos duros secundarios entre 5 y 45 m de profundidad. En el Mediterráneo occidental, en las costas de Sicilia, en el estrecho de Mesina y puntualmente en la costa norteafricana, en las costas de Israel y Turquía. También en el Indopacífico y en el Caribe.
BIOLOGÍA: Esta alga colonizante llegó desde el mar Rojo a partir de 1950 a través del canal de Suez hasta el Mediterráneo oriental, y desde allí hasta el Mediterráneo occidental posiblemente llevada por barcos. Los primeros lugares donde fue encontrada en el Mediterráneo occidental fueron grandes puertos internacionales con intenso tráfico marítimo, como por ejemplo la bahía del puerto de Siracusa (Sicilia). Desde allí se ha extendido a las costas vecinas. Esta especie ha exhibido un comportamiento colonizante muy agresivo, tapizando todos los sustratos soleados con una tupida red de hasta 10 cm de grosor a base de filamentos cauloides. Este "tapiz" ocasiona un déficit de oxígeno, acabando con la casi totalidad de la flora y fauna béntica.

3 Codio mamelonado *Codium corallioides* —Familia *Codiaceae*

CAT— *Codium corallioides*
FRA— Codium mamelonné
ING— Crusty codium
ALE— Krustenförmige Grünalge

CARACTERÍSTICAS: Un rasgo de esta familia de algas es el talo compuesto por células tubulares plurinucleadas, diferenciado en dos capas, una medular y otra cortical. Esta especie presenta un talo almohadillado, lobulado y sinuoso con varios centímetros de ancho. Se trata de un alga crustácea de color verde oscuro.
HÁBITAT Y DISTRIBUCIÓN: Especie esciófila que vive en emplazamientos protegidos en el circalitoral, sobre todo bajo salientes rocosos y en hendiduras. Desde aguas superficiales hasta unos 40 m de profundidad. En el Mediterráneo occidental, a lo largo de las costas de España, Córcega, Sicilia, en el Adriático norte y en la costa norte de Turquía.

1A

1B

2

3

1 Codio esférico *Codium bursa* —Familia *Codiaceae*)

CAT— Boina
FRA — Béret basque
ING— Ball-alga
ALE— Meerball

CARACTERÍSTICAS: Gran talo esférico de hasta 20 cm, que en los ejemplares más viejos se ve más o menos comprimido al observarse desde arriba. Parte inferior con filamentos radiculares; interior hueco.
HÁBITAT Y DISTRIBUCIÓN: Especie fotófila del dominio infralitoral más profundo, generalmente sobre arenas, aunque también sobre suelos de rocas, desde aguas poco profundas hasta unos 45 m. Con mayor frecuencia en el Mediterráneo occidental, el Adriático norte, en la cuenca oriental del Egeo norte, y en las costas de Egipto. También en el vecino Atlántico. Especie lusitánica termófila.

2 Codio frágil *Codium fragile* —Familia *Codiaceae*

CAT— *Codium fragile*
FRA— *Codium fragile*
ING— Fragile codium
ALE— Grüne gabelalge

CARACTERÍSTICAS: Alga que crece en vertical con ramillas en forma de filamentos trenzados, con ramificación dicotómica de unos 5 mm de grosor. Talos de hasta 40 cm de alto. Color verde oscuro.
POSIBLE CONFUSIÓN: Esta especie puede confundirse fácilmente con *Codium fragile*. Su diferenciación sólo es posible observando ciertos detalles al microscopio.
HÁBITAT Y DISTRIBUCIÓN: En lugares tranquilos y con cierta sombra (transición infralitoral-circalitoral), sobre suelos rocosos y sustratos duros secundarios. En el Mediterráneo occidental y en el Adriático norte, así como en el vecino Atlántico.
BIOLOGÍA: Esta alga se cosecha a mano o con redes para su consumo. Además se citan de ella propiedades bactericidas y antibióticas.

3 Udotea *Udotea petiolata* —Familia *Udoteaceae*

CAT— *Udotea petiolata*
FRA— Udotée
ING— Udotea
ALE— Fächeralge

CARACTERÍSTICAS: Especie con filoides en forma de abanico sobre un largo cauloide pedunculado que nace de un plexo radicular (rizoide). Filoides lobulados y hendidos en el borde.
HÁBITAT Y DISTRIBUCIÓN: Esciófila propia de la transición de los dominios infralitoral-circalitoral (forma característica del dominio "precoralígeno"). Cerca de la superficie del agua en lugares moderadamente expuestos y en los fuertemente sombreados (cavernas y grutas); entre otras algas, entre rizomas de posidonia, sobre suelos arenosos y sobre algas rojas calcáreas, hasta 60 m de profundidad (máximo 100 m). En el Mediterráneo y en el Atlántico templado-cálido.
BIOLOGÍA: Esta alga es un elemento florístico tropical en el Mediterráneo. El género se extiende fundamentalmente por el Caribe, donde existen numerosas especies.

4 Tuna de mar *Halimeda tuna* —Familia *Udoteaceae*

CAT— *Halimeda tuna*
FRA— Monnaie de Poseidón
ING— Calcareous green alga
ALE— Pfennigalge

CARACTERÍSTICAS: Talo de hasta 20 cm de alto, compuesto por fragmentos discoidales arriñonados de unos 5-25 mm de ancho, enlazados a modo de eslabones. El talo, que nace de un rizoide, presenta incrustaciones calcáreas y frecuentemente se halla cubierto por numerosos epibiontes.
HÁBITAT Y DISTRIBUCIÓN: Alga esciófila que suele formar cinturones en la transición entre los dominios infralitoral y circalitoral (precoralígeno). Desde aguas poco profundas hasta unos 75 m de profundidad. En casi todo el Mediterráneo occidental, en el Adriático norte, a lo largo de las costas de Grecia, Egeo norte, Israel, Egipto y Libia.
BIOLOGÍA: Esta especie es un típico elemento florístico tropical en el Mediterráneo, y también se ha aclimatado al Indopacífico tropical, y al Atlántico oriental y occidental (Caribe). En Túnez es cosechada como alimento para el ganado.

1

2

3

4

1 | **Espárrago marino** *Asparagopsis armata* —Familia *Bonnemaisoniaceae*

CAT— *Asparagopsis armata*
FRA— Algue à crochets
ING— Red seaweeds
ALE— Harpunenalge

CARACTERÍSTICAS: Talos de hasta 15 cm de altura, arriba ramificados en forma del penacho de los pelos de un pincel. Son características sus "ramillas espinosas", las cuales le permiten adherirse a otras algas.
HÁBITAT Y DISTRIBUCIÓN: En el infralitoral, sobre todo en aguas poco profundas hasta unos 10 m (en costas con aguas muy claras también a mayor profundidad). En el Mediterráneo occidental, en las costas españolas, y puntualmente también en las norteafricanas y turcas, en el estrecho de Mesina y en Córcega, y en el Atlántico, desde el golfo de Vizcaya hasta Marruecos.
BIOLOGÍA: Esta especie procede originalmente de Nueva Zelanda y Australia, desde donde se introdujo de forma casual en los mares europeos en 1925.

2 | *Halymenia floresia* —Familia *Grateloupiaceae*

CAT— *Halymenia floresia*
FRA— *Halymenia floresia*
ING— *Halymenia floresia*
ALE— Gallert-Rotalge

CARACTERÍSTICAS: Talo gelatinoso de hasta 30 cm de alto. Ramas principales de hasta 2 cm de ancho, entre pinnadas y con ramificación cuasi-dicotómica. Ramitas cilíndricas, entre aplanadas y foliáceas. Generalmente en estado vivo presenta un color rojo, o a veces color carne.
HÁBITAT Y DISTRIBUCIÓN: Sobre sustratos duros, en emplazamientos umbrosos desde aguas someras hasta unos 30 m de profundidad. Mediterráneo occidental y Adriático.

3 | *Laurencia obtusa* —Familia *Rhodomelaceae*

CAT— *Laurencia obtusa*
FRA— *Laurencia* obtusa
ING— *Laurencia obtusa*
ALE— Knorpeltang

CARACTERÍSTICAS: Alga roja que crece en vertical hasta unos 15 cm, con ramas cilíndricas y ramillas cortas en forma de maza, entre opuestas y verticiladas. Coloración rojiza, amarillenta e incluso verde oliva.
POSIBLE CONFUSIÓN: Ninguna. Otras dos especies del género *Laurencia (L. pinnatifida* y *L. papillosa)* se diferencian por su forma más tupida de crecimiento y distinta ramificación. *L. obtusa* es fácil de reconocer por sus ramillas en forma de maza.
HÁBITAT Y DISTRIBUCIÓN: Prefiere dominios soleados (infralitoral), sobre piedras y ejemplares de *Cystoseira,* en lugares moderadamente expuestos cerca de la superficie y hasta 40 m de profundidad. En el Mediterráneo occidental, en las costas de España, Francia, Cerdeña, Córcega, Italia y Adriático norte, y de Grecia, norte de Turquía, Líbano, Israel y Argelia, y en el Atlántico.
BIOLOGÍA: La forma de crecimiento de esta alga no está fijada genéticamente de forma estricta. Así, la colonización se ve afectada por la hidrodinámica: formas aplastadas en áreas de rompiente y formas laxas en zonas tranquilas.

4 | *Vidalia volubilis* —Familia *Rhodomelaceae*

CAT— *Vidalia volubilis*
FRA— *Vidalia volubilis*
ING— *Vidalia volubilis*
ALE— Spiralförmige Vidalia

CARACTERÍSTICAS: Alga roja que crece en vertical hasta unos 20 cm, con talo acintado espiral, dentado en el borde. Ramificación lateral; talo con nervio central.
HÁBITAT Y DISTRIBUCIÓN: Especie esciófila del dominio circalitoral. Sobre suelos arenosos y arenoso-limosos a profundidades entre 30 y 80 m, siempre adherida a restos de conchas; más raramente sobre suelos rocosos. En el Mediterráneo occidental a lo largo de las costas de España, Costa Azul, Cerdeña, Córcega, sur de Italia, Adriático norte, Argelia y Turquía.
BIOLOGÍA: Esta alga espiral es una de las algas más extendidas en el Adriático, y esporádicamente puede aparecer de forma masiva en grandes formaciones.

1

2

3

4

1 *Fauchea repens*
—Familia *Rhodymeniaceae*

CAT— *Fauchea repens*
FRA— *Fauchea repens*
ING— *Fauchea repens*
ALE— Kriechende Rotalge

CARACTERÍSTICAS: Talo rastrero o parcialmente erguido de hasta 10 cm de altura. Talo aplanado en forma de cinta de hasta 8 mm de ancho, siempre con ramificación dicotómica.

HÁBITAT Y DISTRIBUCIÓN: Escióﬁla propia de las profundidades en el circalitoral en organismos vivos coralígenos y sobre suelos de algas calcáreas rojas entre 35 y 80 m de profundidad.

2 *Peyssonnelia squamaria*
—Familia *Peyssonneliaceae*

CAT— *Peyssonnelia squamaria*
FRA— Peyssonnelia
ING— Peyssonnelia
ALE— Schuppenblatt

CARACTERÍSTICAS: Talos foliáceos de hasta 5 cm de alto, ensanchados horizontalmente. El talo se fija al sustrato sólo parcialmente por medio de rizoides. Folioide arriñonado, entre recortado y lobulado en el borde. Color rojo oscuro (2A), rojo-castaño o incluso amarillento (2B).
HÁBITAT Y DISTRIBUCIÓN: Especie escióﬁla del circalitoral (precoralígeno), sobre rocas y algas, sobre todo en el dominio coralígeno. En las aguas someras sólo en lugares muy umbríos.

BIOLOGÍA: Junto con otras muchas especies de algas rojas, es propia de aguas donde sólo llega una "luz tenue". La fotosíntesis la realiza en un determinado espectro de luz solar, en una banda estrecha de luz azul que llega a las profundidades o de luz verde en aguas costeras enturbiadas. Las del género *Peyssonelia* en el Caribe llegan a colonizar lugares a profundidades de hasta 190 m (!), donde apenas alcanza a penetrar el 0,05 % de la luz que llega a la superficie del mar.

3 Amphiroa *Amphiroa rigida*
—Familia *Corallinaceae*

CAT— *Amphiroa rigida*
FRA— Amphiroa rigide
ING— Amphiroa
ALE— Gabel-Rotalge

CARACTERÍSTICAS: Alga calcárea roja de hasta 8 cm de alto, con talo erguido cilíndrico con ramificación dicotómica. Diámetro de ramificaciones entre 0,2 y 0,8 mm. Ramas quebradizas fuertemente calcificadas, con una segmentación más bien poco clara. Conceptáculos redondeados.
POSIBLE CONFUSIÓN: El género *Amphiroa* está en el Mediterráneo con dos especies difíciles de diferenciar entre sí, que no obstante presentan distintas necesidades de colonización: *Amphiroa rígida,* fotófila, coloniza lugares en aguas poco profundas bien soleadas. *Amphiroa cryptarthrodia,* por el contrario, como especie escióﬁla que es, vive en zonas umbrías cercanas a las orillas.
HÁBITAT Y DISTRIBUCIÓN: Ambas especies colonizan aguas poco profundas entre 0 y 5 m de profundidad, sobre todo en lugares protegidos.
BIOLOGÍA: Las especies del género *Amphiroa* presentan una densidad máxima en las zonas tropicales del Atlántico oriental y occidental (Caribe). La especie que nos ocupa no sólo aparece en el Mediterráneo, sino también en el Caribe.

4 *Corallina elongata*
—Familia *Corallinaceae*

CAT— *Corallina elongata*
FRA— Corallina
ING— Corallina
ALE— Derbes Korallenmoos

CARACTERÍSTICAS: Algas calcáreas rojas. Talos de 2-12 cm de alto. Segmentos de 14 mm de largo y 1-2 de grosor. Ramificación pinnada opuesta del talo, fuertemente calcificado y duro, segmentado y no quebradizo. Conceptáculos con un poro apical. Rosa o amarillenta.
POSIBLE CONFUSIÓN: Esta especie puede ser confundida con *Corallina officinalis,* frecuente en el Atlántico, aunque sus segmentos son cilíndricos y no están comprimidos.

HÁBITAT Y DISTRIBUCIÓN: Sobre sustratos duros en el dominio infralitoral superior. En lugares moderadamente expuestos cerca de la superficie forman cinturones compactos. En el Mediterráneo occidental, en el Adriático y puntualmente en el Mediterráneo oriental. También en el vecino Atlántico.
BIOLOGÍA: Las especies del género *Corallina* se emplean con fines medicinales.

1
2A
2B
3
4

1 Falsa coralina *Jania rubens* —Familia *Corallinaceae*

CAT— *Jania rubens*
FRA— Janie rouge
ING— Fine coral moos
ALE— Feines Korallenmoos

CARACTERÍSTICAS: Alga roja de crecimiento erguido, de hasta 4 cm de alto, con talo entre cilíndrico y claviforme, segmentado y con ramificación dicotómica. Puntas de las ramificaciones con un poro apical. Segmentos calcificados. Crecimiento entre cespitoso y fasciculado. Coloración rosa-rojiza.
HÁBITAT Y DISTRIBUCIÓN: En el infralitoral, en general como epífita sobre otras algas, sobre todo en lugares tranquilos, desde cerca de la superficie hasta unos 20 m de profundidad máxima. En el Mediterráneo occidental y en el Adriático norte, a lo largo de las costas de Grecia, norte de Turquía, Líbano, Israel y Argelia, así como en el vecino Atlántico.
BIOLOGÍA: Esta especie de alga es recogida a mano en algunas regiones del Mediterráneo para su empleo en medicina tradicional.

2 Mesofilo *Mesophyllum lichenoides* —Familia *Corallinaceae*

CAT— *Mesophyllum lichenoides*
FRA— *Mesophyllum lichenoides*
ING— Mesophyllum
ALE— Gewelltes Steinblatt

CARACTERÍSTICAS: Alga calcárea roja cuyo talo puede alcanzar hasta 20 cm. Los talos están formados por finos estratos discoidales superpuestos, frecuentemente ondulados en el borde. Muy quebradiza. Coloración rojo-rosada a amarillenta.
POSIBLE CONFUSIÓN: Es fácil de confundir con *Pseudolithophyllum expansum.* No obstante, su crecimiento pluriestratificado y el borde ondulado del talo son buenos caracteres para diferenciarla.
HÁBITAT Y DISTRIBUCIÓN: Especie esciófila del circalitoral. Sobre rocas, especialmente en paredes verticales, bajo salientes rocosos y en las zonas coralígenas.
BIOLOGÍA: Las algas calcáreas rojas, como por ejemplo la que nos ocupa, son llamadas con razón "los corales entre las algas", pues agregan carbonato cálcico (también carbonato magnésico) en forma de cristales de calcita a las paredes de sus células. Numerosas especies de algas de esta familia *(Corallinaceae)* en los mares tropicales son los principales responsables junto con los corales pétreos de la formación de los arrecifes de coral. También en el Mediterráneo las algas calcáreas rojas contribuyen a la formación de sustratos duros secundarios de origen orgánico y sustratos coralígenos (véase también *Pseudolithophyllum expansum).*

3 *Pseudolithophyllum expansum* —Familia *Corallinaceae*

CAT— *Pseudolithophyllum expansum*
FRA— Algue coralligène
ING— *Pseudolithophyllum expansum*
ALE— Ausgebreitetes Steinblatt

CARACTERÍSTICAS: Alga calcárea roja con talos escuamiformes, redondeados y aplanados, de hasta 20 cm. Se sujeta al sustrato sólo con la mínima parte de su cara inferior. Bordes del talo libres del sustrato, lobulados, raramente ondulados; cara superior lisa.
POSIBLE CONFUSIÓN: Esta alga puede confundirse fácilmente con *Mesophyllum lichenoides,* especie que sin embargo siempre presenta talos pluriestratificados con borde ondulado.
HÁBITAT Y DISTRIBUCIÓN: Esciófila del circalitoral, sobre rocas y piedras en fuertes condiciones de umbría y aguas tranquilas. Típica "alga de aguas con luz tenue" a profundidades de hasta 60 m. También en cavernas y grutas cerca de la superficie. Característica del coralígeno.
BIOLOGÍA: Esta alga contribuye decisivamente a la formación del sustrato coralígeno. Con este concepto se entiende un "sustrato duro secundario" formado por bloques de hasta varios metros de material orgánico endurecido que se eleva a modo de islas desde las superficies de sustrato blando adyacentes. Los bloques coralígenos están formados por restos de conchas y caparazones calizos de distintos grupos animales como briozoos, gorgonias, equinodermos y serpúlidos (gusanos tubícolas), que son cementados por regla general por algas calcáreas rojas. Este sustrato biogénico, cuyo nombre deriva de forma errónea del coral rojo *(Corallium rubrum), se* origina, dependiendo de la profundidad visible, a partir de los 30 m de profundidad.

1

2

3

1 *Lithothamnium fruticulosum, Lithophyllum racemus*
—Familia *Corallinaceae*

CAT— *Lithothamnium fruticulosum*
FRA— *Lithothamnium fruticulosum*
ING— Lithothamnion
ALE— Knollen-Kalkrotalgen

CARACTERÍSTICAS: Alga calcárea roja que suele formar masas esféricas libres en los fondos. Talo a menudo con muchas ramificaciones esféricas cortas de unos 3 mm de grosor en forma de coral.
POSIBLE CONFUSIÓN: En el Mediterráneo hay especies de algas calcáreas rojas esféricas, que en la mayoría de los casos sólo pueden ser determinadas por especialistas. *Lithothamnium fruticulosum* presenta protuberancias espinoides más bien pequeñas y cortas, mientras que *Lithophyllum racemus* exhibe protuberancias esféricas de mayor tamaño.
HÁBITAT Y DISTRIBUCIÓN: En suelos blandos y profundos (circalitoral), esporádicamente de forma masiva entre los 30 y 100 m de profundidad. Suelen ser constituyentes de la "facies de las *Squamahaceae* libres (sueltas sobre el fondo) de la biocenosis de los detritos costeros". Para simplificar esta denominación, esta facies se suele nombrar como "suelos de algas calcáreas rojas".
BIOLOGÍA: Ramificadas y yacentes sobre suelos arenosos profundos. Estos suelos de algas calcáreas rojas también se denominan "Maerl", como los presentes delante de las costas de Bretaña. Evitan las zonas costeras ricas en sedimentos, pues en tal caso, dado su lento crecimiento, pronto quedarían enterradas bajo la arena. Estos suelos hospedan una flora especial compuesta por algas de las profundidades y una fauna constituida por diferentes animales sésiles filtradores.

2 Algas pardas *Colpomenia sinuosa*
—Familia *Scytosiphonaceae*

CAT— *Colpomenia sinuosa*
FRA— Voleuse d´huîtres
ING— Oyster thief
ALE— Knollenalge

CARACTERÍSTICAS: Talo vesicular hueco, de un tamaño que oscila entre el de una nuez y un puño (máx. 20 cm), con la superficie plegada. Coloración de un amarillo-oliváceo. Hábitat y distribución: Especie fotófila de alga parda del infralitoral superior. Sobre piedras y algas en lugares más bien protegidos cerca de la superficie, o también en lagunas formadas tras la bajamar, y hasta los 8 m de profundidad. En el Mediterráneo y extendida por todo el mundo.

3 *Cystoseira sp.*
—Familia *Cystoseiraceae*

CAT— *Cystoseira sp.*
FRA— *Cystoseira sp.*
ING— *Cystoseira sp.*
ALE— Cystoseira

CARACTERÍSTICAS: Crecimiento erguido, con forma entre arborescente y arbustiva. Talo frecuentemente compuesto por un eje principal, del que parten numerosas ramificaciones laterales. Algunas especies presentan vejigas que contienen aire (órganos de flotación) o ramitas cortas con aspecto de diente o de espina ("ramillas espinosas").
POSIBLE CONFUSIÓN: En el Mediterráneo hay 30 especies, a las que hay que sumar 10 ecotipos diferentes. La determinación por medio de fotos suele ser algo casi imposible.
HÁBITAT Y DISTRIBUCIÓN: Fotófilas del infralitoral superior, sobre rocas inmediatamente bajo la superficie del mar. A menudo constituyen densas formaciones: *Cystoseira stricta* y *C. mediterránea* forman una comunidad de organismos sobre rocas bien expuestas a la luz solar en zonas con movimiento de las aguas de fuerte a medio. *C. crinita, C. barbata* y *C. adriatica* (endemismo del Adriático) dominan en lugares con gran insolación pero protegidos del oleaje. El género *Cystoseira* está extendido por todo el Mediterráneo, aunque su densidad máxima la presenta en su cuenca occidental. También se encuentran especies del género desde las costas del sur de Gran Bretaña hasta Mauritania. Aproximadamente dos tercios de las especies son endémicas del Mediterráneo. Biología: Las especies de *Cystoseira* son las características del infralitoral superior. En el Mediterráneo adoptan el papel de algas de cobertura de las rocas que en las regiones frío-templadas del Atlántico y Pacífico desempeñan las laminarias. Contienen una gran proporción de alginato (hasta el 35 % de su materia seca), numerosos componentes como esteroles, terpenos, diterpenos y fenoles. Por dicha razón muchas especies suelen ser cosechadas de forma local.

1

2

3

1 Cayado amarillo *Dictyopteris membranacea* —Familia *Dictyotaceae*

CAT— *Dictyopteris membranacea*
FRA— Parfum d'Ántée
ING— Sweet-smelling seaweed
ALE— Weichhäutiger Tang

CARACTERÍSTICAS: Forma acintada, con ramificación dicotómica, con un nervio central claramente marcado. Puntas redondeadas. Talo cauliforme hacia la base. Órgano de sujeción discoidal y tomentoso. Coloración: amarillenta en individuos jóvenes, pardo-oscura en individuos más viejos.

HÁBITAT Y DISTRIBUCIÓN: Sustratos duros en infralitoral y circalitoral 1-80 m profundidad. En el Mediterráneo occidental, Adriático norte, costas griegas, Egeo norte, Libia y Egipto. Cosmopolita.
BIOLOGÍA: Recolectada con carácter regional para fines medicinales (afecciones pulmonares).

2 Dictyota *Dictyota dichotoma* —Familia *Dictyotaceae*

CAT— *Dictyota dichotoma*
FRA— Dictyote
ING— Forkweed
ALE— Gabelzunge

CARACTERÍSTICAS: Talo acintado de hasta 15 cm, frecuentemente con ramificación dicotómica, sin nervio central, tierno y translúcido (talo compuesto sólo por tres capas de células).
HÁBITAT Y DISTRIBUCIÓN: Especie fotófila del infralitoral, sobre piedras y otras algas, en aguas tranquilas cerca de la superficie, y hasta unos 80 m de profundidad máxima (!). Esporádicamente constituye formaciones con *Dictyopteris membranacea.* En todo el Mediterráneo, excepto en el sur del Adriático y sur de Turquía. También en el vecino Atlántico. Cosmopolita.
BIOLOGÍA: Para alimentación humana (en la cocina asiática), obtención de coloides y antibióticos.

3 *Dictyota linearis* —Familia *Dictyotaceae*

CAT— *Dictyota linearis*
FRA— *Dictyota linearis*
ING— *Dictyota linearis*
ALE— Schmale Gabelzunge

CARACTERÍSTICAS: Hasta 20 cm, con ramificación dicotómica, a veces con ramificación irregular. Hasta 2 mm de ancho, retorcidos, con extremo rematado en punta.

HÁBITAT Y DISTRIBUCIÓN: Especie fotófila. Vive preferentemente como epífita sobre otras algas. Desde la superficie del mar hasta unos 30 m de profundidad.

4 Cola de pavo *Padina pavonica* —Familia *Dictyotaceae*

CAT— *Padina pavonica*
FRA— Queue de Paon
ING— Peacocks tail
ALE— Trichteralge

CARACTERÍSTICAS: Talo de hasta 15 cm. Pedunculada y cuneiforme en la base; enrollada en forma de abanico en su parte superior. Filoides con alternancia de zonas concéntricas blancuzcas (incrustaciones calcáreas) y otras más oscuras.
HÁBITAT Y DISTRIBUCIÓN: Fotófila del infralitoral. Sobre rocas y piedras, en superficies horizontales y verticales, desde la superficie hasta unos 20 m. En las horizontales compite por el espacio con *Acetabularia acetabulum.* En casi todo el Mediterráneo y en el Atlántico pantropical.

5 *Sporochnus pedunculatus* —Familia *Sporochnaceae*

CAT— *Sporochnus pedunculatus*
FRA— *Sporochnus pedunculatus*
ING— *Sporochnus pedunculatus*
ALE— Pinselförmige Braunalge

CARACTERÍSTICAS: Talo filamentoso hasta 45 cm de largo, liso, con ramificación lateral. En maduración (junio-agosto) densas ramificaciones de 1-3 mm de largo.

HÁBITAT Y DISTRIBUCIÓN: Especie esciófila del circalitoral, de fondos profundos de arena-gravilla y sustratos duros, de 10 a 60 m de profundidad.

1

2

3

4

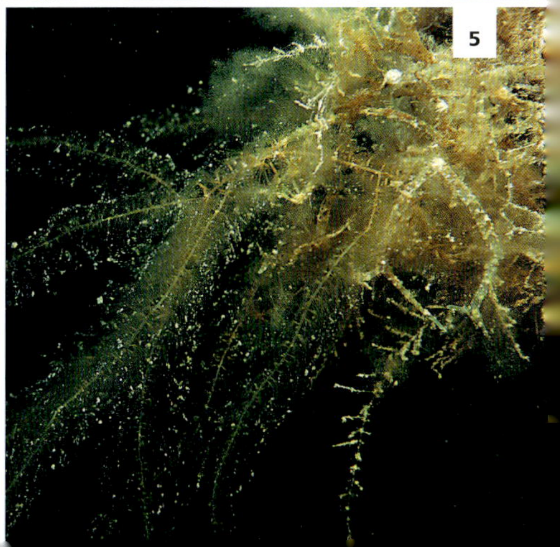
5

1 | **Sargazo** *Sargassum* sp. —Familia *Sargassaceae*

CAT— *Sargassum sp.*
FRA— Sargasse
ING— Japanese wireweed
ALE— Beerentang

CARACTERÍSTICAS: Talo masivo y arborescente de hasta 80 cm de alto (1B). A partir de un disco basal se desarrolla un brote longitudinal erguido con numerosas ramificaciones (brotes cortos), foliáceos o cauliformes. Algunos brotes cortos se transforman en vejigas flotantes (1A). Filoides generalmente entre lanceolados y ovados, con un nervio central. Color pardo o pardo claro.
POSIBLE CONFUSIÓN: Género con un mínimo de 5 especies muy similares.
HÁBITAT Y DISTRIBUCIÓN: Especies más bien escióflIas del infralitoral inferior y circalitoral. Sobre sustratos duros primarios y secundarios, y sobre suelos blandos, desde zonas de aguas poco profundas, hasta grandes profundidades (*S. hornschuchii:* hasta unos 200 m). En el Mediterráneo y el Atlántico pantropical.
BIOLOGÍA: El nombre del género *Sargassum* deriva de una región del Atlántico occidental, el mar de los Sargazos. En una región con un diámetro de unas 2.500 millas marinas viven dos especies de sargazos flotando libres en la superficie marina (S. *fluitans y S. natans),* que ya fueron registradas por Colón en 1492: "Se trataba de una hierba que habitaba las rocas y que procedía de poniente. Parecía hallarse en las cercanías de alguna costa ...". Se encuentra en el centro poco batido por los vientos de las grandes corrientes cíclicas de las corrientes del Golfo y del Atlántico norte, y de la norecuatorlal que fluye en sentido opuesto. Las masas de sargazos se encuentran atrapadas entremedias. La reproducción es preferentemente vegetativa, surgiendo "campos" gigantescos en bandas orientadas en el sentido del viento. Ninguna de ambas especies ha sido encontrada en forma sésil en las costas. Se supone por ello que ambas especies ya vivirían flotando libres desde hace mucho de tiempo.

2 | **Laminaria** *Laminaria ochroleuca* —Familia *Laminariaceae*

CAT— *Laminaria ochroleuca*
FRA— Laminaire
ING— Brown seaweed
ALE— Gelber Fingertang

CARACTERÍSTICAS: Talo de hasta 3 m, dividido funcionalmente en tres partes: el pie que la ancla al sustrato, el pedúnculo cauliforme (cauloide) que porta el filoide, y el filoide, muy ensanchado, con función fotosintética y donde se localizan los órganos reproductivos. Pie de hasta 20 cm, amarillento y con numerosos hápteros u órganos de sujeción, pedúnculo liso, pardo, con un grosor de unos 3-5 cm en la base y 1 cm en la inserción del filoide. Filoide entre 1-2,5 cm de largo, con base en forma de corazón pardo-verdoso, y láminas a menudo desgarradas en tiras.
POSIBLE CONFUSIÓN: En el Mediterráneo se encuentran numerosos representantes del orden de las Laminariales: *Laminaria rodriguezii, L. japónica, Saccorhiza polyschides* y dos del género *Phyllaria.* La típica estructura de *L ochroleuca* es un claro carácter para su determinación.
HÁBITAT Y DISTRIBUCIÓN: En el infralitoral y circalitoral, esporádicamente (estrecho de Mesina) hasta los 90 m de profundidad. Sobre suelos duros. Puntualmente en el Mediterráneo occidental: estrecho de Mesina, en las costas de Marruecos, en el sur de España, estrecho de Gibraltar, y en el Atlántico, desde las islas Británicas (costas del canal de la Mancha) hasta Marruecos.
BIOLOGÍA: Las grandes laminarias caracterizan los paisajes submarinos de los mares fríos. Por ello resulta sorprendente encontrarlas en el Mediterráneo, de carácter entre moderadamente cálido y tropical. Ello no implica ninguna excepción pues cuando aparecen en él, colonizan zonas de la costa donde durante todo el año se dan temperaturas "atlánticas". En el verano la temperatura del agua no debe superar en dichos lugares los 20 °C (umbral letal de las laminarias) y en invierno no debe superar los 15 °C (umbral máximo para la maduración de los gametofitos). Estas condiciones se dan sólo en la cuenca occidental por debajo de la capa de separación térmica o en costas en las que los vientos procedentes de tierra firme o las corrientes de agua fría en profundidad alcanzan zonas superiores. Este fenómeno de "inmersión" de las especies termófobas a profundidades mayores y más frías se conoce como "submergencia isotérmica".

1A

1B

2

1 Seba *Cymodocea nodosa*
—Familia *Potamogetonaceae*

CAT— Algueró
FRA— Cymodocée
ING— Little Neptune grass
ALE— Tanggras

CARACTERÍSTICAS: Planta angiosperma con hojas acintadas de hasta 30 cm de largo. Hojas de hasta 4 mm de ancho, con 7-9 nervios paralelos. Fino brote radicular sin restos foliares fibrosos.
POSIBLE CONFUSIÓN: Las potamogetonáceas están representadas en el Mediterráneo por 3 géneros y 4 especies. Todas las especies poseen hojas acintadas, diferenciándose en el tamaño y longitud de las hojas, en el rizoma y en sus requerimientos locales específicos. La mayor y más frecuente especie es la posidonia (Posidonia oceánica), con hojas de hasta 120 cm de largo y 1 cm de ancho. Algo menos frecuentes son las dos especies del género *Zostera*: *Z. marina* vive sobre suelos arenoso-fangosos, frecuentemente en aguas salobres y en lagunas; posee hojas del tipo de las gramíneas, con 3-7 nervios no marginales. *Zostera noltii* presenta hojas estrechas y lineares, con un nervio central y 2 nervios marginales. También esta angiosperma coloniza zonas de aguas salobres y desembocaduras de ríos.
HÁBITAT Y DISTRIBUCIÓN: En suelos arenoso-arcillosos protegidos del infralitoral, desde aguas someras hasta unos 10 m de profundidad. Esporádicamente forma praderas en asociación con algas del género Zostera. En todo el Mediterráneo y en el vecino Atlántico, desde las costas del sur de España, hasta las islas Canarias.
BIOLOGÍA: Esta planta puede crecer en suelos arenosos con una determinada proporción de materiales finos orgánicos. En una zonación típica, esta especie coloniza zonas entre la costa y las praderas de posidonia. Cymodocea nodosa es una especie pionera que se extiende sólo en sentido horizontal, en contraste con Posidonia oceánica, ofreciendo poca superficie de colonización a la fauna de los sedimentos dada la tupida cobertura de su rizoma.

2 Posidonia, alga de vidrieros *Posidonia oceanica*
—Familia *Potamogetonaceae*

CAT— Altina
FRA— Posidonie
ING— Neptune grass
ALE— Neptungras

CARACTERÍSTICAS: Angiosperma con hojas acintadas de hasta 120 cm de longitud, 1 cm de ancho y 13-17 nervios paralelos. Denso rizoma con restos foliares fibrosos.
POSIBLE CONFUSIÓN: Puede distinguirse fácilmente de otras angiospermas marinas por su tamaño y la presencia de restos foliares fibrosos en su rizoma (véase también *Cymodocea nodosa*).
HÁBITAT Y DISTRIBUCIÓN: Especie fotófila del infralitoral, desde aguas poco profundas hasta unos 50 m de profundidad. Extendida por todo el Mediterráneo (endémica). Relicto del mar de Tetis.
BIOLOGÍA: Las inflorescencias de la posidonia son más bien inapreciables: son verdes y raramente se llegan a advertir entre las hojas. Además, las flores no se forman todos los años, y parece que la temperatura del agua desempeña un papel esencial en el desarrollo de las mismas. El tipo de reproducción predominante suele ser asexual, mediante vástagos nacidos del rizoma, erguido o reptante, del que nacen pequeñas raíces. Los rizomas terminan en un penacho de 4-8 hojas acintadas. La extensión vertical en profundidad se ve limitada hacia arriba por la hidrodinámica, y hacia abajo por la luz. En ensenadas protegidas esta especie crece llegando casi hasta la superficie marina, y en algunos lugares puede llegar a formar verdaderos bancos. En lugares con aguas muy claras puede alcanzar hasta los 50 m de profundidad. La posidonia desempeña un papel ecológico de primer orden en el Mediterráneo. Del crecimiento horizontal de sus rizomas (5-10 cm/año) y del crecimiento vertical de sus hojas surgen bancos secundarios compactados mediante la sedimentación de la arena, cuyo crecimiento vertical puede llegar a ser de 1 m en un siglo. Las praderas de posidonia son hábitats muy productivos que, además de una importante cantidad de biomasa orgánica, producen por metro cuadrado entre 1 y 14 litros de oxígeno al día, ofreciendo extensas superficies colonizables y espacios de protección a una gran diversidad de organismos gracias al crecimiento de su superficie. En total se han llegado a contabilizar en las praderas de angiospermas marinas hasta 400 especies de algas y varios miles de especies animales.

1

2

1 Clathrina clathrus
—Familia *Clathrinidae*

CAT— *Clathrina clathrus*
FRA— Clathrine jaune
ING— *Clathrina clathrus*
ALE— Gelber Gitter-Kalksschwamm

CARACTERÍSTICAS: Tamaño de hasta 10 cm. El cuerpo de la esponja, con forma almohadillada, está compuesto por un tupido entramado de tubos blandos interconectados entre sí. Los orificios exhalantes están formados por varios tubos convergentes mayores. Color: amarillo limón. Posible confusión: Gracias a su vivo color, esta especie se distingue fácilmente de otras esponjas calcáreas del Mediterráneo que también constituyen redes de tubos similares.
HÁBITAT Y DISTRIBUCIÓN: Sobre fondos duros. En zonas umbrías (circalitoral), como entradas de cavernas, hendiduras o bajo salientes rocosos. En general, entre 5 y 20 m de profundidad, y en lugares tranquilos y muy umbríos, ya desde aguas poco profundas. Esta especie suele encontrarse regularmente, e incluso en algunas zonas puede ser muy frecuente.
BIOLOGÍA: Existen dos formas que se diferencian por su diámetro: una presenta redes muy finas compuestas únicamente por sólidos tubos de 0,5-1 mm; la otra forma tubos ligeramente transparentes de 3 mm de grosor. Ambas formas pueden presentarse una junto a otra, aunque son raros los ejemplares que exhiben ambas formas en el mismo individuo (véase al respecto la fotografía de la pág. derecha).

2 Clathrina spp.
—Familia *Clathrinidae*

CAT— *Clathrina spp.*
FRA— *Clathrina spp.*
ING— *Clathrina spp.*
ALE— Weiße Gitter-Kalkschw*äm*me

CARACTERÍSTICAS: Tamaño según la especie, hasta 10 cm. Estas esponjas están compuestas por un fino y denso entramado de tubos que progresivamente van entrelazándose unos con otros, llegando a formar así una tupida red. Su consistencia es blanda, la forma de crecimiento entre almohadillada y masiva, y se encuentra de forma irregular. Color: blanco.
POSIBLE CONFUSIÓN: Existen otras esponjas calcáreas blancas con entramados de tubos similares a los del género *Clathrina,* como *Guancha lacunosa.* Sin embargo, ésta forma un entramado esférico de tubos que se adhiere al sustrato por medio de un delgado pedúnculo.
HÁBITAT Y DISTRIBUCIÓN: Sobre fondos duros. Se localiza en zonas umbrías, donde puede llegar a ser frecuente de forma esporádica. En emplazamientos adecuados estas esponjas pueden llegar a constituir llamativas agrupaciones con numerosos ejemplares. También pueden colonizar zonas cercanas a la superficie en aguas agitadas.
BIOLOGÍA: Las esponjas de este género, como todas las demás esponjas calcáreas, tienen un esqueleto constituido por espículas de carbonato calcico. Por contraste, las demosponjas (*Demospongiae*), presentan un esqueleto de espículas de sílice y fibras de espongina.

3 Sycon elegans
—Familia *Sycettidae*

CAT— *Sycon elegans*
FRA— Eponge petite œuf à double couronnes
ING— *Sycon elegans*
ALE— Kragen-Kalkschwamm

CARACTERÍSTICAS: Tamaño hasta 3 cm. Forma entre esférica y ovoidal. La superficie está cubierta por un denso tomento de espículas de carbonato cálcico. El orificio exhalante superior está rodeado por una doble corona de espículas, con la interior formando un tubo vertical, y la exterior de espículas más o menos inclinadas. Color: entre pardo-amarillento sucio y blanco-pardo.
POSIBLE CONFUSIÓN: Otra esponja emparentada, *S. raphanus*, localmente abundante, solo muestra una corona simple de espículas. Otras especies del género son extremadamente parecidas y solo pueden ser identificadas por especialistas.
HÁBITAT Y DISTRIBUCIÓN: Sobre fondos duros. En algunas regiones del Mediterráneo es muy rara, mientras que en otras puede encontrarse con regularidad o incluso ser frecuente. En lugares umbríos desde cerca de la superficie en el dominio coralígeno o sobre rizomas de posidonia.
BIOLOGÍA: Esta especie suele colonizar en forma de individuos aislados, aunque a veces puede encontrarse formando pequeños grupos.

1

2

3

1 Oscarella sp.
—Familia *Plakinidae*

CAT— *Oscarella sp.*
FRA— *Oscarella sp.*
ING— Slime sponge
ALE— Fleischscwamm

CARACTERÍSTICAS: Diámetro de hasta 20 cm. Esta especie crece en forma de costras de varios centímetros con numerosas protuberancias semiesféricas o lobulares. Los orificios exhalantes se encuentran en el extremo de dichas protuberancias redondeadas. Superficie lisa, con consistencia muy blanda y ligeramente carnosa. Coloración muy variable: desde un amarillo-verdoso pálido (1A), pasando por un rosa, parduzco o azulado, hasta un violeta-azulado oscuro (1B).
POSIBLE CONFUSIÓN: A pesar de su coloración tan variable, su confusión es prácticamente imposible gracias a su característica forma de crecimiento.
HÁBITAT Y DISTRIBUCIÓN: Sobre fondos duros. Frecuentemente en emplazamientos umbríos, como entradas de cavernas o bajo salientes, aunque también en lugares más expuestos. También se pueden encontrar pequeños ejemplares entre los rizomas de angiospermas marinas.
BIOLOGÍA: Esta especie no presenta ni espículas de sílice ni fibras de espongina, lo que explica su consistencia blanda. Además de la reproducción sexual, es frecuente una forma de reproducción asexual: la esponja forma pequeños apéndices en forma de cordón o gota, los cuales no se adhieren al fondo, sino que quedan en suspensión flotando libres; en caso de un movimiento fuerte del agua, dichos "apéndices" pueden llegar a desprenderse, y si alcanzan un lugar adecuado, los fragmentos libres pueden fijarse al sustrato y desarrollar así un nuevo individuo. A menudo estos apéndices se adhieren al sustrato antes de soltarse, formándose así individuos con varias masas principales conectadas entre sí por puentes de tejido de la misma esponja.

2 Esponja perforante *Cliona celata*
—Familia *Clionidae*

CAT— Esponja perforant
FRA— Clione jaune
ING— Red boring sponge
ALE— Gelber Bohrschwamm

CARACTERÍSTICAS: De esta esponja solo se observan los orificios inhalantes y exhalantes aislados sobresaliendo del sustrato colonizado. Los orificios inhalantes tienen cierta forma de caparazón y están perforados a modo de colador o retícula, mientras que los exhalantes forman aberturas circulares bien visibles, con bordes ligeramente prominentes que se van estrechando hacia arriba. Diámetro de papilas inhalantes y exhalantes entre 1 y 3 mm. Coloración generalmente pálida, hasta un amarillo intenso.
POSIBLE CONFUSIÓN: Las esponjas perforantes se encuentran en todos los mares del mundo hay varios géneros y numerosas especies, bien representados en el Mediterráneo. Como en el caso de la mayoría de las esponjas, su determinación segura es cosa de especialistas.
HÁBITAT Y DISTRIBUCIÓN: En sustratos calcáreos como rocas calizas, algas calcáreas rojas o conchas de bivalvos. Desde aguas superficiales hasta grandes profundidades. En el Mediterráneo y en varias regiones del Atlántico oriental, en el mar del Norte y en el mar Báltico.
BIOLOGÍA: Las esponjas perforantes pueden exhibir 3 formas de crecimiento principales. En la denominada forma a solo se observan papilas inhalantes y exhalantes separadas entre sí, quedando la parte principal del cuerpo oculta en el sustrato calcáreo. En la forma b o forma superficial de crecimiento incrustante, ambos tipos de orificios aparecen unidos entre sí por encima de la superficie del sustrato por medio de tejido espongiario. Por último, también existe una forma de crecimiento masivo sobre el sustrato, la forma ¡. No todas las especies de esponjas perforantes pueden exhibir las tres formas de crecimiento, y algunas ni siquiera llegan a desarrollar la forma b. De la especie que nos ocupa solo se ha observado en el Mediterráneo la forma a, aunque en el Atlántico se han encontrado las formas b y ¡ en dicha especie. Esta última, la forma ¡ puede alcanzar un diámetro de hasta 50 cm. Esta especie también perfora caparazones de bivalvos y su incidencia puede causar daños económicos considerables en cultivos de ostras. En Francia, los minúsculos orificios causados por *Cliona celata* en conchas de ostras se conocen como "enfermedad del pan de especias".

1

1B

2

1 Esponja perforante verde *Cliona viridis* —Familia *Clionidae*

CAT— *Cliona viridis*
FRA— Clione verte
ING— Green boring sponge
ALE— Grüner Borschwamm

CARACTERÍSTICAS: De esta especie de esponja perforante de roca caliza solo se suelen ver las papilas inhalantes y exhalantes que sobresalen del sustrato separadas entre sí en el exterior. Las papilas inhalantes parecen verrugas planas, mientras que las papilas exhalantes son aberturas claramente visibles de varios milímetros de diámetro, con un borde más o menos prominente. Además de la parte no visible de la esponja, puede darse un crecimiento en forma de costra o de almohadilla en el exterior de las galerías perforadas. En el caso de esta forma de crecimiento se forman masas carnosas blandas diseminadas con papilas inhalantes en forma de cáliz invertido (1A), entre las cuales sobresalen claramente sobre el sustrato los orificios exhalantes en forma de chimeneas cónicas (1B). Esta forma superficial puede llegar a recubrir superficies de varios decímetros de diámetro. (Para más información sobre las posibles formas de crecimiento de las esponjas perforantes, véase también *C. celata*). Color: entre verde oliva y pardo, con los bordes de los orificios exhalantes claros o blanquecinos,
POSIBLE CONFUSIÓN: Su forma de crecimiento libre característica no ofrece confusión posible.
HÁBITAT Y DISTRIBUCIÓN: Perfora sustratos calcáreos, en el Mediterráneo especialmente rocas calizas y algas calcáreas rojas (coralígeno); también crece sobre los rizomas de las angiospermas marinas. Desde aguas someras del litoral rocoso, donde también puede colonizar superficies horizontales bien iluminadas, hasta unos 50 m de profundidad. En su forma perforante puede pasar desapercibida fácilmente, aunque sea muy frecuente. En todo el Mediterráneo y en todos los mares cálidos del mundo.
BIOLOGÍA: En el caso de las esponjas perforantes, solo es visible exteriormente una pequeña parte de todo el cuerpo de la esponja. Ésta perfora el sustrato y establece bajo la superficie un sistema de túneles muy ramificado, abriéndose paso al exterior las papilas a determinada distancia para permitir el acceso de agua fresca al interior y permitir la salida del agua ya filtrada. Las esponjas perforantes disponen de células corrosivas que disuelven una pequeña fracción del carbonato cálcico, desprendiéndose pequeñísimas partículas de sustrato calcáreo del tamaño de unas cuantas mieras que son liberadas al exterior. Localmente las esponjas perforantes contribuyen de forma considerable a la descomposición del carbonato cálcico, fenómeno denominado bioerosión. En los arrecifes de coral, dichas esponjas constituyen los descomponedores más eficaces de los corales pétreos y de otros organismos sintetizadores de estructuras calcáreas.

2 Esponja perforante morada *Cliona schmidti* —Familia *Clionidae*

CAT— *Cliona schmidti*
FRA— Clione violette
ING— Violet boring sponge
ALE— Roter Bohrschwamm

CARACTERÍSTICAS: Los orificios inhalantes y exhalantes emergen típicamente separados en el sustrato calizo. Los primeros están perforados, con una estructura a modo de retícula o de criba, con forma entre circular e irregular; los segundos forman aberturas circulares claramente visibles con bordes ligeramente prominentes. Color: rojo oscuro.
POSIBLE CONFUSIÓN: Como en el caso de las demás esponjas, solo los especialistas pueden determinar con seguridad la especie en cuestión.
HÁBITAT Y DISTRIBUCIÓN: Perfora los sustratos calcáreos como otras especies de su género.
BIOLOGÍA: La bioerosión de sustratos calcáreos por la acción de las esponjas perforantes es un factor inicial y extremadamente importante para el retorno de las estructuras calcáreas al ciclo geoquímico. Estas esponjas no solo pueden perforar roca caliza, sino también diferentes estructuras de carbonato cálcico de diferentes organismos como son los corales pétreos, las conchas de los bivalvos o las algas calcáreas rojas. Su actividad perforante no les sirve para obtener nutrientes, sino que les sirve para procurarse un alojamiento de protección en la forma de un sistema de galerías. (Para más información sobre esta forma de vida, véanse *Cliona viridis* y *C. celata*.)

1A

1B

2

1 Esponja de cuero *Chondrosia reniformis* —Familia *Chondrillidae*

CAT— *Chondrosia reniformis*
FRA— Eponge cuir
ING— Kidney sponge
ALE— Nierenschwamm

CARACTERÍSTICAS: Forma costras de varios centímetros de grosor, con un diámetro de hasta más de 40 cm. Forma de masa esférica o almohadillada; los pequeños ejemplares a menudo tienen una forma arriñonada variable. Consistencia muy tenaz y correosa. Superficie lisa sin orificios inhalantes visibles. Orificios exhalantes aislados y de mayor tamaño. Color: en los lugares bien iluminados de un pardo oscuro y generalmente con un jaspeado más claro; en los lugares umbríos desde un violeta oscuro con manchas blancas hasta un uniforme blanco-crema.
POSIBLE CONFUSIÓN: En ejemplares con el jaspeado característico apenas cabe ninguna confusión.
HÁBITAT Y DISTRIBUCIÓN: Sobre sustratos duros. Desde aguas poco profundas hasta unos 30 m de profundidad. En emplazamientos muy oscuros y en otros lugares más iluminados, aunque prefiere los ligeramente umbríos.
BIOLOGÍA: No posee esqueleto de espículas, pero sí una capa cortical rica en colágeno, relativamente compacta, que le proporciona su consistencia firme y tenaz. Ocasionalmente exhibe un tipo de reproducción asexual similar a la descrita para *Oscarella lobularis*. En la parte anterior de las cavernas submarinas pueden encontrarse ocasionalmente ejemplares pigmentados en la parte expuesta a la luz y blancas en la parte siempre sombreada.

2 Esponja de ermitaño *Suberites domuncula* —Familia *Suberitidae* (CAT—)

CAT— Esponja del bernat ermità
FRA— Orange de mer
ING— Sponge
ALE— Einsiedler-Korkschwamm

CARACTERÍSTICAS: Especie del tamaño aproximado de un puño. Crecimiento masivo y compacto, generalmente esférico. Superficie lisa, frecuentemente con un único orificio exhalante. Color generalmente naranja (2B) o gris-azulado con cierto jaspeado (2A).
POSIBLE CONFUSIÓN: Puede ser confundida con otras especies del mismo género de color naranja y forma esférica.
HÁBITAT Y DISTRIBUCIÓN: A menudo sobre conchas de gasterópodos, en especial de aquellos habitados por el cangrejo ermitaño *(Paguristes eremita);* también sobre fondos rocosos y en praderas marinas. Desde aguas superficiales hasta grandes profundidades.
BIOLOGÍA: Para la esponja no resulta obligatoria la convivencia con el cangrejo, pues también puede crecer sobre suelos duros. En cualquier caso, el cangrejo ermitaño también se beneficia de dicha asociación: la esponja cubre la concha de caracola que éste habita y sigue creciendo, dejando libre la abertura de la concha para el cangrejo; de este modo, el cangrejo no necesita cambiar de concha mientras sigue creciendo, como es característico de los cangrejos ermitaños.

3 Agelas anaranjada *Agelas oroides* —Familia *Agelasidae*

CAT— *Agelas oroides*
FRA— Agélas orangée
ING— Orange agelas
ALE— Orangener Hornschwamm

CARACTERÍSTICAS: Tamaño de hasta 20 cm. Formas masivas irregulares, con protuberancias cortas y anchas o chimeneas redondeadas, que portan orificios exhalantes terminales. Consistencia muy firme y correosa. Superficie más o menos tuberosa, aunque relativamente lisa. Las chimeneas y apéndices lobulares suelen sobresalir solo unos pocos centímetros por encima del compacto cuerpo. Color: de un naranja intenso a un ocre pálido.
POSIBLE CONFUSIÓN: Puede ser confundida con *Aplysina cavernícola,* esponja amarilla propia de grutas y cavernas.
HÁBITAT Y DISTRIBUCIÓN: Sobre fondos duros en el circalitoral. Es una especie frecuente, que se encuentra a menudo en zonas umbrías del litoral rocoso. Desde aguas poco profundas hasta grandes profundidades.
BIOLOGÍA: Su firme consistencia se debe a que presenta un robusto esqueleto de espongina.

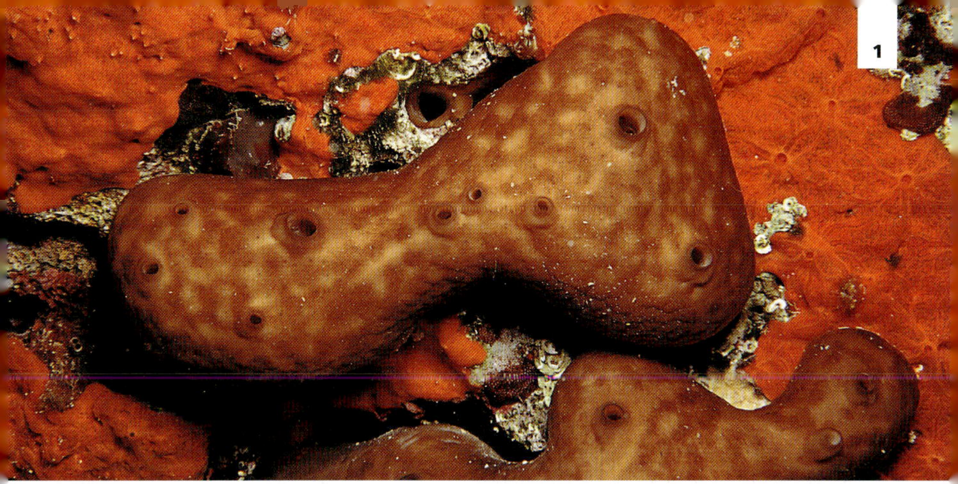

1

2A

2B

3

1 | *Raspaciona aculeata*
—Familia *Raspailiidae*

CAT— *Raspaciona aculeata*
FRA— Éponge rouge hirsute
ING— Red hispid sponge
ALE— Roter Krusten-Stachelschwamm

CARACTERÍSTICAS: Esponja tapizante irregularmente lobulada, incrustante o un poco almohadillada, algo verrugosa. Superficie marcadamente hirsuta. Color: rojo brillante.
POSIBLE CONFUSIÓN: Puede ser confundida con otras especies incrustantes de color semejante.
HÁBITAT Y DISTRIBUCIÓN: Sobre fondos duros. En todas las regiones del litoral rocoso, prefiriendo lugares con poca luz, aunque también emplazamientos semiumbríos. Desde aguas poco profundas hasta grandes profundidades, a menudo también en el coralígeno. No es rara, y localmente puede encontrarse regularmente.
BIOLOGÍA: En el caso de esta esponja la superficie está perforada por espículas aisladas de mayor tamaño, cada una de las cuales está rodeada por un penacho de espículas más finas. Éstas constituyen la superficie erizada característica de esta familia.

2 | Esponja incrustante azul *Phorbas tenacior*
—Familia *Anchinoidae*

CAT— *Phorbas tenacior*
FRA— Eponge encroûtante bleuâtre
ING— Bluish encrusting sponge
ALE— Blauer Krustenschwamm

CARACTERÍSTICAS: Diámetro generalmente no superior a 10-15 cm. Costras blandas de solo unos pocos milímetros de espesor. Los grandes vasos conductores del sistema de exhalación de agua son claramente visibles en la superficie. Grandes orificios exhalantes. Entre el sistema de vasos se encuentran numerosos campos de poros como pequeños cráteres. Color azul lechoso.
POSIBLE CONFUSIÓN: No existe.
HÁBITAT Y DISTRIBUCIÓN: Sobre fondos duros en el precoralígeno y en el circalitoral. En zonas rocosas umbrías, por ejemplo, bajo salientes rocosos o en entradas de cuevas. Desde aguas superficiales hasta a más de 40 m de profundidad.
BIOLOGÍA: Localmente puede verse cubierta con frecuencia por pequeños pólipos escifozoos de *Nausithoe punctata*. La envuelta (teca) en forma de colador del pólipo se llega a introducir en el tejido exterior de la esponja y parece servir a ésta de elemento esquelético. No se trata de parasitismo, sino más bien de una relación ventajosa para ambos (véase *Dysidea avara*).

3 | *Crambe crambe*
—Familia Crambidae

CAT— *Crambe crambe*
FRA— Eponge encroûtante
ING— Orange-red encrusting sponge
ALE— Roter Krustenschwamm

CARACTERÍSTICAS: Diámetro de las costras frecuentemente de varios decímetros, a veces hasta más de 1 m2 (3A). Forma envolturas muy finas, como máximo de varios milímetros de grosor. Superficie con canales exhalantes dispuestos radialmente (3B). Color: entre rojo brillante y rojo anaranjado.
POSIBLE CONFUSIÓN: Puede ser confundida con la esponja *Spirastrella cunctatrix*. Un método sencillo y práctico para distinguir estas dos especies bajo el agua es el tacto: la superficie de *C. crambe* es lisa, mientras que la de *S. cunctatrix* es áspera.
HÁBITAT Y DISTRIBUCIÓN: Sobre sustratos duros, tanto en superficies completamente en sombra como también en otras semiumbrías, así como en el estrato inferior de praderas marinas. Desde aguas poco profundas hasta unos 30 m de profundidad. Parece ser endémica del Mediterráneo.
BIOLOGÍA: *Crambe crambe* es una especie de esponja muy abundante, y en muchas regiones incluso quizás sea la más frecuente. A veces cubre las conchas de bivalvos vivos, como por ejemplo del arca (*Arca noae*). Las larvas de esta esponja son relativamente numerosas, esféricas y de color naranja. Nadan Inmediatamente tras abandonar el cuerpo de la esponja y en 5 minutos pueden estar ya a más de 20 m de la misma. Ello explicaría por qué los ejemplares adultos apenas se encuentran agrupados, estando normalmente bien dispersos y separados. Esta especie parece ser especialmente tóxica en base a los análisis de toxicidad practicados.

1

2

3A

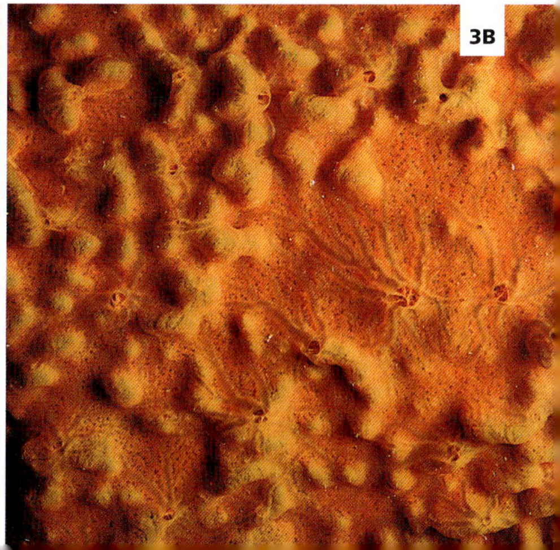
3B

1 | *Hemimycale columella*
—Familia *Phoriospongiidae*

CAT— *Hemimycale columella*
FRA— Eponge à cratères
ING— Crater sponge
ALE— Rosa Kraterschwamm

CARACTERÍSTICAS: Diámetro generalmente de unos 10 cm (máximo 30 cm). Esta especie forma costras muy blandas de entre uno y muy pocos centímetros de grosor. La superficie está salpicada de estructuras en forma de cráteres perforados, cuyos bordes están ligeramente elevados. Solo de forma aislada sobresalen los cortos orificios cónicos exhalantes, en cuyo interior se perciben claramente las delgadas paredes verticales. Color entre rosa y naranja pálido.
POSIBLE CONFUSIÓN: Ninguna en el Mediterráneo.
HÁBITAT Y DISTRIBUCIÓN: Sobre suelos rocosos. Desde aguas someras hasta unos 40 m de profundidad. En lugares umbríos, aunque no es raro encontrarla en otros bien iluminados o en el estrato inferior de praderas marinas.
BIOLOGÍA: En el caso de las estructuras crateriformes se trata de orificios Inhalantes agrupados. Esta especie tolera también la luz directa del sol por lo que puede llegar a ocupar emplazamientos bien iluminados entre algas fotófilas. Su reproducción tiene lugar en torno al mes de julio. Al sacarla del agua y entrar en contacto con el aire despide cierto olor a cloro.

2 | *Acanthella acuta*
—Familia *Axinellidae*

CAT— *Acanthella acuta*
FRA— *Acanthella acuta*
ING— Orange lumpy sponge
ALE— Orangener Stachelschwamm

CARACTERÍSTICAS: Tamaño de hasta 10 cm. Forma de crecimiento arbustivo, con ramas anchas y parcialmente soldadas entre sí, cuyos extremos ligeramente engrosados exhiben pequeñas papilas exhalantes en punta. Consistencia cartilaginosa. Color: naranja claro a brillante.
POSIBLE CONFUSIÓN: Es relativamente fácil de reconocer gracias a su forma de cactus de color naranja.
HÁBITAT Y DISTRIBUCIÓN: Sobre fondos duros en el circalitoral. En lugares semiumbríos del litoral rocoso, desde unos pocos metros hasta unos 40 m de profundidad.
BIOLOGÍA: Esta especie posee largas espículas silíceas ligadas en grandes haces fibrosos por medio de hebras elásticas de espongina. Muchos de estos cordones de espículas sobresalen de la superficie de la esponja, lo que le da ese aspecto característico en forma de cactus.

3 | *Axinella damicornis*
—Familia *Axinellidae*

CAT— *Axinella damicornis*
FRA— Eponge corne de cerf
ING— Yellow sponge
ALE— Verwachsener Geweihschwamm

CARACTERÍSTICAS: Puede alcanzar unos 10-15 cm de altura. La forma de crecimiento típica muestra una base corta y cauliforme, y ramas aplanadas en forma de abanico ligeramente onduladas, soldadas en gran parte en su cara superior. También, sobre todo si crece en huecos, puede tener un aspecto masivo-incrustante con su superficie irregularmente ondulada. La superficie de la esponja es muy áspera, al estar cubierta de una fina retícula de espículas. Color: amarillo-naranja entre pálido e intenso.
POSIBLE CONFUSIÓN: Si su forma de crecimiento es la típica (formas flabeliformes erguidas) es relativamente fácil de reconocer.
HÁBITAT Y DISTRIBUCIÓN: Sobre fondos duros. En zonas umbrías como cuevas y hendiduras puede encontrarse cerca de la superficie, aunque también a gran profundidad. No es raro encontrarla en suelos rocosos con intensos depósitos de sedimentos finos.
BIOLOGÍA: Sobre esta esponja suele crecer a veces la anémona incrustante amarilla (*Parazoantírus axinellae*). Generalmente las esponjas suelen estar libres de otros epibiontes (véase glosario). La anémona incrustante parece no ser perjudicial para la esponja, incluso aunque ocasionalmente crezca en gran número y muy densamente sobre su superficie.

1

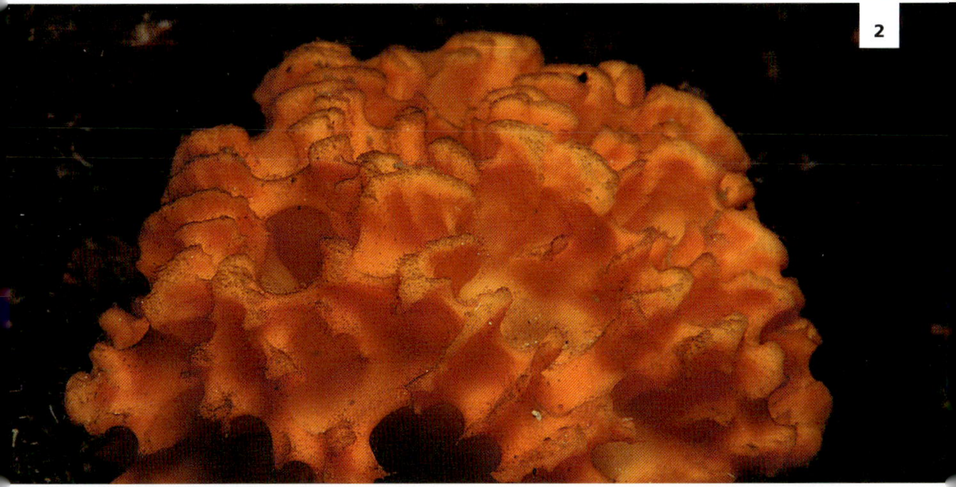
2

3

1 *Axinella polypoides* —Familia *Axinellidae*

CAT— *Axinella polypoides*
FRA— Axinelle commune
ING— Antlers sponge
ALE— Löchriger Geweihsschwamm

CARACTERÍSTICAS: "Cepas" normalmente de hasta 50 cm de alto, con ramas cilíndricas generalmente muy ramificadas. Crecimiento frecuentemente en forma arbustiva o de cornamenta. Superficie sin protuberancias ni resaltes, ligeramente rugosa, pero no hirsuta. Orificios exhalantes muy pequeños, como pequeñas depresiones en forma de ombligos o estrellas, dispuestos con cierta regularidad por la superficie. Color: amarillo o naranja brillante.

POSIBLE CONFUSIÓN: Podría confundirse por ejemplo con *A. verrucosa.* Ésta, en cambio, tiene una superficie con tacto aterciopelado.
HÁBITAT Y DISTRIBUCIÓN: Sobre suelos rocosos. Entre 15 m y 100 m de profundidad. De forma característica en lugares tranquilos del circalitoral.
BIOLOGÍA: Como en el caso de *A. damicornis,* la anémona incrustante amarilla *(Parazoanthus axinellae)* también puede crecer como epibionte sobre esta especie.

2 *Axinella verrucosa* —Familia *Axinellidae*

CAT— *Axinella verrucosa*
FRA— Axinelle verruqueuse
ING— *Axinella verrucosa*
ALE— Glatter Geweihschwamm

CARACTERÍSTICAS: Hasta unos 50 cm de alto. "Cepas" con eje corto y crecimiento arbustivo, con algunas ramas que pueden soldarse o entrelazarse entre sí. A simple vista no se reconocen los orificios del sistema de canales. Superficie lisa-aterciopelada. Color: amarillo-naranja brillante.

POSIBLE CONFUSIÓN: Puede confundirse con otras especies del mismo género.
HÁBITAT Y DISTRIBUCIÓN: Generalmente sobre suelos rocosos. Por debajo de 15 m de profundidad, y también en cavernas a menor profundidad.
BIOLOGÍA: También sobre esta especie puede crecer la anémona incrustante amarilla *(Parazoanthus axinellae)* como epibionte.

3 Esponja pincel *Ciocalypta penicillus* —Familia *Halichondriidae*

CAT— *Ciocalypta penicillus*
FRA— Eponge pinceau
ING— Brush sponge
ALE— Pinselschwamm

CARACTERÍSTICAS: Talla media de unos 5 cm. Forma columnas erguidas y esbeltas, terminadas en punta. Consistencia algo cartilaginosa. A través del cuerpo semitransparente de la esponja se percibe tenuemente un eje central con cortas ramificaciones laterales. Color: marrón claro.

POSIBLE CONFUSIÓN: Ninguna.
HÁBITAT Y DISTRIBUCIÓN: En suelos duros cubiertos de arena o sedimentos finos. Generalmente entre los 10 m y los 40 m de profundidad.
BIOLOGÍA: Esta especie suele crecer en pequeños grupos formados por 5-10 ejemplares.

4 Esponja tubo púrpura *Haliclona mediterránea* —Familia *Chalinidae*

CAT— *Haliclona mediterránea*
FRA— Eponge tubulaire rose
ING— Pink tube sponge
ALE— Rosafarbener Zylinderschwamm

CARACTERÍSTICAS: Grandes formas tapizantes carnosas y almohadilladas, de hasta 20 cm de diámetro, con numerosas protuberancias en forma de chimenea. Éstas pueden alcanzar hasta 10 cm de altura y un diámetro de 2 cm. Superficie con poros bien perceptibles. Consistencia blanda. Color: rosa.

POSIBLE CONFUSIÓN: Relativamente fácil de reconocer si se encuentra en su forma y color característicos.
HÁBITAT Y DISTRIBUCIÓN: Sobre suelos rocosos. Generalmente en paredes o bajo salientes rocosos. Entre 10 m y 50 m de profundidad.
BIOLOGÍA: No se conoce ninguna propiedad específica de esta especie.

1

2

3

4

1 *Reniera fulva*
—Familia *Chalinidae*

CAT— *Reniera fulva*
FRA— *Reniera fulva*

CARACTERÍSTICAS: Especie de crecimiento en forma almohadillada. Los orificios exhalantes se encuentran en el extremo de unas pequeñas protuberancias cónicas. Toda la superficie está salpicada de forma reticular por numerosos poros bien visibles. Consistencia correosa. Color: entre amarillo-anaranjado y naranja brillante.

ING— *Reniera fulva*
ALE— Orangener Polsterschwamm

POSIBLE CONFUSIÓN: No es fácil identificarla de forma segura solo en función de su color y su forma.
HÁBITAT Y DISTRIBUCIÓN: Sobre suelos rocosos. En emplazamientos umbríos como paredes de cuevas. Desde aguas poco profundas hasta mayores profundidades.
BIOLOGÍA: No se conoce ninguna característica específica de la especie.

2 *Petrosia ficiformis*
—Familia *Petrosiidae*

CAT— *Petrosia ficiformis*
FRA— Eponge-pierre

CARACTERÍSTICAS: Diámetro hasta 20 cm, con varios centímetros de altura, aunque puede cubrir superficies mayores de 1 m2 y alcanzar hasta 10 cm de altura. Forma de crecimiento muy variable. Los ejemplares pequeños suelen ser frecuentemente redondeados, algunos con forma de higo. Los individuos mayores suelen tener una estructura masiva irregular. Los orificios exhalantes circulares, de talla variable, están repartidos por la superficie de modo bastante regular. Consistencia dura y firme. Superficie plana con tacto rugoso. Coloración extremadamente dependiente de la luz: en las zonas completamente oscuras los individuos son blanquecinos; en las poco iluminadas de un pardo-brillante, y en las bien iluminadas entre pardo herrumbroso oscuro y pardo violáceo.
POSIBLE CONFUSIÓN: Relativamente fácil de identificar gracias a su forma y color.

ING— Stony sponge
ALE— Feigenschwamm

HÁBITAT Y DISTRIBUCIÓN: En fondos duros. Desde unos pocos metros hasta más de 50 m de profundidad. Tanto en cuevas completamente oscuras como en otros emplazamientos más o menos iluminados. Especie entre regular y frecuente,
BIOLOGÍA: Es fuente de alimentación casi exclusiva del nudibranquio conocido como vaquita suiza *(Peltodoris atromaculata)*. La elevada variación cromática de P. *ficiformis* se debe a la mayor o menor presencia de cianobacterias (algas azules) simbióticas. Estas bacterias fotosintéticamente activas están ausentes en completa oscuridad y se desarrollan en mayor número en la capa inmediatamente superior en condiciones de una mayor iluminación. En las capas internas de la esponja, ésta presenta siempre un color blanquecino. A ello se deben las llamativas marcas claras que deja la vaquita suiza al raer la capa superior de la esponja, que contrastan con la coloración más oscura de las partes enteras (2B).

3 Oreja de elefante *Spongia agaricina*
—Familia *Spongiidae*

CAT— *Spongia agaricina*
FRA— Eponge oreille d'éléphant

CARACTERÍSTICAS: Especie masiva, en general con diámetro de 50 cm (raramente hasta 100 cm). Forma variable: la más frecuente en forma de cáliz con un corto eje basal (3A), parcialmente también en forma de disco plano o Incluso irregularmente, como láminas erguidas (3B). Orificios exhalantes como perforaciones circulares regularmente distribuidas, con borde más o menos claramente elevado, aunque solo en una cara de la superficie (p. ej., en la forma de cáliz en la cara interna). Color: gris, pardo claro o pardo oscuro.

ING— Giant barrel sponge
ALE— Variabler Kelchschwamm

POSIBLE CONFUSIÓN: Su identificación resulta más o menos fácil según la forma de crecimiento.
HÁBITAT Y DISTRIBUCIÓN: En suelos duros. Desde unos 5 m hasta grandes profundidades.
BIOLOGÍA: La estructura fibrosa a base de espongina está especialmente bien desarrollada en esta especie. Por a las propiedades de su tejido se vio sometida a una explotación comercial e industrial.

1

2A

2B

3A

3B

1 Ircinia variable *Ircinia variabilis*
—Familia *Irciniidae*

CAT— *Ircinia variabilis*
FRA— Ircinie variable
ING— Stinker sponge
ALE— Variabler Lederschwamm

CARACTERÍSTICAS: Forma de crecimiento: incrustaciones carnosas, almohadilladas o masivas.
Superficie con abultamientos cónicos. Grandes orificios exhalantes. Consistencia extremadamente correosa. Color variable: blanco-rojizo, verdoso, pardo o violeta-pardo.
POSIBLE CONFUSIÓN: Otras especies género *Ircinia*.
HÁBITAT Y DISTRIBUCIÓN: Suelos duros. En lugares soleados o umbríos. Aguas poco profundas hasta grandes profundidades.
BIOLOGÍA: Suele ser colonizada por un mayor o menor número de cianobacterias (algas azules), lo cual contribuye a una mayor variación del color.

2 *Ircinia fasciculata*
—Familia *Irciniidae*

CAT— *Ircinia fasciculata*
FRA— *Ircinia fasciculata*
ING— *Ircinia fasciculata*
ALE— Krustenlederschwamm

CARACTERÍSTICAS: Diámetro de testa 30 cm. Entre masiva e incrustante. Superficie con numerosos abultamientos cónicos. Grandes orificios exhalantes. Color variable: pardo-verdoso a violeta.
POSIBLE CONFUSIÓN: Puede ser confundida especialmente con otras especies del género *Ircinia.*
HÁBITAT Y DISTRIBUCIÓN: Sobre suelos duros. En lugares umbríos y en otros más iluminados.
BIOLOGÍA: Este género presenta un tejido típicamente tenaz-correoso, que llega a ser difícil de cortar. Esta firme consistencia se debe a las fibras de espongina tupidamente entretejidas.

3 *Ircinia oros*
—Familia *Irciniidae*

CAT— *Ircinia oros*
FRA— *Ircinia oros*
ING— *Ircinia oros*
ALE— Grauer Lederschwamm

CARACTERÍSTICAS: Crecimiento variable: incrustaciones carnosas, con protuberancias tuberosas; pequeños abultamientos cónicos, unidos por pliegues reticulares. Grandes orificios exhalantes. Color: gris claro u oscuro.
POSIBLE CONFUSIÓN: Con otras especies del género *Ircinia.*
HÁBITAT Y DISTRIBUCIÓN: Suelos duros. Aguas poco profundas; dominio coralígeno y lugares algo umbríos.

4 *Sarcotragus cf. muscarum*
—Familia *Irciniidae*

CAT— *Sarcotragus cf. muscarum*
FRA— *Sarcotragus cf. muscarum*
ING— *Sarcotragus cf. muscarum*
ALE— Brauner Lederschwamm

CARACTERÍSTICAS: De crecimiento masivo; diámetro hasta 50 cm. Superficie llena de abultamientos nudosos. Orificios exhalantes distribuidos de forma irregular. Pardusco.
POSIBLE CONFUSIÓN: Otras especies de esponjas.
HÁBITAT Y DISTRIBUCIÓN: Suelos duros. En lugares semiumbríos y en otros más iluminados. Ya en aguas poco profundas.

5 Ircinia negra *Sarcotragus spinulosus*
—Familia *Irciniidae*

CAT— *Sarcotragus spinulosus*
FRA— Ircinie noire épineuse
ING— Black leather sponge
ALE— Schwarzer Lederschwamm

CARACTERÍSTICAS: Especie masiva que puede alcanzar un diámetro de hasta 100 cm. Superficie con numerosos y pequeños abultamientos cónicos. Ningún orificio exhalante. Color: entre pardo oscuro y negruzco.
POSIBLE CONFUSIÓN: Puede ser confundida con otras especies de esponjas parecidas.
HÁBITAT Y DISTRIBUCIÓN: Sobre suelos duros. Desde aguas someras. En lugares iluminados.

1

2

3

4

5

1 Esponja diside *Dysidea avara* —Familia *Dysideidae*

CAT— *Dysidea avara*
FRA— Eponge cheminée rose
ING— Pink sponge
ALE— Rosa-weißer Stachelschwamm

CARACTERÍSTICAS: Diámetro de hasta 15 cm. Formas incrustantes, con numerosas protuberancias en forma de pequeños conos, que están unidos por una tupida red de finos cordones. Relativamente pocos orificios exhalantes, de cierto tamaño. Color: generalmente rosa y blanco, con tonos intermedios.
POSIBLE CONFUSIÓN: Ninguna.
HÁBITAT Y DISTRIBUCIÓN: En suelos duros umbríos. Desde 5 m hasta grandes profundidades.
BIOLOGÍA: Sobre ella suelen crecer pólipos del escifozoo *Nausithoe punctata*. Las envolturas de los pólipos también son empleadas por la esponja como elemento esquelético. Los escifozoos obtienen mayores ventajas de la esponja: protección, mayor facilidad de obtención de alimento (los tentáculos de los pólipos están cerca de los orificios de inhalación de la esponja) y protección química ante posibles predadores del pólipo, (la esponja contiene sustancias venenosas).

2 *Aplysilla sulphurea (?)* —Familia *Darwinellidae*

CAT— *Aplysilla sulphurea*
FRA— Aplysille jaune soufre
ING— Sulfur sponge
ALE— Schwefelgelber Stachelschwamm

CARACTERÍSTICAS: Especie incrustante. Superficie con numerosos cónulos, de cuyo extremo sobresale un filamento de espongina. Color: amarillo azufre.
POSIBLE CONFUSIÓN: Es fácil su confusión con especies del género *Darwinella.*
HÁBITAT Y DISTRIBUCIÓN: En suelos duros. En emplazamientos muy umbríos. Desde aguas someras hasta grandes profundidades.
BIOLOGÍA: Las esponjas del género *Aplysilla* suelen presentar un vivo color amarillento o rojizo.

3 Esponja espinosa blanca *Pleraplysilla spinifera* —Familia *Darwinellidae*

CAT— *Pleraplysilla spinifera*
FRA— Eponge épineuse blanche
ING— White prickly sponge
ALE— Weißer Stachelschwamm

CARACTERÍSTICAS: Especie incrustante con numerosos cónulos de cuyo extremo sobresale un filamento. Color: entre blanco-crema y blanco-amarillento.
POSIBLE CONFUSIÓN: Algunas especies parecidas.
HÁBITAT Y DISTRIBUCIÓN: En suelos duros en emplazamientos umbríos, a menudo en superficies verticales o bajo salientes rocosos. Desde algunos metros hasta grandes profundidades.
BIOLOGÍA: A lo largo de todo su eje central longitudinal, los filamentos esqueléticos están recubiertos de gránulos de arena, espículas esqueléticas de otras esponjas o caparazones de algas diatomeas.

4 *Aplysina aerophoba* —Familia *Aplysinidae*

CAT— *Aplysina aerophoba*
FRA— Vérongia
ING— Yellow tube sponge
ALE— Goldschwamm

CARACTERÍSTICAS: Diámetro generalmente de hasta 20 cm (máx. poco más de 50 cm). Base masiva e irregular con cortas protuberancias cilíndricas, provistas en sus extremos de grandes orificios exhalantes. La superficie es liso-viscosa. Color: entre amarillo azufre y amarillo-verdoso.
POSIBLE CONFUSIÓN: Se parece a *A. cavernícola,* aunque ésta solo coloniza lugares muy umbríos.
HÁBITAT Y DISTRIBUCIÓN: En el litoral más soleado, siendo especialmente frecuente hasta los 10 m de profundidad; también en praderas marinas. Hasta 30 m de profundidad.
BIOLOGÍA: Esta esponja contiene en sus capas externas cianobacterias (algas azules). Su nombre científico (griego: *aerophoba,* "que huye del aire") se debe al hecho de que si se extrae del agua se vuelve de un verde-negruzco en contacto con el aire.

1

2

3

4

1 Abeto de mar pequeño *Halecium halecinum* —Familia *Haleciidae*

CAT— *Halecium halecinum*
FRA— Sapin beige
ING— Herring-bone hydroid
ALE— Tannenbäumchenpolyp

CARACTERÍSTICAS: Gran colonia de hidropólipos (*Thecaphora*) de más de 10 cm. Tallo (hidrocaule) robusto, del que nacen las ramas (cladios) en un plano en forma alterna. Conjunto de la colonia generalmente de color amarillo. Pólipos a ambos lados de las ramas y en el tallo, con una envoltura discoidal.

POSIBLE CONFUSIÓN: La determinación clara de la especie de hidropólipos en cuestión generalmente solo es posible con ayuda de un binocular.
HÁBITAT Y DISTRIBUCIÓN: Sobre suelos duros secundarios, en el coralígeno, generalmente a partir de 25 m de profundidad. En todo el Mediterráneo y Atlántico.
BIOLOGÍA: Las colonias son relativamente rígidas y se disponen frontalmente a la corriente. De este modo maximizan la obtención de alimento, como las gorgonias.

2 *Sertularella sp.* —Familia *Sertulariidae*

CAT— *Sertularella sp.*
FRA— Sertularelle ramifiée
ING— Sertularella
ALE— Zwergmoos

CARACTERÍSTICAS: Hidrozoos de vida colonial de hasta 6 cm de tamaño. Pólipos en tecas (*Thecaphora*), con sacos ciegos laterales. Los pólipos se disponen de forma alterna en las ramas.
POSIBLE CONFUSIÓN: La determinación clara de la especie de hidropólipos en cuestión generalmente solo es posible con ayuda de un binocular.
HÁBITAT Y DISTRIBUCIÓN: En lugares umbríos en rocas expuestas, en boyas marinas o en bancos de mejillones; son muy frecuentes e incluso masivos.
BIOLOGÍA: El género *Sertularella* vive como organismo sésil sobre otras colonias de invertebrados para aprovechar las ventajas de su emplazamiento, como la exposición óptima a las corrientes marinas y por tanto una mejor obtención de alimento. Los "sustratos" preferidos son diferentes gorgonias, como la gorgonia violácea *(Paramuricea clavata),* aunque también viven sobre distintas esponjas. Los hidrozoos no son los únicos organismos sésiles con esta estrategia de lucha por la mejor posición. Algunas gorgonias se encuentran completamente cubiertas por un conglomerado de ascidias (p. ej., *Clavelina* sp.), poliquetos (p. ej., *Salmacina* sp.), bivalvos como la pajarita (*Pteria hirundo)* y otros organismos. Es un tipo de parasitismo por el espacio, pues los "parásitos sésiles" compiten por el alimento con el "sustrato vivo".

3 *Aglaophenia sp.* —Familia *Plumulariidae*

CAT— *Aglaophenia sp.*
FRA— Aglaophénia tubiforme
ING— Sea-fern
ALE— Federpolyp

CARACTERÍSTICAS: Colonias plumosas, con tallo (hidrocaule) generalmente de color amarillento, del que nacen en un plano las ramas (cladios). Pólipos sin envolturas (hidrotecas); éstas solo están presentes en las ramas. Las colonias alcanzan tamaños entre 3 y 15 cm.
POSIBLE CONFUSIÓN: La determinación clara de la especie de hidropólipos en cuestión generalmente solo es posible con ayuda de un binocular.
HÁBITAT Y DISTRIBUCIÓN: Las especies del género Aglaophenia prefieren emplazamientos umbríos como hendiduras y accesos a cavernas. Colonizan suelos rocosos y sustratos duros secundarios. Son frecuentes en el dominio coralígeno. En todo el Mediterráneo y en el Atlántico.
BIOLOGÍA: Estos pólipos plumosos prefieren mayores profundidades (circalitoral), siendo frecuentes en lugares con intensas corrientes. De la generación de los pólipos nace la de medusas por multiplicación asexual, cuyas formas planctónicas se reproducen sexualmente y originan de nuevo las colonias de pólipos tras pasar por un estadio larvario (larva plánula, con vida natatoria libre). Las especies del género *Aglaophenia* pertenecen a un grupo taxonómico de hidropólipos con envoltura o teca (*Thecaphora*), cuyas pequeñas medusas recuerdan a las escifomedusas.

1

2

3

1 *Antenella sp.*
—Familia *Plumulariidae*

CAT— *Antenella sp.*
FRA— *Antenella sp*
ING— Antenella
ALE— Weißer Fiederpolyp

CARACTERÍSTICAS: Las ramas simples de las colonias salen directamente de la hidrorriza (masa de estolones ramificados y entrelazados que hacen de raíz). Los pólipos y los órganos reproductores siempre están orientados a un mismo lado de las ramas.
POSIBLE CONFUSIÓN: La determinación clara de hidropólipos solo es posible con binocular.
HÁBITAT Y DISTRIBUCIÓN: Frecuentemente como forma sésil sobre algas y gorgonias a grandes profundidades, generalmente en el coralígeno.
BIOLOGÍA: Esta especie prefiere colonizar lugares bien expuestos a las corrientes, por lo que suele buscar algas y gorgonias *(Paramuricea clavata)* como emplazamiento, recubriéndolas con su hidrorriza.

2 *Macrorhynchia philippina*
—Familia *Plumulariidae*

CAT — *Macrorhynchia philippina*
FRA — Hydraire Buisson ardent
ING — *Macrorhynchia philippina*
ALE — Philippinen-Farn

CARACTERÍSTICAS: Hasta 30 cm de altura de rama. Forma colonias ramificadas pinnadas (forma de pluma). El tronco y la rama principal son negros, mientras que las finas ramas laterales en las que se asientan los pólipos son blancas.
POSIBLE CONFUSIÓN: Ninguna.
HÁBITAT Y DISTRIBUCIÓN: En fondos duros, la mayoría en zonas de fuertes corrientes. Desde 0,5 hasta 20 m de profundidad. Circumtropical; en el mar Mediterráneo en el canal de Suez, por eventual emigración desde el Atlántico.
BIOLOGÍA: Las colonias son muy resistentes y se fijan con estolones radiculados en el substrato. Se alimenta de microplancton. Al rozarla puede ser urticante y provocar reacciones alérgicas.

3 **Hidroideo antena** *Nemertesia antennina*
—Familia *Plumulariidae*

CAT— *Nemertesia antennina*
FRA— Hydraire-antenne
ING— Antenna-hydroid
ALE— Antennenpolyp

CARACTERÍSTICAS: Hidrozoos coloniales de hasta 25 cm. Los tallos córneos nacen de la hidrorriza formando penachos que sirven para sujetarse. Pólipos en forma de vaso, tecas de bordes lisos.
POSIBLE CONFUSIÓN: La determinación clara de la especie solo es posible con ayuda de un binocular.
HÁBITAT Y DISTRIBUCIÓN: En suelos blandos con piedras y depósitos de conchas, y sobre sustratos duros secundarios y arrecifes, desde los 30 hasta los 100 m de profundidad. En el Mediterráneo occidental, así como en el vecino Atlántico, desde Islandia hasta el norte de África.
BIOLOGÍA: Las colonias de este pólipo forman penachos de hasta 50 tallos. Ello parece deberse al comportamiento de sus larvas (plánulas) que se fijan en el mismo emplazamiento del Individuo colonial inicial. La emparentada *Nemertesia ramosa* se diferencia en que sus tallos ramificados crecen aislados, sin formar penachos.

4 *Thecocaulus sp.*
—Familia *Plumulariidae*

CAT— *Thecocaulus sp.*
FRA— *Thecocaulus*
ING— *Thecocaulus*
ALE— Großer Fiederpolyp

CARACTERÍSTICAS: Hidrozoos coloniales con tallos (hidrocaule) de hasta 15 cm y estolones rastreros. Colonia pinnada. Tallo con ramas laterales alternas, ligeramente arqueadas hacia abajo, en cuya parte superior se asientan los pólipos. Pólipos en tecas (*Thecaphora*), y también en el tallo. Color de la colonia: amarillo.
POSIBLE CONFUSIÓN: La determinación clara de la especie solo es posible con ayuda de un binocular.
HÁBITAT Y DISTRIBUCIÓN: Especie esciófila que crece sobre sustratos duros secundarios, en el coralígeno y en el dominio anterior de cuevas submarinas, generalmente en su techo.
BIOLOGÍA: Esta especie frecuentemente forma densas agrupaciones cespitosas como resultado del crecimiento de sus estolones rastreros.

1

2

3

4

1 | **Arbolillo** *Eudendrium rameum* —Familia *Eudendriidae*

CAT— Arbret
FRA— *Eudendrium rameum*
ING— Tree-hydroid
ALE— Strauchfömiger Bäumchenpolyp

CARACTERÍSTICAS: Hidropólipos cuyos pólipos no presentan ninguna envoltura (*Athecata*). Especie con crecimiento arbustivo, con formas coloniales de hasta 18 cm. Pólipos con un cono bucal en forma de maza, por debajo del cual se percibe claramente la corona de tentáculos.
POSIBLE CONFUSIÓN: La determinación clara de la especie de hidropólipos en cuestión generalmente solo es posible con ayuda de un binocular.
HÁBITAT Y DISTRIBUCIÓN: En el litoral rocoso y en la zona coralígena entre 5 y 30 m de profundidad. Especialmente bajo salientes rocosos expuestos y en entradas de cuevas. En todo el Mediterráneo.

BIOLOGÍA: Los pólipos arbóreos enferma de cepas forman a veces completos "bosquetes en miniatura", que suponen un apreciado alimento para otros invertebrados como ciertos nudibranquios y pequeñas arañas de mar. En los arbolillos, la generación de medusas está simplificada: liberan huevos y antozoides al agua, a partir de los cuales se desarrolla una larva denominada plánula. De éstas surge el pólipo primario, que desarrolla una nueva colonia por una brotación lateral. Sobre los ejemplares coloniales de *Eudendrium* suelen encontrarse frecuentemente nudibranquios de los géneros *Flabellina* y *Cratena.*

2 | *Eudendrium racemosum* —Familia *Eudendriidae*

CAT— *Eudendrium racemosum*
FRA— *Eudendrium racemosum*
ING— Stickyhydroid
ALE— Traubenförmiger Bäumchenpolyp

CARACTERÍSTICAS: Hidropólipos cuyos pólipos no presentan ninguna envoltura (Athecata). Especie con crecimiento en forma arbórea, de hasta 15 cm de alto (2A). Pólipos con un cono bucal en forma de maza, por debajo del cual se percibe claramente la corona de tentáculos (2B).
POSIBLE CONFUSIÓN: Su determinación clara solo es posible con ayuda de un binocular.
HÁBITAT Y DISTRIBUCIÓN: En el litoral rocoso y en el coralígeno, entre 5 y 30 m de profundidad. Regularmente en las comunidades de algas esciófilas. En todo el Mediterráneo.

BIOLOGÍA: En el Mediterráneo viven tres especies relativamente frecuentes. Se diferencian entre sí por el crecimiento: *E. ramosum* desarrolla estructuras coloniales blandas y es el menos ramificado. *E. racemosum* forma colonias arbustivas y *E. rameum* desarrolla colonias muy ramificadas y de consistencia firme. En la época de maduración, entre julio y agosto, las colonias suelen teñirse frecuentemente de un color naranja brillante que se debe a los gonóforos desarrollados de forma masiva.

3 | *Halocordyle disticha* —Familia *Halocordylidae*

CAT— *Halocordyle disticha*
FRA— *Halocordyle disticha*
ING— Feather hydroid
ALE— Seebrennnessel

CARACTERÍSTICAS: Colonias firmes y consistentes, de hasta 20 cm de alto, que generalmente forman densas poblaciones, "Tronco" (hidrocaule) de color pardo oscuro a negro, del que nacen de forma alterna y en un mismo plano las ramas (ciadios). Pólipos blancos sin envoltura (hidrotecas) solo presentes en las ramas en un lado. Distancias marcadas entre los pólipos, que poseen varios verticilos de tentáculos como cabezas de alfiler y un verticilo de tentáculos filamentosos.
POSIBLE CONFUSIÓN: Aunque la determinación clara de la mayoría solo es posible con un binocular, ésta se puede distinguir fácilmente por su forma, color, ordenación de pólipos y localización.

HÁBITAT Y DISTRIBUCIÓN: Especie esciófila que crece en paredes orientadas al norte y en entradas de cuevas, muy cerca de la superficie del mar. Especie tropical, sobre todo en el Mediterráneo occidental con claro aumento de su densidad cuanto más al sur (especie termófila).
BIOLOGÍA: Los pólipos poseen un fuerte veneno urticante que al ser tocado produce una dolorosa urticaria de efecto inmediato. Las partes de la piel afectadas sufren primero un enrojecimiento y una posterior hinchazón que suele durar varios días.

1

2A

2B

3

1 Velero *Velella velella* —Familia *Velellidae*

CAT— Barqueta de Sant Pere
FRA— Vélelle
ING— By-the-wind sailor
ALE— Segelqualle

CARACTERÍSTICAS: Colonias de hidrozoos nadadores libres con un diámetro (disco natatorio) de 8 cm. Flotador discoidal córneo de forma oval, que incluye un cuerpo natatorio y una vela en forma de media luna. El disco natatorio y la vela están cubiertos de tejido blando. Parte inferior del disco provista de un gran pólipo nutricio rodeado de una corona interna de pólipos reproductores y una corona externa de pólipos con tentáculos captadores del alimento.
HÁBITAT Y DISTRIBUCIÓN: Superficie del mar abierto. Después de las tormentas en octubre también se halla cerca de las costas. En el Mediterráneo occidental, y en alta mar en mares tropicales.
BIOLOGÍA: Es una colonia de hidrozoos altamente especializada, en la que cada uno de los pólipos cumple una tarea específica. El nutricio flota con el pedúnculo hacia arriba transformado en una vela formada por un repliegue de la envoltura corporal superior, y en lugar del sistema radical presenta un sistema respiratorio quitinoso replegado hacia adentro. Los reproductores que rodean el nutricio producen medusas sexuadas, masculinas y femeninas, en gran número. Éstas descienden hasta 1.000 m y liberan allí un único óvulo o numerosos espermatozoides. Tras la fecundación, el embrión alcanza de nuevo la superficie gracias al depósito de gotas de grasa, donde se transforma de nuevo en un velero adulto. Gracias al enorme número de hidromedusas asexuales producidas, surgen enormes enjambres de veleros, que ascienden hasta la superficie del mar. En el Mediterráneo, después de darse fuertes y continuados vientos, se han encontrado en las costas grandes masas de hasta 50 cm de alto y de hasta 1 km de longitud. En el Atlántico se han avistado enjambres de más de 260 km de longitud. No puede desplazarse activamente, sino que se deja arrastrar por el viento, dejando que su "vela" forme un ángulo de 40° respecto a la dirección del viento. Se cree que se alimentan de diminutos organismos planctónicos.

2 *Forskalia edwardsi* —Familia *Forskaliidae*

CAT— *Forskalia edwardsi*
FRA— Forskalia
ING— Big siphonophore
ALE— Rotgepunktete Staatsqualle

CARACTERÍSTICAS: Colonia nadadora libre de hidrozoos. Cepa muy larga, con numerosas campanas natatorias dispuestas en varias hileras, densamente imbricadas entre si, como las escamas de una pina de abeto. Fuertemente urticantes.
HÁBITAT Y DISTRIBUCIÓN: En las capas superiores del mar abierto. Probablemente en todo el Mediterráneo, así como en todos los mares tropicales y subtropicales.
BIOLOGÍA: Las colonias están compuestas por numerosos individuos especializados morfológica y funcionalmente, de forma que una colonia es comparable con un solo individuo. Estas medusas son verdaderos nadadores sin pausa, que incluso pueden mantenerse en estado de flotación sin movimiento activo alguno, o también apresar los organismos que les sirven de alimento mientras permanecen suspendidos, realizando simultáneamente desplazamientos verticales. En contacto con la piel *Forskalia edwardsi* puede originar una urticaria relativamente intensa y un breve aunque intenso dolor. Mantienen su flotabilidad gracias a unos cuerpos de flotación en forma de vesículas de gas y mediante las campanas natatorias de materia gelatinosa rica en agua. Algunas especies pueden modificar la profundidad a la que flotan desalojando el gas de sus vesículas o produciendo de nuevo gas, al variar así su peso específico. En el caso de nadar activamente las velocidades que alcanzan varían: *Forskalia contorta* consigue una velocidad de 50 cm por minuto efectuando 120 contracciones por minuto. Las especies del género *Nanomia* nadan a 12-18 m/min. Los periodos natatorios activos alternan con otros de suspensión en el medio. Este comportamiento, que afecta a dicha duración y frecuencia, es propio de cada especie y tiene relación con su necesidad de búsqueda de alimento, pues durante el estado en suspensión los tentáculos actúan a modo de red de captura. La alimentación se compone de zooplancton, principalmente pequeños crustáceos y gusanos diminutos, aunque también de larvas y pececillos.

1

2

1 Sifonofora filiforme *Apolemia uvaria* —Familia *Apolemiidae*

CAT— *Apolemia uvaria*
FRA— Siphonophore fil de fer
ING— *Apolemia uvaria*
ALE— Kettenförmige Staatsqualle

CARACTERÍSTICAS: Hidrozoos coloniales que nadan libremente, con colonias de hasta 3 m de largo. Tentáculos de los pólipos nutricios sin ramificar. Fuertemente urticantes.
HÁBITAT Y DISTRIBUCIÓN: En las capas superiores en mar abierto. Probablemente en todo el Mediterráneo y en todos los mares tropicales y subtropicales.
BIOLOGÍA: Las medusas de esta familia pertenecen a los organismos que, por las aglomeraciones de sus colonias a determinadas profundidades, causan durante las mediciones con dispositivos de sonar o ecómetros la denominada capa de dispersión (en inglés "scattering layer"). De estas mediciones se desprende que siguen los movimientos verticales diarios del zooplancton del que se alimentan. La fotografía de esta medusa fue tomada a unos 50 m de profundidad.

2 Medusa aurelia *Aurelia aurita* —Familia *Ulmaridae*

CAT— Borm
FRA— Aurélie
ING— Common jellyfish
ALE— Ohrenqualle

CARACTERÍSTICAS: Animal semeostomo con umbela aplanada y 16 lóbulos periféricos primarios y varios más secundarios. Diámetro de la umbela de hasta 40 cm. La umbela es transparente y a través de ella se observan 4 órganos sexuales con forma auricular (en individuos masculinos de color entre blanco y anaranjado; en los femeninos violeta).
HÁBITAT Y DISTRIBUCIÓN: Desde abril a octubre en las inmediaciones de la costa, p. ej., en lagunas y ensenadas; a veces, son muy numerosas. En el Mediterráneo; y a veces en el Adriático. Cosmopolita.
BIOLOGÍA: Constituye un ejemplo para explicar la alternancia de generaciones en el reino animal. La generación de medusas con segregación de los géneros libera sus células sexuales al agua misma; tras la fecundación del ovocito se desarrolla una larva pelágica, la plánula, que alcanza el fondo marino antes de su metamorfosis en un escifopólipo. Mediante la estrobilación, el escifopólipo forma segmentos discoidales que se van soltando uno tras otro y de los cuales se desarrollan pequeñas medusas nadadoras libres (escifomedusas). Así se cierra la alternancia entre la generación de medusas sexuadas y la de pólipos asexuados. Las poblaciones de Aurelia oscilan fuertemente en número de año en año. Las investigaciones en el mar Báltico han demostrado que sus poblaciones desempeñan una gran importancia en el ecosistema marino: las medusas se alimentan del zooplancton menor de 1 cm (desde organismos unicelulares hasta larvas de peces). Su gran voracidad implica en años con una gran densidad de medusas un gran descenso de la densidad del zooplancton, con valores de hasta 1/5 parte de la densidad normal de éste en años con menor número de medusas.

3 Aguamar, acalefo radiado *Chrysaora hyoscella* —Familia *Pelagiidae*

CAT— Borm radiat
FRA— Méduse rayonnée
ING— Compass jellyfish
ALE— Kompassqualle

CARACTERÍSTICAS: Semeostomo con umbela discoidal muy plana, 32 lóbulos periféricos y 24 robustos tentáculos cortos. Diámetro de la umbela de hasta 25 cm, y máximo de hasta 35 cm. Blanco-amarillento con 16 bandas radiales pardo-amarillentas, como una rosa de los vientos.
HÁBITAT Y DISTRIBUCIÓN: A veces, entre marzo y mayo aparecen estas medusas de vida pelágica en enjambres en pleno mar abierto. En todo el Mediterráneo, en el Atlántico, mar del Norte y Báltico.
BIOLOGÍA: Son hermafroditas, presentando solo órganos sexuales masculinos al principio, después de ambos sexos, y finalmente solo femeninos. Ello implica que no sea descartable una autofecundación de los ovocitos en la fase media. Los huevos no son liberados en pleno mar, sino que son fecundados en la "parte femenina" del organismo, a partir de los cuales se desarrollan larvas del tipo plánula. El desarrollo a la generación sexuada transcurre a través de un estado de escifopólipo adherido al fondo marino (generación asexuada) y de la formación de una larva tipo efira.

1

2

3

1 | **Acalefo luminiscente** *Pelagia noctiluca* —Familia *Pelagiidae*

CAT— Medusa luminiscent
FRA— Pélagie
ING— Luminescent jellyfish
ALE— Leuchtqualle

CARACTERÍSTICAS: Medusa del orden de los semeostomos. Umbela casi semiesférica muy convexa, con un diámetro de hasta 10 cm. Posee 4 largos brazos bucales rizados en los bordes externos. En el borde de la umbela tiene 8 largos tentáculos filamentosos de más de 1 m de largo. Parte superior de la umbela y brazos bucales cubiertos de grandes apéndices urticantes presentes en mayor o menor número. Coloración del cuerpo variable: generalmente de un violeta azulado, aunque también con tonos rosas; los apéndices urticantes de la umbela y brazos bucales presentan una Intensa coloración.
HÁBITAT Y DISTRIBUCIÓN: Muy extendida por los mares tropicales y templados de todo el mundo.
BIOLOGÍA: En la reproducción de los escifozoos se da una alternancia de generaciones, es decir, tras un estadio como pólipos se genera un estadio de medusas. En su caso no se llega a producir la de pólipos; las jóvenes medusas se desarrollan directamente a partir de larvas natatorias. Presenta luminiscencia. Se alimenta de plancton y pequeños peces. Los brazos bucales y los tentáculos están cubiertos en mayor proporción que la umbela por numerosas verrugas urticantes. El veneno contenido en éstas es una mezcla de proteínas. Los casos de picaduras por esta medusa suelen ser frecuentes. El contacto con dichas protuberancias urticantes causa instantáneamente un intenso dolor urticante. En las partes afectadas aparecen hinchazones, pudiendo llegar a formarse ampollas. Las heridas en la piel sanan lentamente. Especialmente en caso de un contacto intenso se han descrito como síntomas generales mareos, vómitos, debilidad, dolores de cabeza y, más raramente, pérdidas del conocimiento. La mayoría de picaduras suelen revestir poca gravedad. Mediante un contacto repetido se puede producir una cierta inmunización. Para inactivar las vesículas urticantes adheridas, se recomienda lavar la piel con una solución de sulfato de magnesio. Como remedio sirve la aplicación de arena seca y una inmediata y cuidadosa frotación de la piel. Los restos de tentáculos adheridos a la piel deberán ser extraídos cuidadosamente con unas pinzas.

2 | **Aguacuajada** *Cotylorhiza tuberculata* —Familia *Cepheidae*

CAT— Borm groe
FRA— Méduse oeuf au plat
ING— Egg jellyfish
ALE— Spiegelei-Qualle

CARACTERÍSTICAS: Medusa del orden de los rizostomos. Umbela plana, blanco-amarillenta, con una protuberancia que semeja un huevo frito en su parte central. Diámetro de la umbela de hasta 35 cm. Entre los 8 brazos bucales con forma de raíces se encuentran numerosos apéndices rizados que terminan en pequeñas verrugas tuberculosas de un color violeta-pardo. Esta especie no presenta una abertura bucal central grande.
HÁBITAT Y DISTRIBUCIÓN: Medusa frecuente en alta mar en el Mediterráneo, aunque también en las proximidades de la costa. Casi siempre se desplaza directamente bajo la superficie del mar. En algunos años es posible observar entre julio y noviembre enjambres regulares de esta especie.
BIOLOGÍA: Los grandes pólipos de 5-10 mm comienzan en la primavera a generar por reproducción asexual medusas sexuadas que se van desprendiendo en forma de pequeñas larvas (efiras). La fecundación tiene lugar en las medusas femeninas, que antes de su muerte liberan numerosas larvas tipo plánula. Dichas larvas migran hacia el fondo marino y completan allí la metamorfosis hasta convertirse en pólipos. El pólipo se compone de un pedúnculo y una cabezuela de pólipos, de los que parten 16 tentáculos con vesículas urticantes que sirven para la captura de otros organismos. También se pueden multiplicar mediante gemación asexual, a partir de la cual se desarrolla de su cabezuela una protuberancia piriforme que tras 48 horas se desprende del pólipo madre y tras una breve fase natatoria se adhiere al fondo marino para desarrollar uno nuevo. Estas medusas poseen una sustancia ligeramente urticante que, sin embargo, no supone ningún riesgo grave para las personas. A menudo *Trachurus*, *Boops* y *Seriola* buscan refugio entre sus tentáculos.

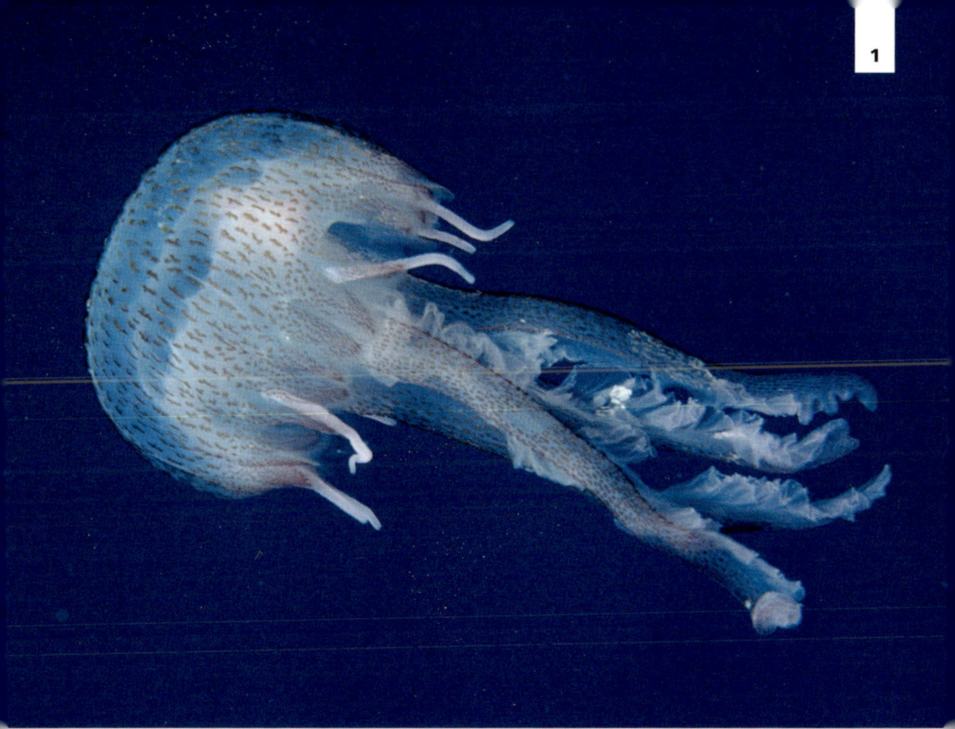
1

2

1 Aguamar, acalefo azul *Rhizostoma pulmo* —Familia *Rhizostomatidae*

CAT— Borm blau
FRA— Rhizostome
ING— Dustbin-lid jellyfish
ALE— Lungenqualle

CARACTERÍSTICAS: Medusa del orden de los rizostomos. Campana marcadamente abombada, coloración blanco-lechosa, amarillenta o incluso rosa; diámetro de la campana de 60 cm, y hasta un máximo de 100 cm. Borde de la umbela sin tentáculos, ribeteada por 80-90 lóbulos azulados. 8 largos brazos bucales en forma de maza, soldados únicamente en su parte superior; en la zona Intermedia presenta protuberancias en forma de coliflor.
POSIBLE CONFUSIÓN: Ninguna.
HÁBITAT Y DISTRIBUCIÓN: En todo el Mediterráneo, en el Atlántico y en el mar del Norte,
BIOLOGÍA: Esta especie es la mayor medusa de todo el Mediterráneo. Solo resulta débilmente urticante, por lo que no representa mayor peligro para las personas. Como no posee tentáculos adecuados, se alimenta de otra forma: aspira el plancton con ayuda de los ocho brazos bucales en forma de maza. Con frecuencia se observan bajo su umbela y entre los brazos bucales jóvenes peces de los géneros *Trachurus, Boops* y *Seriola.* La naturaleza de esta relación entre organismos –parasitismo o simbiosis– aún no ha sido esclarecida: algunas investigaciones señalan que los pequeños peces habrían sido observados limpiando a la medusa, aunque también alimentándose de las gónadas de ésta. Probablemente se trate de probiosis, un tipo de relación en la que una especie sale beneficiada sin perjuicio de la otra. Los pólipos de esta especie que viven en el fondo marino comienzan en la primavera con la generación por vía asexual de las medusas, que se desprenden del pólipo en forma de pequeñas larvas (efiras). Estas larvas en forma de estrella ya poseen fuertes cordones musculares que les permiten efectuar contracciones y de este modo nadar libremente. En el transcurso del crecimiento la larva adquiere una forma redondeada, al tiempo que la umbela se vuelve más maciza, el sistema bucal se diferencia y los órganos sexuales se desarrollan. La fecundación se verifica en las medusas hembras, las cuales antes de morir liberan numerosas plánulas. Estas larvas emigran de nuevo hacia el fondo marino y completan allí su metamorfosis al estado de pólipo. El acalefo azul puede aparecer formando grandes enjambres en determinados momentos; en Trieste se han llegado a observar más de 40.000 medusas de esta especie en un área de tan solo un kilómetro cuadrado.

2 Aguacuajada *Cerianthus* membranaceus —Familia *Cerianthidae*

CAT— *Cerianthus membranaceus*
FRA— Grand cérianthe
ING— Cylinder anemone
ALE— Zylinderrose

CARACTERÍSTICAS: El cuerpo se aloja en un tubo flexible y membranoso de hasta 40 cm de alto. La placa oral está rodeada por dos círculos de tentáculos pigmentados de distinta longitud. Presenta un color variable; entre blanco y amarillo, verde, pardo, violeta e incluso negro.
POSIBLE CONFUSIÓN: Resulta imposible confundir este antozoo con las verdaderas anémonas, dada la diferente longitud de sus tentáculos.
HÁBITAT Y DISTRIBUCIÓN: Esta especie vive en suelos arenoso-fangosos en aguas tranquilas y tolera una reducida suciedad del agua (zonas portuarias). Su típica ubicación son los suelos detríticos en entradas de cavernas y grutas. Esta especie se establece a profundidades comprendidas entre 1 m (solo en cavernas) y 40 m. Es una especie endémica del Mediterráneo.
BIOLOGÍA: Ante la más mínima amenaza estos animales se repliegan dentro de sus blandos tubos, que pueden estar enterrados hasta a 1 m de profundidad en el sedimento. El tubo está compuesto por un plexo de filamentos urticantes con propiedades antibacterianas. Esta especie carece de disco basal. Su pie acaba en punta y presenta un orificio que le permite expeler el agua contenida en el cuerpo en caso de contracción. Ello le permite moverse aún en la tranquilidad de las cavernas que habita. Se alimenta del plancton que captura con sus tentáculos de captura. Su reproducción es sexual. Sus larvas colonizan el fondo marino tras un largo periodo nadando libremente. En acuarios, esta especie puede alcanzar más de 50 años.

1

2A

2B

1 Actinia roja, tomate marino *Actinia equina* —Familia *Actiniidae*

CAT— Tomàquet de mar, ortiga roja
FRA— Tomate de mer
ING— Beadlet anemone
ALE— Pferdeaktinie

CARACTERÍSTICAS: Alcanza una talla de hasta 6 cm. La corona de tentáculos exhibe 192 tentáculos de 2 cm de largo. En el Mediterráneo hay dos formas de *Actinia equina mediterránea:* la mayor o forma 1 presenta un disco basal de hasta 7,5 cm, una columna de hasta 4,5 cm de alto y una placa oral de hasta 6 cm. La placa oral es de un homogéneo rojo carmín aunque algo más claro que el de la columna. La forma 2, de menor tamaño, tiene un disco basal de hasta 3 cm, una columna de hasta 2,2 cm de alto y una placa oral con un diámetro de hasta 2,7 cm.
POSIBLE CONFUSIÓN: La actinia roja puede confundirse con la actinia verde *(Actinia cari),* aunque esta especie posee un cuerpo pardo (columna o escapo) con líneas concéntricas pardo-negruzcas y coloniza otro hábitat distinto (infralitoral).
HÁBITAT Y DISTRIBUCIÓN: La forma 1 se Integra en la comunidad de organismos que ocupa la zona intermareal inferior (mediolitoral inferior) sobre rocas. Prefiere nichos rocosos umbríos y cavernas (1A), aunque también lugares soleados. Es activa por la noche y se sujeta firmemente al sustrato, por lo que es muy resistente a las turbulencias. Forma 2: vive inmersa en la comunidad de organismos de la zona intermareal Inferior y en parte superior (mediolitoral inferior y superior) sobre rocas. Esta forma no se agarra con tanta fuerza como la forma 1, y coloniza además emplazamientos más densamente poblados, aunque como la primera forma se mantiene abierta aún en caso de fuertes movimientos del agua. Distribución geográfica: Mediterráneo y Atlántico.
BIOLOGÍA: Gracias al alto contenido en secreciones mucosas susceptibles de retener agua puede sobrevivir a los periodos secos entre mareas. La actinia roja se defiende resguardando sus tentáculos en el Interior y adoptando una forma esférica, semejando un pequeño tomate (1B). Los sáculos marginales de color azul-violáceo, Intensamente urticantes, pueden llegar a ser empleados incluso para competir por el espacio con otros individuos de la misma especie.
La forma 1, de mayor tamaño, se reproduce de modo ovíparo, mientras que la forma 2 lo hace de modo vivíparo (larvíparo). Esta forma 2 puede llegar a originar grupos de numerosos individuos. En acuarios se han llegado a mantener actinias rojas con más de 60 años.

2 *Arachnanthus oligopodus* —Familia *Arachnanthidae*

CAT— *Arachnanthus oligopodus*
FRA— Cérianthe strié
ING— Banded tube dwelling anemone
ALE— Gebänderte Zylinderrose

CARACTERÍSTICAS: Tentáculos dispuestos en dos círculos (exterior con tentáculos marginales, e interior con tentáculos labiales). Los tentáculos presentan unas llamativas bandas de coloración pardo-grisácea. Tubos finos, sin esclerotizar.
POSIBLE CONFUSIÓN: Es más bien escasa y como mucho se puede confundir con la abundante *Cerianthus membranaceus.* Pero en contraste con aquella, *Arachnanthus oligopodus* se adhiere con menor fuerza a sustratos blandos y a menudo entierra su tubo adoptando una forma de U.
HÁBITAT Y DISTRIBUCIÓN: Cosmopolita y relicto del antiguo mar de Tetis; presente tanto en el Mediterráneo oriental como en el occidental, y en el Adriático. También se conoce la especie en el Caribe, en el Pacífico (Nueva Caledonia) y en el mar Rojo (según indicaciones de H. Schmidt, sin publicar). A profundidades entre 10 y 80 m. De actividad nocturna, coloniza exclusivamente suelos blandos arenoso-fangosos y detritos costeros, llegando a sobresalir hasta 40 cm del sustrato. Reacciona inmediatamente a la luz (flashes y focos submarinos) enrollando rápidamente sus tentáculos.
BIOLOGÍA: Presenta dos formas (según H. Schmidt, sin publicar): una forma de las profundidades y otra de aguas más someras; la última se observaría en praderas de *Posidonia oceanica* y presenta menos tentáculos. Parece que contaría con la capacidad de cambiar su emplazamiento. La presencia de diferentes cápsulas urticantes (el denominado cnidoma) permite reconocer un parentesco con las actinias. Es sinónima de la especie descrita de los trópicos *Arachnanthus nocturnus.*

1A

1B

2

1 Anémona de mar común *Anemonia sulcata* —Familia *Actiniidae*

CAT— Anèmona de mar comuna, fideu
FRA— Anémone de mer verte
ING— Snake-locks anemone
ALE— Wachsrose

CARACTERÍSTICAS: Anémona de hasta 20 cm (sinónimo *Anemonia viridis),* se caracteriza por tener entre 150 y 200 tentáculos muy urticantes no retráctiles de hasta 15 cm. En zonas cercanas a la superficie del mar los tentáculos están pigmentados de azul o rosa por la presencia de algas simbióticas (1A). Las puntas de los tentáculos suelen ser violáceas. En zonas más profundas (con menor presencia de algas simbióticas), solo suele haber ejemplares de color gris (1B).
HÁBITAT Y DISTRIBUCIÓN: Especie fotófila de las zonas costeras someras (infralitoral). En bahías con aguas tranquilas y puertos protegidos pueden encontrarse densas formaciones de varios metros cuadrados. Esta especie es capaz de soportar aguas muy sucias. Distribución geográfica: en todo el Mediterráneo y en el Atlántico oriental hasta Escocia.
BIOLOGÍA: Existen dos ecotipos diferentes de esta especie. La forma 1, de menor tamaño, posee entre 70 y 192 tentáculos y su disco basal tiene un diámetro comprendido entre 2 y 5 cm (1B). Coloniza fisuras de rocas formando densas colonias, incluso en aguas muy batidas, desde aguas someras hasta unos 5 m de profundidad. La forma 2, de mayor tamaño, presenta entre 192 y 384 tentáculos (1A). El diámetro del disco basal puede alcanzar hasta 15 cm. Suele colonizar con individuos aislados emplazamientos también iluminados, aunque en profundidades comprendidas entre 3 y 25 m. Para alimentarse, la anémona de mar común actúa "capturando" a sus presas. Para ello emplea los tentáculos provistos de cápsulas venenosas, sujetando a sus presas, paralizándolas con el veneno y llevándoselas después hasta la boca. En la cavidad estomacal de estas anémonas se han encontrado pequeños peces, restos de moluscos y pequeños crustáceos. Con la anémona de mar común viven numerosos animales inmunes al veneno de los tentáculos, en una asociación de animales más o menos estrecha: entre otros se encuentran la quisquilla *Leptomysis mediterranea,* la araña de mar *Inachus phalangium* y un gobio, *Gobius bucchichii.* Las fibras urticantes no pueden atravesar la piel callosa de las palmas de las manos, pero por descuido podrían llegar a alcanzar y afectar a partes sensibles de la piel. El tratamiento de las zonas afectadas puede consistir en aplicar una solución de vinagre al 5 % o de alcohol al 40-70 %.

2 Anémona de mar dorada *Condylactis aurantiaca* —Familia *Actiniidae*

CAT— *Condylactis aurantiaca*
FRA— Anémone soleil
ING— Golden anemone
ALE— Goldfarbige Seerose

CARACTERÍSTICAS: Anémona magnífica con un diámetro del disco basal de hasta 7 cm, placa oral de hasta 12 cm (con tentáculos de hasta 30 cm). En total presenta 96 tentáculos dispuestos en 5 círculos alrededor de la abertura bucal. Tentáculos de color blanquecino a gris-amarillento de hasta 8 cm de largo, gruesos, con extremos violetas redondeados. También el ribete de la boca es de un color violeta. La coloración varía en función del contenido en algas simbióticas (zooxantelas) a distintas profundidades: en aguas claras y someras el contenido en zooxantelas puede ser tan elevado que estas actinias tengan una homogénea coloración parda o pardo-verdosa. Sin embargo, a gran profundidad (con menor presencia de algas), dominan tonos de color más claros.
POSIBLE CONFUSIÓN: Esta especie tiene un gran parecido con la actinia *Cribrinopsis crassa,* la cual se diferencia por sujetarse siempre en los suelos blandos a las zonas con sustrato duro.
HÁBITAT Y DISTRIBUCIÓN: En suelos arenosos, con gravillas o detritos propios del infralitoral y circalitoral, siempre con el pie enterrado, aunque sin agarrarse al sustrato. La placa oral con los tentáculos queda cercana al sustrato. Entre los 5 y 80 m de profundidad. Presente exclusivamente en el Mediterráneo.
BIOLOGÍA: Cuenta con sexos separados y es tanto ovípara como vivípara. Se trata supuestamente de un relicto descendiente de un género de origen boreal o ártico, a pesar de que las actualmente vivas emparentadas están aclimatadas a los mares tropicales y subtropicales.

1A

1B

2

1 Cribrinopsis crassa
—Familia *Actiniidae*

CAT— *Cribrinopsis crassa*
FRA— Anémone charnue
ING— Fat anemone
ALE— Felsengoldrose

CARACTERÍSTICAS: Gran anémona de mar con un diámetro de la placa oral de hasta 7,5 cm y un diámetro del disco basal de hasta 5,5 cm. 96 tentáculos (de hasta 5 cm de largo) dispuestos en 5 círculos alrededor de la abertura de la boca. Placa oral de un color gris entre verdoso y azulado, tentáculos con un anillo claro en el tercio Inferior y extremo violeta. Columna de color amarillo dorado con 48 filas de verrugas rojizas con un ribete amarillo.
POSIBLE CONFUSIÓN: No se debe confundir con la similar *Condylactis aurantiaca.* Esta última posee unos tentáculos más largos y vive enterrada en la arena sin su pie sujeto al sustrato.
HÁBITAT Y DISTRIBUCIÓN: Esta especie vive en fisuras de las rocas de los sustratos duros primario y secundario del dominio coralígeno. Coloniza también sedimentos gruesos, aunque siempre con el pie sujeto al sustrato duro. Generalmente entre los 30 y 40 m de profundidad, llegando hasta un máximo de 80 m. Es una especie endémica del Mediterráneo, de origen ártico, aunque solo se conoce del Mediterráneo occidental y del Adriático.
BIOLOGÍA: Esta anémona es ovípara y tiene sexos separados, tratándose de un relicto que parece descender de un género propio del Ártico. Esta relación histórica se ve reflejada actualmente en la especie mediterránea por el momento de su reproducción en la época de temperaturas mínimas. A veces puede observarse junto a ella a la quisquilla *Periclimenes sagittifer,* la cual no resulta atacada por sus tentáculos.

2 Anémona del ermitaño *Calliactis parasitica*
—Familia *Hormathiidae*

CAT— Anèmona del bernat ermità
FRA— Anémone parasite
ING— Hermit anemone
ALE— Einsiedler-Seerose

CARACTERÍSTICAS: Anémona de mar de hasta 10 cm de alto con un diámetro de 4 cm y 768 tentáculos dispuestos en 8 círculos alrededor de la abertura bucal. Corona de tentáculos de un sucio gris claro, y más raramente naranja amarillento. Pie de un blanco amarillento y pardo, con estriaciones longitudinales con numerosas manchas pardas. Presenta filamentos urticantes (acontios) de color entre blanco y violeta, que al menor roce son propulsados.
POSIBLE CONFUSIÓN: Ninguna, dada su forma de vida (véase más adelante).
HÁBITAT Y DISTRIBUCIÓN: Esta especie se encuentra en el infralitoral y en el circalitoral sobre suelos detríticos y arenosos o incluso cenagosos, entre los 3 y 130 m de profundidad, en especial sobre caparazones de caracolas ocupadas por cangrejos ermitaños. Distribución geográfica: en todo el Mediterráneo así como en el vecino Atlántico desde la costa norteafricana hasta el mar del Norte (en este caso sobre el cangrejo ermitaño *Eupagurus bernhardus).*
BIOLOGÍA: Esta especie se asienta generalmente sobre los caparazones de caracolas del género *Murex,* frecuentemente ocupadas por cangrejos ermitaños del género *Dardanus,* aunque también por varias especies del género *Paguristes.* Aunque el nombre científico de la especie ("parasítica") alude a una forma de vida parásita, la relación entre esta anémona y el cangrejo ermitaño se trata de una verdadera simbiosis, con ventajas para ambos organismos: el cangrejo ermitaño transporta a la anémona, la cual se beneficia de una mayor disponibilidad de alimento,, y la anémona protege al cangrejo en caso de peligro con sus filamentos urticantes (acontios), eyectados hacia el agresor al mínimo roce. Los resultados de las investigaciones sobre el grado de asociación entre ambos animales difieren extraordinariamente: según algunos observadores se trata de una estrecha relación que incluiría cómo el cangrejo tomaría consigo a la anémona al cambiar de caparazón. Otros autores solo ven en ello un acto casual, pues la anémona sería autosuficiente sin el cangrejo y llega a vivir sobre caparazones vacíos; a este respecto, se ha observado cómo algunos cangrejos abandonan a su suerte a la anémona al mudarse de caparazón (véase también en pág. 204 el Gran ermitaño o bruja grande; *Dardanus arrosor).*

1

2

1 Anémona comensal *Adamsia palliata* —Familia *Hormathiidae*

CAT— Anèmona comensal
FRA— Anémone manteau
ING— Cloak anemone
ALE— Mantelaktinie

CARACTERÍSTICAS: La base alcanza un diámetro de 10 cm y la corona transversal de tentáculos un máximo de 5 cm. Color de un blanco sucio con características manchas violetas. Parte Inferior más brillante, con tentáculos cortos. Posee unos filamentos urticantes (acontios) de coloración entre violeta y rosa, que en caso de que la anémona se vea amenazada pueden ser proyectados.
POSIBLE CONFUSIÓN: Ninguna.
HÁBITAT Y DISTRIBUCIÓN: Esta especie vive exclusivamente sobre suelos arenosos y detríticos, desde la superficie hasta a unos 200 m de profundidad. Se extiende por el infralitoral formando parte de la comunidad de organismos que viven en las arenas finas y cenagosas de aguas someras y tranquilas, así como en el circalitoral formando parte de la comunidad de organismos propios de los detritos costeros. La anémona comensal es bastante frecuente en el Mediterráneo occidental y en el Adriático. En el Atlántico, se encuentra desde Cabo Verde hasta Noruega.
BIOLOGÍA: Se fija a las conchas de las caracolas (*Gibbula, Naticarius)* habitadas por el cangrejo ermitaño (*Pagurus prideauxi* o *P. alatus).* Esta simbiosis es bastante más estrecha que la dada entre la anémona del ermitaño y por ejemplo el cangrejo ermitaño *Dardanus arrosor.* El disco basal de la anémona comensal, que llega hasta el borde en la parte superior, puede ir alargando la abertura del caparazón de la caracola mediante una secreción quitinosa, permitiendo así el crecimiento del cangrejo. La corona transversal de tentáculos va barriendo el suelo conforme el cangrejo se desplaza, en busca de alimento para la anémona. También únicas son las observaciones en las que se ha visto cómo el cangrejo alimenta activamente a la actinia y cómo al mudarse el cangrejo a un caparazón mayor ayuda activamente a la actinia a soltarse del anterior y fijarse al nuevo, esperando hasta que ésta se ha fijado del todo. Es ovípara y tiene sexos separados.

2 Anémona trompeta *Aiptasia mutabilis* —Familia *Aiptasiidae*

CAT— *Aiptasia mutabilis*
FRA— Aiptasie verte
ING— Trumpet anemone
ALE— Siebanemone

CARACTERÍSTICAS: Diámetro del disco basal de 3 cm, columna de 10 cm de alto, diámetro de la placa oral de hasta 6 cm. 136 tentáculos jaspeados acabados en punta de 6 cm de largo y dispuestos en 6 círculos, formando una gola o collar característico. La presencia de algas simbióticas le otorga una coloración generalmente parduzca. En aguas más oscuras (con escasez de algas simbióticas) también se observan individuos blanquecinos. Existen dos formas de esta especie que se diferencian en su tamaño, coloración y ecología. La forma 1 (2B), de menor tamaño, suele exhibir un color uniforme blanco hialino, rojo claro o pardo oscuro. La forma 2 (2A), de mayor tamaño, es de un gris claro, amarillo-rojizo, pardo-verdoso o incluso blanco. Los tentáculos suelen ser de un blanco con bandas irregulares o estar cubiertos por una retícula blanca.
POSIBLE CONFUSIÓN: Esta especie puede confundirse con *Aiptasia diaphana*, aunque esta última solo vive en aguas muy sucias (lagunas, puertos).
HÁBITAT Y DISTRIBUCIÓN: Especie presente en todo el Mediterráneo, colonizante de fisuras y orificios del sustrato rocoso entre la superficie y los 5 m de profundidad. La forma 1 solo se encuentra en el infralitoral superior, y raramente por debajo de los 5 m. Suele colonizar lugares en el seno de las comunidades de algas fotófilas. La forma 2 vive también entre estas algas, pero asimismo en el dominio coralígeno hasta los 50 m de profundidad.
BIOLOGÍA: La coloración de esta especie se debe sobre todo al contenido en algas simbióticas (zooxantelas). En especial la forma 1 propia de aguas superficiales puede variar fuertemente su coloración a lo largo del año: en invierno la forma 1 es más bien de un pardo oscuro y poco o nada transparente, mientras que en el verano aumenta claramente su transparencia y disminuye su pigmentación. Ello se debe a la adaptación de la anémona a la distinta actividad fotosintética de las algas, cuya proporción en el seno de la anémona se ve regulada en el curso del año.

1

2A

2B

1 *Alicia mirabilis*
—Familia *Aliciidae*

CAT— *Alicia mirabilis*
FRA— Alicia
ING— Berried anemone
ALE— Alicia

CARACTERÍSTICAS: Gran anémona de mar erguida, que puede alcanzar hasta 50 cm de alto. Posee hasta 96 largos tentáculos en forma de cabellos sueltos con un gran número de cápsulas urticantes bien visibles. Disco basal ancho. Cuerpo (escapo) con unas características protuberancias en forma de coliflor.
POSIBLE CONFUSIÓN: Ninguna.
HÁBITAT Y DISTRIBUCIÓN: En la biozona coralífera y en praderas marinas a profundidades entre 10 y 40 m. Sobre sustratos duros, rocas, corales pétreos y hojas de posidonia. Zonas de mayor densidad: golfo de Napóles (Capri, Isquia), Sicilia y estrecho de Gibraltar. Probablemente en todo el Mediterráneo occidental.
BIOLOGÍA: Es activa exclusivamente por la noche. Ante la mínima molestia o fuente de luz (foco, flash fotográfico) enrolla sus tentáculos. Durante el día se repliega sobre sí misma por completo de modo que apenas puede reconocerse en ella la forma de una anémona (1B). En este estado solo semeja ser una esfera de color pardusco cubierta de vesículas urticantes en lugar de la vistosa anémona que es durante la noche. Siempre elige emplazamientos expuestos para su actividad nocturna. Los ejemplares de pequeño tamaño suelen asentarse sobre hojas de angiospermas marinas. *Alicia mirabilis* es una de las anémonas más urticantes que existen y posee las vesículas urticantes más grandes entre las anémonas. Cuenta con sexos separados y es ovípara. Los animales heridos poseen una enorme capacidad de regeneración: en algunos acuarios se ha observado cómo se regeneraba el cuerpo completo a partir de porciones como la mitad del disco oral o la mitad del cuerpo en tan solo unos pocos días. Esta especie es un relicto de origen tropical, hecho que queda delatado por su actividad reproductiva, en la época de temperaturas máximas.

2 *Bunodeopsis strumosa*
—Familia *Boloceroididae*

CAT— *Bunodeopsis strumosa*
FRA— Anémone naine verruqueuse
ING— *Bunodeopsis strumosa*
ALE— Zwergaktinie

CARACTERÍSTICAS: Pequeña anémona; pie con un máximo de 0,4 cm, columna de hasta 0,6 cm de alto y diámetro máximo del disco oral de 0,4 cm. Cuerpo (columna) dividido en la parte inferior (escapo) y superior (escápulo). El escapo es de un verde pardo con grandes divertículos dorados en forma de vesículas. El escápulo es transparente con varios acúmulos de cápsulas urticantes. Tiene 28 tentáculos cónicos transparentes cuatro veces más largos que el diámetro del disco oral, salpicados con finas manchas parduzcas, cubiertas por acúmulos de cápsulas urticantes. La coloración de la especie es variable, en función de la mayor o menor proporción de algas simbióticas (zooxantelas).
POSIBLE CONFUSIÓN: Las características vesículas en el escapo son una característica diferencial de esta especie. Aunque *Alicia mirabilis* posee unas vesículas similares, no hay problema en diferenciar ambas especies dada la gran diferencia de tamaño.
HÁBITAT Y DISTRIBUCIÓN: Es a veces dominante entre los organismos propios de las arenas limosas de aguas tranquilas y de lagunas con alternancia de temperatura y contenido en sal. En verano se puede encontrar un gran número sobre las hojas de pequeñas angiospermas marinas *(Zostera, Cymodocea).* Solo se conoce del Mediterráneo occidental (cabo de Creus [Ojo revisión: el ejemplar alemán pone Banyuls], Nápoles y hasta Corfú).
BIOLOGÍA: En verano esta anémona invade las hojas de distintas algas y angiospermas marinas. Cuando la temperatura del agua desciende comienza a bajar hacia los sedimentos del fondo, donde se entierra para pasar el invierno. En esta fase pierde las algas simbióticas, quedando sin coloración. En la primavera y conforme aumenta la temperatura, emerge de su "refugio invernal" hasta colonizar un lugar prominente sobre alguna alga. Al aumentar su contenido en zooxantelas pronto adquiere de nuevo su característica coloración verde grisácea o verde parduzca. Esta anémona es un relicto de origen tropical.

1A

1B

2

1 Andresia *Andresia partenopea* —Familia *Andresiidae*

CAT— *Andresia partenopea*
FRA— Andrésie
ING— Burrowing anemone
ALE— Grabende Anemone

CARACTERÍSTICAS: Esta anémona de mar alcanza una talla de hasta 20 cm. Sus 48 tentáculos se disponen en cuatro círculos. Su longitud supera el diámetro de la placa oral. Los tentáculos, de un color pardo-rojizo y algo más claros en su extremo, siempre están en contacto con los sedimentos arenoso-limosos. Es una anémona sin disco basal, cuya parte inferior (escapo) siempre está enterrada en el sedimento. La coloración de esta anémona varía según su emplazamiento y edad, siendo los animales jóvenes más claros y transparentes que los adultos.
POSIBLE CONFUSIÓN: Ninguna. Aunque *Paranemonia cinerea* tiene un cierto parecido debido a sus también largos tentáculos, coloniza un biotopo por completo diferente.
HÁBITAT Y DISTRIBUCIÓN: En todo el Mediterráneo. Extendida también por el Atlántico, llegando por ejemplo a las costas de la Bretaña y Normandía francesas. Esta anémona vive enterrada en suelos blandos, formando parte de las comunidades de organismos propias de las arenas finas y de las arenas cenagosas del infralitoral en aguas someras protegidas. En el circalitoral coloniza los lugares con detritos cenagosos. Esta especie evita los suelos cubiertos, por lo que suele establecerse por encima (6-15 m de profundidad) y por debajo (35-55 m) de las praderas de *Posidonia.*
BIOLOGÍA: Esta anémona se entierra hasta 25 cm en el sustrato. Sustentáculos externos quedan en contacto con el fondo en aguas tranquilas, mientras que los tentáculos internos se encuentran verticales hacia arriba o inclinados hacia la placa oral. Los tentáculos se desprenden en caso de debilidad por la base. En condiciones poco adecuadas (por ejemplo, en un acuario), la anémona puede llegar a desprenderse de todos los tentáculos. Esta especie de anémona tiene sexos separados y es ovípara. Se reproduce en julio y agosto en la zona del infralitoral a temperaturas de 22-24 °C. En el circalitoral el periodo reproductivo se retrasa hasta septiembre y octubre, cuando se alcanza el último máximo de temperaturas.

2 Actinia solar *Cereus pedunculatus* —Familia *Sagartiidae*

CAT— *Cereus pedunculatus*
FRA— Anémone solaire
ING— Daisy anemone
ALE— Seemannsliebchen

CARACTERÍSTICAS: Gran anémona de mar (diámetro de hasta 10 cm). En total tiene 768 cortos tentáculos dispuestos en 8 círculos alrededor de la amplia y ladeada placa oral. El color de ésta y de los tentáculos es muy variable: gris-blanquecino, amarillo-rojizo o bien parduzco, a menudo con un dibujo fino o con grandes manchas.
POSIBLE CONFUSIÓN: Dado su tamaño y el número y disposición de los tentáculos, así como por las características de su hábitat, no hay especies con las que poder confundirla.
HÁBITAT Y DISTRIBUCIÓN: Esta especie vive adherida a conchas, rocas o piedras, con el cuerpo normalmente enterrado en el sedimento. Presenta una amplia distribución en los dominios infralitoral y circalitoral: en el infralitoral superior se asienta dentro de comunidades de algas fotófilas como *Cystoseira.* Está ausente, sin embargo, en las praderas de posidonia, apareciendo en regiones más profundas en las comunidades de organismos propios de los detritos costeros hasta los 80 m de profundidad. Distribución geográfica: Mediterráneo occidental, Adriático y Atlántico, hasta las costas del oeste de Escocia.
BIOLOGÍA: Esta anémona coloniza frecuentemente fisuras rellenas de sedimentos o suelos detríticos; parece además que puede adaptarse a la coloración del fondo circundante. Se adhiere con fuerza al sustrato y se cierra sobre sí misma cuando la insolación es muy intensa. Su capacidad de adaptarse a la coloración del entorno se debe a la proporción de algas simbióticas (zooxantelas) que contiene: en ubicaciones umbrías puede adoptar un blanco-grisáceo ante la escasez de zooxantelas. Esta especie presenta un amplio espectro de posibilidades reproductivas: hay ejemplares con sexos separados y otros hermafroditas, e individuos ovíparos y otros vivíparos.

1

2

1 *Phymanthus pulcher*
—Familia *Phymantidae*

CAT— *Phymanthus pulcher*
FRA— Anémone-nénuphar
ING— Flower anemoon
ALE— Warzenanemone

CARACTERÍSTICAS: Diámetro del pie de 3 cm, columna de hasta 7 cm de alto, diámetro del disco oral de hasta 7,5 cm. 96 tentáculos dispuestos en 5 círculos. Los dos círculos de tentáculos Interiores están insertos en torno al centro del disco oral, con los restantes tentáculos en posición marginal. Tentáculos entre un pardo-grisáceo y gris claro, más cortos que el diámetro del disco oral; éste último está provisto de protuberancias verrucosas y muestra un color gris-verdoso, pardo-grisáceo o Incluso marrón-chocolate. Su coloración varía, pues, en alto grado.
POSIBLE CONFUSIÓN: Ninguna.
HÁBITAT Y DISTRIBUCIÓN: Es un típico habitante de las comunidades de los detritos costeros, sobre todo al borde de la biozona coralífera en sustratos blandos con restos orgánicos o de conchas. Nunca crece sobre sustratos duros. El disco basal se adhiere o a los restos de conchas o a sustratos duros secundarlos, e incluso a fisuras de rocas rellenas de detritos entre los 20 y los 50 m de profundidad, hasta un máximo de a 70 m. Es endémica del Mediterráneo.
BIOLOGÍA: Vive con el pie enterrado en los sedimentos, con el disco oral al nivel del sustrato. Los tentáculos de los dos círculos interiores suelen estar en posición vertical sobre el disco oral, mientras que los Interiores se extienden sobre el sustrato. Aunque puede cerrarse por completo sobre sí misma, siempre suele encontrarse abierta. Cabe Indicar, no obstante, que dada su coloración muchos individuos suelen pasar desapercibidos. Esta especie es ovípara y tiene sexos separados. En el caso de esta anémona se trata de un relicto de origen tropical, lo cual se manifiesta en el momento de su reproducción, coincidente con el momento de máximas temperaturas.

2 *Sagartia elegans*
—Familia *Sagartiidae*

CAT— *Sagartia elegans*
FRA— Sagartie élégante
ING— *Sagartia elegans*
ALE— Zieranemone

CARACTERÍSTICAS: Pie con un diámetro máximo de 3,5 cm; columna con un máximo de 4,5 cm de alto. Coloración del disco basal de un rojo-parduzco claro y columna de un rojo pardo, pardo blancuzco o incluso naranja, con verrugas de un blanco grisáceo de diferente tamaño, dispuestas irregularmente. Tiene 184 tentáculos cónicos dispuestos en 6 círculos, de una longitud semejante al diámetro del disco oral.
POSIBLE CONFUSIÓN: Presenta una gran variación en la forma y color, a pesar de lo cual no cabe ninguna confusión con la emparentada Sagartia troglodytes, dadas sus diferentes necesidades ecológicas. Esta última es rara en el Mediterráneo y prefiere asentarse en lagunas someras con régimen cambiante de temperaturas, mientras que *S. elegans* vive a mayores profundidades entre las comunidades de organismos de los detritos costeros. También podría confundirse con la anémona *Cereus pedunculatus*, pero ésta exhibe claramente un mayor número de tentáculos.
HÁBITAT Y DISTRIBUCIÓN: Su presencia se concentra en la zona occidental del Mediterráneo y Adriático, siendo aún mucho más abundante en el Atlántico y en el mar del Norte. Esta especie prefiere asentarse en el seno de la comunidad de organismos propios de los detritos costeros como epibionte, sobre la ascidia *Microcosmus sulcatus,* entre los 40 y los 60 m de profundidad.
BIOLOGÍA: Esta anémona actúa al alimentarse como una "captadora de partículas": los pequeños seres vivos y detritos orgánicos que alcanzan su superficie quedan adheridos a la mucosidad secretada por su epidermis y son trasladados por cilios superficiales hasta la boca. Como el resto de anémonas, ésta distingue perfectamente entre la materia orgánica digerible y las partículas inorgánicas no aprovechables. La digestión es bastante rápida gracias a la acción de unas fuertes enzimas, al cabo de la cual son expulsados por la boca los restos indigeribles. Otras anémonas tienen una estrategia alimenticia diferente, dándose una verdadera "captura" de su alimento (véase p. ej., en pág. 86 la Anémona de mar común; *Anemonia sulcata*). *Sagartia elegans* es un relicto de origen boreal.

1

2

1 Actinia estriada *Actinia striata* —Familia *Actiniidae*

CAT — *Actinia striata*
FRA — Actinie striée
ING — *Actinia striata*
ALE — Längsgestreifte Anemone

CARACTERÍSTICAS: El disco basal de esta actinia tiene un diámetro de hasta 6 cm. Puede variar fácilmente de coloración en función de su emplazamiento. Columna, tentáculos y disco oral son de un tono predominantemente pardo rojizo y ligeramente transparentes. Una llamativa característica son sus 96 rayas verticales de color pardo oscuro que también son visibles en parte como líneas de manchas.
POSIBLE CONFUSIÓN: Esta especie se puede confundir con la actinia verde (*Actinia cari*), pero ésta tiene círculos concéntricos de tono pardo oscuro en la columna. Por su aspecto, es también muy parecida al tomate de mar o actinia roja (*Actinia equina*), aunque el característico rasgo distintivo de esta última es su luminoso color rojo acarminado así como su hábitat en la zona mediolitoral.
HÁBITAT Y DISTRIBUCIÓN: *Actinia striata* se presenta en forma de individuos aislados o en grupos de 2 o 3 animales. Se asienta exclusivamente en el infralitoral superior como componente de comunidades de algas fotófilas. En emplazamientos claros prefieren la parte inferior de grandes piedras sin vegetación o peñas sobresalientes. En las entradas de las cuevas y otros emplazamientos umbríos vive en la superficie libre de las rocas. Distribución geográfica— se presentan esporádicamente en todo el Mediterráneo, no son raras en el Adriático y cerca de Banyuls (Francia). En el Atlántico ha sido documentada junto a las Azores.
BIOLOGÍA: *Actinia striata* cuenta con sexos separados y es vivípara. Las larvas se establecen en septiembre. Ha sido considerada durante mucho tiempo como variedad del tomate de mar o actinia roja (*Actinia equina*), pero esta última se distingue claramente por su ecología, anatomía y la existencia de cápsulas urticantes (cnidocitos). Además, no se conocen formas de transición entre ambas especies.

2 Anémona de Forskal *Telmatactis forskalii* —Familia *Isophelliidae*

CAT — *Telmatactis forskalii*
FRA — Anémone rougeâtre nocturne
ING — Forskal's sea anemone
ALE — Keulen-Aktinie

CARACTERÍSTICAS: Anémona relativamente pequeña, hasta 4 cm de altura y hasta 3,5 cm de diámetro, 96 tentáculos claviformes que, como es típico en la familia Isophelliidae, están dispuestos en 6 círculos. La coloración varía en función de su emplazamiento, dominando los tonos rojo anaranjado y rojo pardo. También se encuentran individuos de tonalidad rosa y blanca.
POSIBLE CONFUSIÓN: Es la única especie del género *Telmatactis* del Mediterráneo. Sus tentáculos cónicos claviformes la hacen inconfundible.
HÁBITAT Y DISTRIBUCIÓN: Esta especie se asienta predominantemente en grietas expuestas al sol y en depresiones en el interior de comunidades de algas fotófilas como la *Cystoseira.* Su emplazamiento también puede darse en zonas precoralígenas o bajo las rocas en el mediolitoral. Es bastante raro que se asiente en zonas profundas del circalitoral. Allí la especie prefiere asentarse en suelos duros secundarios empinados donde, debido a la falta de movimiento del agua, se puede ocultar poco. La anémona de Forskal está muy extendida en todo el Mediterráneo. Aparece sobre todo en el Mediterráneo oriental ubicándose en el Adriático. También ha aparecido, además, en el Atlántico, por ejemplo en la costa francesa.
BIOLOGÍA: Para adaptar su forma de vida a los ámbitos cercanos a la superficie, donde se producen fuertes movimientos del agua, esta especie se pega muy bien al sustrato. Por tanto necesita de unos cortos tentáculos y se puede replegar muy bien en grietas y nichos. Es frecuente encontrar grupos de 2 o 3 individuos que viven, en parte, en estrecha vecindad con anemonas trompeta (*Aiptasia mutabilis*) o actinia solar (*Cereus pedunculatus*).La *Telmatactis forskalii* es ovípara y presenta separación de sexos. La especie se reproduce desde septiembre hasta noviembre.

1

2

1 Madrépora solitaria *Balanophyllia europaea* —Familia *Dendrophyllidae*

CAT— *Balanophyllia europaea*
FRA— Dent de cochon
ING— Pig-tooth coral
ALE— Warzenkoralle

CARACTERÍSTICAS: Madrépora grande y solitaria, cuyos cálices alcanzan una altura entre 1 y 2,5 cm. Los cálices suelen ser más anchos que altos, con forma oval. Tentáculos con verrugas.
POSIBLE CONFUSIÓN: En el Mediterráneo hay numerosas especies de madréporas solitarias, aunque todas ellas son esciófilas y colonizan por ello zonas más oscuras.
HÁBITAT Y DISTRIBUCIÓN: En el infralitoral y circalitoral superior (zona precoralígena), sobre sustratos duros (rocas, piedras, caparazones). Desde la superficie hasta los 15 m de profundidad. Especie endémica bien extendida por todo el Mediterráneo.
BIOLOGÍA: Como en el caso de los corales formadores de arrecifes, esta madrépora solitaria aloja en sus tejidos algas simbióticas, las denominadas zooxantelas. Ello le permite colonizar emplazamientos soleados, estando limitada su extensión en profundidad.

2 Coral solitario amarillo, madrépora amarilla *Leptopsammia pruvoti* —Familia Dendrophyllidae

CAT— *Leptopsammia pruvoti*
FRA— Corail jaune solitaire
ING— Yellow solitary coral
ALE— Gelbe Steinkoralle

CARACTERÍSTICAS: Madrépora solitaria cuyo esqueleto llega a alcanzar 17 mm de ancho y hasta 60 mm de alto. Tiene una sección transversal redondeada, con el cáliz estrechándose ligeramente hacia la base.
POSIBLE CONFUSIÓN: Su coloración puede motivar una confusión con la anémona incrustante amarilla (*Parazoanthus axinellae*), aunque ésta no forma esqueleto calcáreo y además vive colonialmente, o con la madrépora *Astroides calycularis,* si bien ésta constituye colonias con pólipos de color anaranjado.
HÁBITAT Y DISTRIBUCIÓN: Especie esciófila del circalitoral, que puede llegar a vivir en densas poblaciones bajo salientes rocosos y en cuevas. Generalmente por debajo de los 10 m y a profundidades mayores. En el Mediterráneo y costas atlánticas hasta las islas Británicas.
BIOLOGÍA: Sobre sus cálices y en el borde del disco oral puede encontrarse a veces el cirrípedo *Megatrema anglicum.*

3 *Astroides calycularis* —Familia *Dendrophyllidae*

CAT— *Astroides calycularis*
FRA— Madréporaire orange
ING— *Astroides calycularis*
ALE— Sternkoralle

CARACTERÍSTICAS: Coral pétreo que forma colonias superficiales semiesféricas o bien colonias profundas cespitosas de hasta 12 cm, con grandes cálices de los pólipos de 1 cm muy próximos entre sí. Los septos de los cálices suelen ser todos rectos y muy delgados.
POSIBLE CONFUSIÓN: Este coral pétreo se asemeja por su color a las especies tropicales del género *Tubastrea.* En el Mediterráneo podría confundirse con la anémona incrustante amarilla (*Parazoanthus axinellae*), aunque ésta no secreta esqueleto calcáreo alguno, o con la madrépora Leptopsammia *pruvoti,* cuyos pólipos son de color amarillo y crecen exclusivamente de forma solitaria.
HÁBITAT Y DISTRIBUCIÓN: Esta especie prefiere colonizar paredes verticales en umbría y salientes propios de la zona precoralígena. Es frecuente en entradas de cavernas, desde la superficie hasta unos 30 m de profundidad. Este madreporario solo se encuentra en la región sur del Mediterráneo occidental: estrecho de Gibraltar, Malta, golfo de Nápoles, costas norteafricanas occidentales y en España hasta el cabo de Palos. Su límite norte son las islas Pontinas.
BIOLOGÍA: Esta especie es característica de la zona precoralígena en aguas someras de determinadas costas: en paredes verticales al norte (islas de Vulcano y Lipari) se asienta de forma masiva entre los 5 y los 12 m, exclusivamente en la parte inferior de los salientes, asociándose con otros organismos esciófilos del dominio precoralígeno, como esponjas (*Spirastrella*) y algas verdes (*Halimeda, Udotea*).

1

2A

2B

3

1 *Dendrophyllia cornigera*
—Familia *Dendrophyllidae*

CAT— *Dendrophyllia cornigera*
FRA— Corail arborescent jaune
ING— Dendrophyllia
ALE— Gelbe Baumkoralle

CARACTERÍSTICAS: Madreporario colonial con forma de pequeño arbolillo, de hasta 15 cm de alto. Ramas delgadas y dispuestas irregularmente. Los pólipos sobresalen lateralmente de los extremos de las ramas y tienen un brillante color amarillo.
POSIBLE CONFUSIÓN: La especie emparentada *Dendrophyllia ramea* alcanza hasta 1 m de alto. Las colonias tienen forma arbustiva, están achatadas y se ramifican en todas direcciones. Sus pólipos se encuentran en las ramas generalmente en un mismo plano y suelen estar bastante separados entre sí. La coloración de sus pólipos suele ser entre blanca y amarilla.
HÁBITAT Y DISTRIBUCIÓN: Madreporario esciófilo que suele vivir sobre rocas a grandes profundidades (circalitoral inferior). En el Mediterráneo occidental y en el Adriático.
BIOLOGÍA: Llamativo coral raramente contemplado por los submarinistas deportivos, pues su presencia suele quedar por debajo del límite de profundidad que éstos alcanzan. En algunos casos extraordinarios y si las condiciones del emplazamiento, sustrato, corrientes y oferta de alimento lo permiten, este coral pétreo puede llegar a una profundidad mínima de 60 m.

2 *Dendrophyllia ramea*
—Familia *Dendrophylliidae*

CAT— *Dendrophyllia ramea*
FRA— *Dendrophyllia ramea*
ING— *Dendrophyllia ramea*
ALE— Baumkoralle

CARACTERÍSTICAS: Colonias hasta los 1,5 m de altura. Forma de árbol con tronco muy vigoroso. Ramas de tonos que van del ocre al amarillo, pólipos blancos. Posible confusión— Ninguna; la *D. cornígera* solo alcanza los 15 cm de altura y sus pólipos son amarillos.
HÁBITAT Y DISTRIBUCIÓN: En fondos duros del circalitoral inferior, casi siempre por debajo de los 30 m pudiendo llegar a profundidades de varios cientos de metros; aparece, en ocasiones, a menor profundidad en las zonas delanteras de cavernas, casi siempre formando pequeñas colonias. Mediterráneo; en el Atlántico oriental, desde Portugal hasta el golfo de Guinea.
BIOLOGÍA: Este espléndido e impresionante coral pertenece a los corales pétreos (Scleractinia), en los que se distinguen dos grupos— las especies hermatípicas necesitan algas simbiontes que confieren normalmente a las colonias tonos verdosos y pardos; a causa del intenso intercambio de nutrientes entre algas y pólipos, esta especie tiene un alto índice de calcificación, lo que la capacita para la formación de arrecifes. Por el contrario, los corales ahermatípicos, como el coral naranja, no son simbiontes con algas. Tampoco forman arrecifes y, a causa de la falta de los pigmentos de las algas, pueden estar vistosamente coloreados.

1

2

1 | **Clavel de mar** *Caryophyllia inornata & Cariophyllia smithii* —Familia *Caryophyllidae*

CAT— *Caryophyllia inornata*
FRA— Madrépore œillet
ING— Devonshire cup-coral
ALE— Nelkenkorallen

CARACTERÍSTICAS: Madreporario solitario cuyos esqueletos llegan hasta los 25 mm de alto (*C. smithii 35 mm)* (diámetro de 10-12 mm). Sección transversal casi redonda, en el caso de *C. smithii* sección transversal de redonda a ovalada. Base de la *C. inornata* sin estrechar, en la *C. smithii* estrechada. Las costillas de los cálices en la *C. inornata* son planas y están formadas por protuberancias truncadas, mientras que en la *C. inornata* están elevadas y formadas a base de protuberancias afiladas (véase foto debajo derecha). Pólipos parduzcos, blanquecinos o rosas.
POSIBLE CONFUSIÓN: Esta especie puede confundirse fácilmente con la *Hoplangia durotix* así como con la *Polycyanthus muellerae,* aunque, en contraste con las especies del género *Caryophyllia*, estas otras especies siempre forman colonias.
HÁBITAT Y DISTRIBUCIÓN: frecuente en todo el Mediterráneo, sobre todo bajo saledizos y en cavernas. Desde aguas someras hasta grandes profundidades.
BIOLOGÍA: Tanto la *C. inornata* como también la *C. smithii* son especies vivíparas; sus huevos son fecundados en el interior mismo del cuerpo de la madre. Sobre las madréporas del género *Caryophyllia* suelen crecer cirrípedos de la especie *Megatrema anglicum,* aunque se desconoce si estos animales causan daños a la madrépora (parasitismo).

2 | *Hoplangia durotrix* —Familia *Hoplangiidae*

CAT— *Hoplangia durotrix*
FRA— *Hoplangia durotrix*
ING— Weymouth carpet coral
ALE— Zwergkoralle

CARACTERÍSTICAS: Las colonias alcanzan una talla comprendida entre los 10 y los 80 mm, formadas por entre 100 y 200 pólipos. El diámetro de los cálices es de unos pocos milímetros (en casos excepcionales hasta 6 mm); éstos pueden alcanzar una altura de 3 cm. Los septos tienen su extremo libre (carecen de columela). Pólipos de un color pardo claro y largos tentáculos.
POSIBLE CONFUSIÓN: La determinación exacta de la especie solo es posible observando los cálices, cuyos septos deben tener el extremo libre, sin estar unidos en el centro del cáliz a una columela. Este rasgo se distingue bien al observar los cálices de cerca.
HÁBITAT Y DISTRIBUCIÓN: Especie esciófila que suele crecer especialmente bajo salientes rocosos, y que en raras ocasiones se asocia a la madrépora amarilla (*Leptosammia pruvoti)* y al coral rojo *(Corallium rubrum).* Es frecuente en profundidades entre 15 y 35 m, y a un máximo de 60 m. Probablemente esté presente en todo el Mediterráneo; en el Atlántico se encuentra desde las islas Canarias hasta el canal de La Mancha.

3 | *Madracis pharensis* —Familia *Pocilloporidae*

CAT— *Madracis pharensis*
FRA— Madracis
ING— Cave star coral
ALE— Kleine Koloniekoralle

CARACTERÍSTICAS: Madrépora colonial con pequeños pólipos de 2-3 mm. Las colonias suelen estar formadas por un máximo de 50 pólipos.
POSIBLE CONFUSIÓN: Ninguna.
HÁBITAT Y DISTRIBUCIÓN: Especie esciófila que se encuentra en entradas de cavernas y bajo saledizos. Todo el Mediterráneo, y en el Atlántico tropical y subtropical.
BIOLOGÍA: En el Mediterráneo se conocen tanto formas esciófilas como formas provistas de zooxantelas (algas simbióticas), lo que les permite colonizar también lugares bien iluminados. En los mares tropicales las del género *Madracis* son importantes formadores de arrecifes coralinos.

1

2

3

1 | **Madrépora mediterránea** *Cladocora cespitosa* —Familia *Faviidae*

CAT— *Cladocora caespitosa*
FRA— Cladocore en touffe
ING— *Cladocora caespitosa*
ALE— Rasenkoralle

CARACTERÍSTICAS: Colonias semiesféricas, con formaciones crustáceas, a veces en forma arborescente o ramificada, que pueden alcanzar los 50 cm de talla. Los cálices (diámetro de 4-5 mm) tienen por fuera delgadas costillas longitudinales que discurren en paralelo. Los pólipos son blandos y de un color parduzco-translúcido.
POSIBLE CONFUSIÓN: Por la localización y tamaño de las colonias no cabe ninguna posibilidad.
HÁBITAT Y DISTRIBUCIÓN: Fotófila del infralitoral. Frecuente en todo el Mediterráneo, sobre sustratos duros como rocas, piedras y restos de conchas, y en fondos con bloques cubiertos de algas y en praderas de posidonia. Desde aguas someras hasta un máximo de 40 m de profundidad.
BIOLOGÍA: La coloración parduzca de las colonias se debe a la presencia en sus tejidos de algas simbióticas. Ello le permite ser la única especie colonial de corales pétreos que sería capaz de formar arrecifes. Los corales formadores de arrecifes en los trópicos son simbióticos con este tipo de algas. La forma de crecimiento depende en alto grado de las condiciones hidrodinámicas, distinguiéndose tres formas de crecimiento: 1) La semiesférica, que solo crece en lugares resguardados y que forma los bancos de *Cladocora*, 2) la forma cespitosa, que vive en lugares con fuertes corrientes y expuesta a la rompiente, y 3) la forma frágil, laxamente ramificada, propia de aguas tranquilas por debajo de los 15 m de profundidad. Los bancos de corales (no solo formados por *Cladocora)* alcanzan una altura de más de 3 m, una anchura superior a 4 m y una longitud mayor de 5 m. Estos bancos representan en el Mediterráneo la transición hacia los arrecifes coralinos tropicales. Ejemplo sobresaliente y, con 650 m^2, es el mayor banco de corales del Mediterráneo existente en un lago de agua salada de la isla Mljet (Croacia) que se extiende a una profundidad de 4 a 18 m (ver fotografía). Se encuentra inmediato a un canal que conecta el lago (protegido oficialmente) con el mar abierto. En este cuello de botella se producen intensas corrientes de las mareas que favorecen el crecimiento de los corales.
El "arrecife", como los de coral tropicales, pasa a través de numerosos hoyos, cavernas y grietas donde se puede asentar una flora y fauna muy ricas en especies.

2 | **Coral colonial oscuro** *Phyllangia mouchezii* —Familia *Caryophylliidae*

CAT— *Phyllangia mouchezii*
FRA— Madrépore colonial
ING— Dark colonial coral
ALE— Große Kelchkoralle

CARACTERÍSTICAS: Coral pétreo que suele formar colonias crustáceas, raramente erguidas, de hasta 10 cm de alto. El diámetro de los cálices suele ser de 1 cm; los tentáculos también miden 1 cm de largo. Pólipos de un color parduzco translúcido; tentáculos también translúcidos de color blancuzco, con puntos de color blanco claramente perceptibles (acúmulos de cápsulas urticantes).
POSIBLE CONFUSIÓN: Los cálices de *Phyllangia* son mayores y están más desarrollados que los de las especies de los géneros Polycyathus y *Hoplangia.*
HÁBITAT Y DISTRIBUCIÓN: Este madreporario es una especie esciófila de la zona coralígena. Crece preferentemente en los bordes inferiores de salientes rocosos. En todo el Mediterráneo.
BIOLOGÍA: Las especies de *Phyllangia* forman pequeñas colonias con pocos pólipos, aunque de buen tamaño. El contacto entre ejemplares aislados se puede llegar a perder secundariamente. Estas especies están muy extendidas en los mares tropicales.

1

2

1 Actinia piedra preciosa *Corynactis viridis* —Familia *Corallimorphariidae*

CAT— *Corynactis viridis*
FRA— Anémone-bijou
ING— Jewel-anemone
ALE— Schmuckanemone

CARACTERÍSTICAS: Diámetro máximo del disco oral de 1 cm. Tentáculos con extremos esféricos hinchados. Solitario. Extrema variación de su coloración: violeta, naranja, amarilla, verde o parda.
POSIBLE CONFUSIÓN: Este coralimórfido solo puede ser confundido con pequeños ejemplares de *Actinia equina,* aunque esta especie nunca presenta tentáculos con extremos esféricos.
HÁBITAT Y DISTRIBUCIÓN: Prefiere las costas umbrías (frecuentemente en paredes rocosas verticales) con una oscuridad relativa. También se encuentra en entradas de cavernas o bajo saledizos. En el Mediterráneo no es rara, siendo más frecuente su presencia en el Atlántico.
BIOLOGÍA: Representante de las anémonas coralinas o coralimórfidos, un grupo de cnidarios que posee algunos rasgos propios de los corales pétreos (madreporarios), aunque no desarrolla esqueletos calcáreos.

2 Anémona incrustante amarilla *Parazoanthus axinellae* —Familia *Parazoanthidae*

CAT— Anèmona incrustant groga
FRA— Anémone encroûtante jaune
ING— Yellow encrusting anemone
ALE— Gelbe Krustenanemone

CARACTERÍSTICAS: Colonias compactas, de un llamativo amarillo dorado. Sus pólipos, unidos por una masa corporal común, alcanzan una longitud máxima de 4 cm. Los pólipos tienen 34 tentáculos, en dos círculos alrededor de la abertura bucal. Las colonias forman grupos masivos.
POSIBLE CONFUSIÓN: Única especie del género *Parazoanthus* en el Mediterráneo. Es posible confundirla con especies del género *Epizoanthus* (8 especies de color distinto al amarillo en el Mediterráneo), La madrépora amarilla (*Leptopsammia pruvoti*), se diferencia claramente de la anémona incrustante amarilla por su esqueleto calcáreo solitario.
HÁBITAT Y DISTRIBUCIÓN: Esta escióflla crece en paredes verticales, saledizos, entradas de cuevas y otros sustratos duros libres de sedimentos, en aguas oscuras con una intensa corriente (necesidad de alimento). Desde 1 m hasta más allá de los 200 m, aunque a gran profundidad es más escasa y siempre se presenta en grandes grupos. También vive como epizoidal sobre ascidias del género *Microcosmus* y sobre esponjas del género *Axinella.* En el Mediterráneo y en el vecino Atlántico.
BIOLOGÍA: Según la riqueza de alimento llevado por la corriente es posible ver a los pólipos entre cerrados o poco desplegados y completamente abiertos y extendidos. Como la riqueza en plancton es más abundante por la noche, éste es el momento mejor para observar a los pólipos de esta anémona abiertos al máximo. La reproducción se da por vía sexual o asexual. En este último caso se da un tipo de gemación, con la escisión de fragmentos en forma de gotas o filamentos desde un tipo de cordones estoloníferos. Dichos fragmentos son llevados por la corriente hasta que colonizan algún fondo próximo. Los pólipos de esta especie no forman esqueleto calcáreo, empleando en su lugar espículas de esponjas, granos de arena y conchas de foraminíferos.

1

2

1 Coral negro *Antipathes subpinnata* —Familia *Antipathariidae*

CAT— Corall negre
FRA— Corail noir de Méditerranée
ING— Black coral
ALE— Schwarze Koralle

CARACTERÍSTICAS: Grandes corales arbustivos espinosos formadores de colonias. Esqueleto axial negro, quitinoso, no calcáreo, de consistencia córnea, con finas espinas, recubierto de una delgada corteza blanda. Los pólipos son pequeños, de color blanco, dispuestos en vertical respecto al eje, provistos de 6 tentáculos cortos con extremidad roma (1B). Estos pólipos están unidos entre sí por una masa basal común (cenosarco). Las espinas del esqueleto axial alcanzan 0,1 mm. Las colonias están muy ramificadas y sólidamente adheridas al sustrato y alcanzan hasta 2 m de alto.
POSIBLE CONFUSIÓN: Ninguna.
HÁBITAT Y DISTRIBUCIÓN: Especie esciófila del circalitoral Inferior; desde los 50 m hasta grandes profundidades, sobre suelos duros primarios y secundarios. Se trata de una especie rara, que solo se encuentra localmente en algunas zonas del Mediterráneo occidental y del Adriático.

BIOLOGÍA: El coral negro tiene unas elevadas exigencias respecto a su emplazamiento, sobre todo en lo que respecta a las corrientes marinas y a la disponibilidad de alimento. Los pólipos cuentan con sexos separados, aunque puede haber pólipos macho y hembra sobre una misma cepa. La formación de estas cepas se da asexualmente mediante gemación. Las zonas con mayor densidad de este tipo de corales son los mares tropicales, donde se conocen más de 100 especies diferentes. Los corales negros, como otros representantes de los corales espinosos, son codiciosamente extraídos del mar en muchos lugares, ya que su esqueleto axial pulido sirve para confeccionar objetos decorativos, o bien son vendidos como recuerdos turísticos. En otros tiempos, los corales negros fueron empleados en Europa y aún actualmente lo son en Asia con fines medicinales o como amuleto contra ciertas dolencias, a lo que deben su nombre genérico. Estos corales se alimentan del plancton llevado por las corrientes.

2 Anémona árbol *Gerardia savaglia* —Familia *Savaliidae*

CAT— *Gerardia savaglia*
FRA— Anémone buissonnante
ING— Bushy anemone
ALE— Stauchkoralle

CARACTERÍSTICAS: Los pólipos de color amarillo de esta anémona incrustante alcanzan hasta 3 cm, formando colonias de más de 1 m de alto. El disco basal de la colonia es llamativamente grande y se encuentra fijado al sustrato.
POSIBLE CONFUSIÓN: Única especie del género. Este coral arbustivo solo puede ser confundido con la gorgonla violácea *(Paramuricea clavata)*, aunque en dicha especie las partes básales de la colonia suelen tener coloración rojiza, mientras que las de *Gerardia* savaglia son de un amarillo uniforme y presentan pólipos ostensiblemente mayores.
HÁBITAT Y DISTRIBUCIÓN: Relicto cosmopolita del mar de Tetis. Especie esciófila del clrcalitoral. Sobre suelos duros en la zona coralífera, aunque es muy rara, viviendo a más de 30 m de profundidad. En el Mediterráneo occidental y en el Adriático.

BIOLOGÍA: Esta especie está estrechamente emparentada con los corales negros, pues las proteínas que forman sus esqueletos poseen las mismas secuencias de aminoácidos. Mientras que las anémonas zoanthidea no suelen tener esqueleto, la especie *Gerardia* constituye una excepción pues es capaz de producir un esqueleto córneo. Los investigadores de las colonias de *Gerardia* reunidos a bordo de la embarcación sumergible "Alvin", que trabaja a 600 m de profundidad, han descubierto anillos concéntricos en las secciones transversales del esqueleto de la especie. Posiblemente se trate de los "anillos anuales" que hacen posible una estimación de la edad. También existe una excepción a la regla— colonias tan grandes y espléndidas como las de las fotografías 2A y 2B se suelen desarrollar a enormes profundidades, pero las de las ilustraciones crecen en zonas de decenas de metros en el sudeste de Córcega, en el espacio natural protegido de las islas Lavezzi.

1A

1B

2A

2B

1 *Alcyonium acaule* —Familia *Alcyoniidae*

CAT— *Alcyonium acaule*
FRA— Alcyon méditerranéen
ING— Mediterranean sea-finger
ALE— Mittelmeer-Meerhand

CARACTERÍSTICAS: El género forma cepas masivas aisladas. La colonia alcanza un tamaño máximo de 10-15 cm. Es una especie con una coloración muy variable: amarillo pálido, rosa, rojo-anaranjado, pardo-rojizo y rojo-vino. Pólipos amarillos de hasta 5 mm. La colonia nunca es translúcida.
POSIBLE CONFUSIÓN: Puede ser confundida con la mano de muerto (A. *palmatum)*, aunque esta última tiene tentáculos pinnados con 11-13 pinnas en cada lado y sus pólipos son translúcidos.
HÁBITAT Y DISTRIBUCIÓN: Especie esciófila del circalitoral. Esta especie vive sobre rocas y en la zona coralífera entre los 12 (rara) y los 120 m de profundidad (y aun a mayor profundidad). Biología: Este tipo de coral blando no tiene ningún esqueleto axial, presentando un hidroesqueleto generado por la aspiración de agua llevada a cabo por unos pólipos especiales que bombean agua al interior (véase *Alcyonium palmatum).*

2 Mano de muerto *Alcyonium palmatum* —Familia *Alcyonlidae*

CAT— Maneta
FRA— Main de mer
ING— Red dead man's fingers
ALE— Große Meerhand

CARACTERÍSTICAS: Cepas masivas aisladas, con pólipos pinnados (11-13 pinnas) en cada lado del tentáculo. Pólipos blancuzcos de hasta 1 cm. La colonia puede presentar un color blanco, amarillo o rojo oscuro.
POSIBLE CONFUSIÓN: Especie fácilmente confundible con *Alcyonium acaule,* dada la gran variación de color de ambas especies. *Alcyonium palmatum* presenta pólipos siempre blancos. Ambas especies se diferencian también en el número de pinnas de los tentáculos (véase arriba).
HÁBITAT Y DISTRIBUCIÓN: Especie circalitoral que vive sobre piedras, conchas y sustratos duros secundarios, así como sobre detritos costeros, entre los 20 y los 200 m de profundidad.
BIOLOGÍA: Las especies del género *Alcyonium* poseen dos tipos de pólipos diferentes: los auto-zooides son pólipos bien desarrollados, provistos de cápsulas urticantes, que sirven para la captura de presas. Los sifonozooides son pólipos reducidos provistos de unos canales ciliados muy desarrollados, que sirven para bombear activamente agua al interior de la colonia, proporcionando estructura y turgencia.

3 Falso coral *Parerythropodium coralloides* —Familia *Alcyoniidae*

CAT— Fals corall
FRA— Falsa gorgonie rossa
ING— Encrusting alcyonarian
ALE— Krustenbildende Lederkoralle

CARACTERÍSTICAS: Estas colonias incrustantes viven sobre corales córneos a los que a veces llegan a recubrir por completo. Esta especie tiene un tacto áspero debido a las numerosas espículas esqueléticas presentes en todo el tejido y alojadas en los pólipos. Las colonias suelen ser rojas, y más raramente rosas, amarillas o blancas, con pólipos blancos o amarillos. Tamaño de los pólipos: unos 5 mm.
POSIBLE CONFUSIÓN: Las colonias de mayor tamaño pueden ser confundidas con la gorgonia violácea *(Paramuricea clavata),* aunque en esta especie los pólipos, tentáculos y eje siempre son de un color uniforme.
HÁBITAT Y DISTRIBUCIÓN: Esta especie llega a recubrir enteramente los esqueletos de gorgonias de los géneros *Eunicella, Paramuricea* y *Lophogorgia* en el circalitoral. También es posible encontrar la especie en la zona precoralígena recubriendo rocas y ascidias del género *Microcosmus.*
BIOLOGÍA: El falso coral es un tipo de parásito que compite por el espacio, aprovechándose de la gorgonia para alcanzar los lugares más expuestos a la corriente marina y por tanto más ricos en plancton. Las larvas del falso coral que alcanzan una gorgonia se adhieren a ésta y comienzan a competir con el tejido vivo de ésta por el espacio. El tejido vivo de la gorgonia se ve cada vez más reducido hasta que el "coral parásito" la recubre por completo.

1A

1B

2A

2B

3A

3B

1 *Clavularia carpediem*
—Familia *Clavulariidae*

CAT— *Clavularia carpediem*
FRA— Clavulaire commune
ING— Common clavularia
ALE— Große Clavularia

CARACTERÍSTICAS: Colonias constituidas por pólipos dispuestos muy próximos entre sí, en número de 35 a 150, que forman densos penachos. Los estolones se extienden en superficies de entre 2 y 20 mm de ancho.
POSIBLE CONFUSIÓN: El orden de los corales con ocho radios formadores de estolones (*Stolonifera, Octocorallia)* está representado en el Mediterráneo por 5 especies pertenecientes a 2 familias, todas ellas muy similares entre sí y solo diferenciables por especialistas.
HÁBITAT Y DISTRIBUCIÓN: Circalitoral que vive sobre roca mineral, sobre rocas cubiertas de algas calcáreas y sobre restos de corales córneos a profundidades comprendidas entre 15 y 200 m.
BIOLOGÍA: El género presenta unas protuberancias formadoras de una sustancia gelatinosa (coenénquima). En diferentes especies las envolturas gelatinosas del rizoide se sueldan entre sí formando una lámina que tapiza la hoja blastodérmica exterior, sobre la que emergen los pólipos.

2 *Paralcyonium spinulosum*
—Familia *Maasellidae*

CAT— *Paralcyonium spinulosum*
FRA— *Paralcyonium spinulosum*
ING— Brown alcyonarian
ALE— Braune Lederkoralle

CARACTERÍSTICAS: Coral blando que forma colonias de 2-5 cm de altura. Cepa común con 5 a 15 pólipos.
HÁBITAT Y DISTRIBUCIÓN: En el Mediterráneo occidental. Esta especie vive sobre rocas, en especial sobre suelos coralígenos y prefiere superficies horizontales ricas en sedimentos, en profundidades comprendidas entre 2 y 35 m.
BIOLOGÍA: Las colonias son difíciles de distinguir debido a su coloración parduzca y a la poca talla de las mismas. Ciertas investigaciones llevadas a cabo en Banyuls-sur-Mer han demostrado que pueden llegar a encontrarse hasta 32 colonias por metro cuadrado. Las colonias están unidas entre sí en la parte basal (rizoide) mediante estolones. Si se toca una colonia, se puede ver cómo en las colonias vecinas se repliegan sus pólipos. La coloración fundamental de estos animales se debe a las algas pardas simbióticas (zooxantelas).

3 Cornucopia *Cornularia cornucopiae*
—Familia *Cornulariidae*

CAT— *Cornularia cornucopiae*
FRA— Corail corne d'abondance
ING— Horn of Plenty coral
ALE— Füllhornkoralle

CARACTERÍSTICAS: Pólipos blancos de 1 cm de alto, con 8 tentáculos pinnados. La base de los pólipos se encuentra rodeada por una envoltura de color blanco-parduzco, en la cual se pueden retraer completamente. Los pólipos de una colonia se encuentran conectados con los de las colonias vecinas mediante estructuras rizoidales tubulares, los estolones.
POSIBLE CONFUSIÓN: El orden de los corales con 8 radios formadores de estolones (*Stolonifera, Octocorallia)* está representado en el Mediterráneo por 5 especies muy similares entre sí pertenecientes a 2 familias. *Cornularia cornucopiae,* en contraste con las demás especies (p. ej., *Clavularia carpediem),* se caracteriza por la falta de espículas en estolones y pólipos.
HÁBITAT Y DISTRIBUCIÓN: Esta especie esciófila se encuentra sobre rocas expuestas, cantos rodados o sobre rizomas de posidonia, entre la superficie y los 5 m de profundidad. Tampoco es raro verla crecer sobre la esponja *Spirastrella cunctatrix.* Prefiere emplazamientos con intensa corriente y entradas de cavernas.
BIOLOGÍA: Los estolones tubulares le permiten una rápida colonización de nuevos sustratos, pues la colonia se puede propagar de este modo mucho más velozmente que mediante gemación. La propagación mediante estolones le permite también evitar ser cubierta por otros competidores por el espacio. En caso necesario, esta especie puede liberar individuos sueltos que formarán nuevos pólipos en otros lugares.

1

2

3

1 | Coral rojo *Corallium rubrum* —Familia *Coralliidae*

CAT— Corall
FRA— Corail rouge
ING— Precious coral
ALE— Edelkoralle

CARACTERÍSTICAS: Coral córneo, cuyas colonias alcanzan una talla comprendida entre 5 y 30 cm. Las ramas terminales tienen un grosor de 3-15 mm. Las colonias se ramifican de forma rala e irregular. Los pólipos son blancos, contrastando con el color rojo oscuro del duro eje calcáreo. En raras ocasiones encontramos colonias blancas (1B)
POSIBLE CONFUSIÓN: Esta especie se puede confundir con *Parerythropodium coralloides,* falso coral que no llega a formar ningún esqueleto axial propio, sino que recubre gorgonias ya muertas. Otra posible confusión se podría dar con otro falso coral, *Myriapora truncata,* un representante de los briozoos. Esta especie coloniza los mismos emplazamientos, aunque es de un color naranja brillante, y los extremos de las ramificaciones parecen haber sido cortados.
HÁBITAT Y DISTRIBUCIÓN: Marcadamente esciófila, se encuentra en hendiduras de rocas, en techos de cavernas y bajo salientes de paredes rocosas y en la zona circalitoral. A grandes profundidades (a partir de 80 m) también crece de forma vertical en superficies despejadas. Es capaz de colonizar lugares desde la superficie (al abrigo de grutas) hasta más allá de 100 m, aunque lo más frecuente es encontrarla a unos 40 m. En el Mediterráneo occidental y en el Adriático.
BIOLOGÍA: Las colonias del coral rojo suelen presentar sexos separados. Los huevos son fecundados en el cuerpo del pólipo madre, desarrollándose allí mismo los embriones hasta su liberación en forma de larvas tipo plánula. Tras varios días de vida libre, las larvas se fijan a alguna superficie firme y se transforman en pólipos primarios, que forman una nueva colonia mediante gemación. El esqueleto axial del coral rojo ha conocido su uso como alhaja desde épocas precristianas. En torno a él se ha desarrollado una pequeña industria en la cual numerosos buceadores arriesgan su vida. Los lugares de extracción principales son Córcega, Cerdeña y Túnez, mientras que la industria de su transformación se encuentra asentada principalmente en Torre del Greco (Napóles). Hace décadas aún se extraían en el Mediterráneo colonias de hasta 1 m de alto y unos 30 kg de peso. El expolio ha causado que tales colonias sean muy raras dado el lento crecimiento de las mismas (2-8 mm al año).

2 | Gorgonia verrugosa *Eunicella verrucosa* —Familia *Plexauridae*

CAT— *Eunicella verrucosa*
FRA— Eventail de mer
ING— Broad sea fan, warty gorgonian
ALE— Warzige Gorgonie

CARACTERÍSTICAS: Las colonias de esta gorgonia alcanzan una altura de 25-50 cm. El eje esquelético es de un color entre pardo oscuro y negro, cubierto por una corteza de un blanco sucio o rosa salmón. Los cálices de los pólipos sobresalen de forma muy acusada, lo que causa el aspecto verrucoso de las ramas. El color de los pólipos varía entre un rosa salmón y un naranja pálido, siendo raramente blancos.
POSIBLE CONFUSIÓN: Véanse *Eunicella singularis* (gorgonia blanca) y *Lophogorgia ceratophyta* (gorgonia rojo-anaranjada).
HÁBITAT Y DISTRIBUCIÓN: Esciófila atlántica de la zona circalitoral, propia de suelos duros primarios y secundarios, sobre todo en la zona coralígena, y de forma excepcional también en suelos de sedimentos, aunque siempre sobre un subsuelo duro. Frecuente más allá de los 100 m de profundidad. En casos excepcionales se han encontrado ejemplares aislados a partir de 50 m. En el Mediterráneo es una especie rara, y solo alcanza hasta las costas occidentales de Córcega. Su área de mayor densidad es el Atlántico, en la región comprendida entre Escocia y Angola.
BIOLOGÍA: Las gorgonias o corales córneos con corteza del suborden *Holaxonia* poseen un eje esquelético interno constituido por una sustancia córnea, la gorgonina, que sirve de matriz filamentosa que da cohesión a las pequeñas espículas calcáreas (esclerita). Todo este eje flexible y elástico está rodeado por una corteza blanda, en la que los pólipos se alojan. Las colonias del Mediterráneo suelen ser de color blanco níveo. Existen dos gasterópodos marinos de igual color perfectamente camuflados que se alimentan de ella: el caracol marino *Simnia patula* y el nudibranquio *Tritonia nilsodhneri.*

1A
1B

2A

2B

1 Gorgonia amarilla *Eunicella cavolinii* —Familia *Plexauridae*

CAT— Gorgònia groga
FRA— Gorgone jaune
ING— Yellow gorgonian
ALE— Gelbe Gorgonie

CARACTERÍSTICAS: Sus colonias alcanzan una talla de hasta 50 cm. Diámetro de las ramas terminales de 1-3 mm. Los pólipos completamente desplegados miden unos 4 mm. Velocidad de crecimiento de 0,5-2 cm al año. Presentan ramas muy ramificadas, aunque de forma irregular, que forman normalmente un único plano casi perfecto, dispuesto en perpendicular a la corriente dominante. De color amarillo ocre o rojo anaranjado. Los pólipos, dispuestos sobre protuberancias que sobresalen, son entre blancos y amarillentos, careciendo de algas simbióticas.
POSIBLE CONFUSIÓN: Se puede confundir con la más rara *Eunicella verrucosa,* de un gris-blancuzco y cuyos pólipos se asientan sobre protuberancias que sobresalen mucho más. También es posible su confusión con la gorgonia rojo-anaranjada (*Lophogorgia ceratophyta*), aunque ésta se distingue por ser la única especie en la que las ramas se estrechan progresivamente hacia el extremo.
HÁBITAT Y DISTRIBUCIÓN: Esciófila que se asienta sobre fondos rocosos con fuertes desniveles, como en paredes verticales y salientes rocosos, entre los 5 y los 100 m. Es una de las gorgonias más frecuentes en todo el Mediterráneo, aunque puede faltar de forma local en algunas áreas.
BIOLOGÍA: En la disposición vertical de las comunidades de organismos, suele ocupar un posición superior a la violácea (*Paramuricea clavara*). Como se alimentan del plancton que extraen filtrando el agua, las colonias en forma de abanico se orientan siempre en perpendicular a las corrientes dominantes. También pueden colonizar zonas oscuras cercanas a la superficie del mar, en cuyo caso se orientan en paralelo a la superficie dado que la corriente dominante se da en vertical, debido a las subidas y bajadas del mar causadas por el oleaje. En zonas más profundas los abanicos se orientan en vertical, debido a que las corrientes en profundidad discurren en paralelo al fondo marino. Como todas las gorgonias, ésta también suele ser colonizada por organismos epibiontes. Dado que se seca bien y conserva su colorido, en algunos lugares suele ser extraída del mar para su venta como recuerdo para los turistas. En consideración a la protección de las especies marinas, no deberían ser adquiridos tales ejemplares de colonias muertas.

2 Gorgonia blanca *Eunicella singularis* —Familia *Plexauridae*

CAT— *Eunicella singularis*
FRA— Gorgone blanche
ING— White gorgonian
ALE— Weiße Gorgonie

CARACTERÍSTICAS: Gorgonia cuyas colonias alcanzan una altura de 30-70 cm. Silueta en forma de varillas; las pocas ramas paralelas se ramifican ya desde la base. Diámetro de las ramas terminales de 2-3 mm. Los pólipos desplegados miden unos 3 mm. Colonias de color blanco, con pólipos de un pardo translúcido que nacen de una protuberancia. El color de los pólipos se debe a la presencia de algas simbióticas.
POSIBLE CONFUSIÓN: La gorgonia blanca solo puede confundirse con la gorgonia verrucosa (E. *verrucosa),* aunque en ésta las protuberancias sobre las que nacen los pólipos son considerablemente mayores. Además, *E. verrucosa* forma colonias planas muy ramificadas.
HÁBITAT Y DISTRIBUCIÓN: Coloniza fondos rocosos horizontales, suelos blandos con rocas y depósitos de conchas entre los 5 y 60 m. Fotófila propia de la zona precoralígena, y del dominio superior circalitoral. Frecuente en el Mediterráneo occidental y en el Adriático.
BIOLOGÍA: Entre finales de junio y julio, los pólipos de las colonias hembra liberan enormes cantidades de larvas tipo plánula de un color rosado, que miden unos 2,5 mm. Este estadio larvario planctónico concluye al cabo de unas pocas semanas. Según estimaciones aproximadas, de cada 60.000 larvas solo sobrevivirá una, la cual formará una joven colonia de unos pocos milímetros que se establecerá en el fondo marino. La velocidad de crecimiento es de aproximadamente 1,5-4,5 cm al año.
En consideración a la protección de las especies marinas, no deberían adquirirse tales ejemplares de colonias muertas.

1

2A

2B

1 | **Gorgonia violácea, gorgonia de color variable** *Paramuricea clavata* —Familia *Paramuriceidae*

CAT— Graspallà fort
FRA— Gorgone rouge
ING— Violescent sea-whip
ALE— Farbwechselnde Gorgonie

CARACTERÍSTICAS: Colonias con forma de abanico, predominantemente ramificadas de forma irregular y abundante en un mismo plano. Pólipos llamativos, de unos 8 mm, erguidos y muy próximos a la rama de la que nacen. Coloración de un intenso rojo oscuro, con algunas partes de un amarillo brillante, que parcialmente pueden resultar predominantes. Pólipos claramente pinnados (rasgo característico del grupo *Octocorallia),* siempre del mismo color que el de su tejido cortical. Colonias de hasta 100 cm de alto.

POSIBLE CONFUSIÓN: El coral rojo *(Corallium rubrum)* se ramifica de forma rala y arbustiva, y presenta pólipos blancos translúcidos. Los pólipos de la gorgonia amarilla *(Eunicella cavolinii)* son blancos o amarillentos y se asientan sobre protuberancias que sobresalen claramente. El falso coral (*Parerythropodium coralloides)* puede presentar también cierta semejanza cuando recubre colonias de gorgonia blanca *(Eunicella singularis);* generalmente suele presentar una coloración roja, aunque el cuerpo de los pólipos y los tentáculos son siempre de un tono entre blancuzco y amarillento.

HÁBITAT Y DISTRIBUCIÓN: Ocasionalmente se presenta de forma masiva; sobre rocas y en paredes verticales a partir de los 10 m y hasta más allá de los 100 m de profundidad. Especie esciófila del circalitoral. En la zona coralígena y en emplazamientos umbríos de restos de navios naufragados. Es una especie endémica del Mediterráneo, de la cuenca occidental y del Adriático. Su presencia es significativa en la Costa Brava (España), en la Cote Vermeille y Costa Azul (Francia), en Córcega y Cerdeña, en la costa de Liguria (Italia), en las islas de Elba, Giglio, Giannutrie, Monte Cristo, Capri, Isquia, y en el estrecho de Messina. No se encuentra en las costas de Malta y Gozo.

BIOLOGÍA: Las gorgonias o corales córneos con corteza del suborden *Holaxonia* poseen un eje esquelético interno constituido por una sustancia córnea, la gorgonina, que sirve de matriz filamentosa que da cohesión a las pequeñas espículas calcáreas (esclerita). Todo este eje flexible y elástico está rodeado por una corteza blanda, en la que los pólipos se alojan.

Los llamativos colores y la gran talla, ocasionalmente de varios metros, de las gorgonias violáceas, hacen de las colonias de esta especie una de las comunidades más atractivas de ver en el Mediterráneo para los buceadores, rivalizando con la majestuosidad y riqueza de color de otras formaciones propias de zonas tropicales. El nombre común de la especie "gorgonia de color variable", así como su antiguo nombre latino (*Paramuricea chamaeleon)* aluden a la existencia de diferentes variantes cromáticas de la especie: en algunos lugares se encuentran colonias exclusivamente de color rojo, incluso rojo intenso a violeta, mientras que en otras costas predominan otras de un rojo-amarillento. Los biólogos marinos piensan que estos cambios de color se deben a las diferencias en la alimentación de las gorgonias de unas y otras zonas. La gorgonia violácea se alimenta, como las demás gorgonias, de plancton, el cual es capturado de la corriente de agua por unos pólipos dotados de cápsulas urticantes. Los pólipos están más o menos replegados, en función de la intensidad de la corriente y por tanto del alimento disponible. En los emplazamientos más expuestos a la corriente, suelen crecer numerosas colonias juntas, las cuales crecen en forma de abanicos dispuestos en perpendicular a la corriente dominante. La velocidad de crecimiento de las colonias se estima en 1-6 mm al año. Las gorgonias violáceas sirven de sustrato de crecimiento a numerosos organismos que las colonizan. Frecuentemente se encuentran sobre ellas gusanos con tubos calcáreos (poliquetos del género *Filograna),* un tipo de bivalvos conocidos como pajaritas (*Pteria hirundo)* y numerosos hidrozoosquesesírvendelas gorgonias para alcanzar una posición más alta y ventajosa para capturar su alimento.

Sobre las ramas de las diferentes especies de gorgonias, si se observan detenidamente, se encuentran a veces unos minúsculos caracoles marinos de 15 mm (*Simnia spelta).* Este gasterópodo perfectamente adaptado a vivir sobre las gorgonias se alimenta específicamente de los tejidos vivos axiales de las gorgonias y de sus pólipos.

1

1 Gorgonia rojo-anaranjada *Lophogorgia ceratophyta* —Familia *Gorgoniidae*

CAT— *Lophogorgia ceratophyta*
FRA— Gorgone sarmenteuse
ING— Orange gorgonian
ALE— Orangene Fächerkoralle

CARACTERÍSTICAS: Gorgonia con colonias de 20-80 cm de alto. Las ramificaciones apicales tienen un diámetro de 1 mm. Los pólipos son tan pequeños como sus cálices (un máximo de 1,5 mm). Su color entre el amarillo limón y el violeta, pasando por el rojo, aunque la mayoría de ejemplares suelen ser naranjas. Esta especie es fácil de identificar gracias a las ramificaciones como filigranas.
POSIBLE CONFUSIÓN: Las ramas de la gorgonia rojo-anaranjada son finas y acaban en punta, en contraste con las de las demás gorgonias del Mediterráneo.
HÁBITAT Y DISTRIBUCIÓN: Esciófila que crece de forma erguida, sobre todo sobre sustratos duros cubiertos por sedimentos en la zona coralígena. Entre los 10 y los 250 m. En el Mediterráneo occidental y en el Atlántico, desde Sables-d'Olonne (Francia) hasta Agadir (Marruecos).
BIOLOGÍA: Esta especie tiene una velocidad de crecimiento de 2,5-5 cm al año.

2 *Pteroeides spinosum* —Familia *Pteroeididae*

CAT— *Pteroeides spinosum*
FRA— *Pteroeides spinosum*
ING— *Pteroeides spinosum*
ALE— Stachelige Seefeder

CARACTERÍSTICAS: Colonia en forma de pluma con peciolo engrosado; los pólipos crecen en hileras transversales. Las hojas laterales están reforzadas por radios esqueléticos y sobresalen claramente como espinas más allá del borde de las hojas. Colonias de color blancuzco, amarillo grisáceo o parduzco. Pólipos más claros y peciolo pardo.
POSIBLE CONFUSIÓN: Es la única especie del género en el Mediterráneo.
HÁBITAT Y DISTRIBUCIÓN: En suelos blandos arenoso-limosos entre los 35 y 250 m de profundidad.
BIOLOGÍA: La colonia de esta pluma de mar presenta pólipos con diferente especialización, comunicados entre sí: un pólipo fundador muy engrosado forma el eje principal, a partir del cual se desarrollan numerosos pólipos. Algunos de estos se dedican a capturar el alimento, mientras que otros se dedican a aspirar agua y a volver a expelerla. Por la noche la colonia se encuentra más hidratada, lo que le permite desplegarse al máximo. Por el día las plumas de mar suelen yacer flácidas sobre el sedimento. Pueden anclarse al suelo de forma activa: el extremo que sirve de pie del eje principal sin pólipos puede aumentar por hidratación y volver a disminuir por compresión de los músculos anulares y longitudinales. Cuando una pluma de mar quiere enterrarse en el sustrato, arquea su ápice formando un ángulo recto con el subsuelo. Mediante la hidratación y deshidratación del ápice, logra practicar una pequeña hondonada que va haciendo cada vez más profunda, hasta que el extremo del peciolo se entierra. Posteriormente, la colonia puede erguirse de nuevo.

3 *Veretillum cynomorium* —Familia *Veretillidae*

CAT— *Veretillum cynomorium*
FRA— Carotte de mer
ING— Finger shaped sea pen
ALE— Zylindische Seefeder

CARACTERÍSTICAS: Única especie del género en el Mediterráneo. Las colonias más desarrolladas pueden alcanzar una altura de 80 cm. Esta especie está compuesta por un pedúnculo sin pólipos y un eje esquelético central sobre el que se disponen radlalmente hasta 500 pólipos con 8 tentáculos. Los pólipos pueden medir hasta 8 cm de largo.
POSIBLE CONFUSIÓN: Cilíndrica, vive sobre suelos arenoso-limosos entre los 20 y los 120 m. Distribución geográfica: Mediterráneo occidental, Atlántico desde Sudáfrica hasta el golfo de Vizcaya.
BIOLOGÍA: Las colonias pueden adoptar una forma comprimida, tubular o hinchada y espigada (sobre todo por la noche). Como todas las plumas de mar, puede modificar su estado de despliegue de forma activa, bombeando agua hacia su interior o expeliéndola de nuevo al exterior. La estructura que le permite este tipo y forma de estabilización del cuerpo recibe el nombre de "hidroesqueleto".

1

2

3

1 Sertella septentrionalis
—Familia *Phidoloporidae*

CAT— *Sertella septentrionalis*
FRA— Dentelle de Venus
ING— Neptune's Lace
ALE— Neptunsschleier

CARACTERÍSTICAS: Tamaño de hasta 10 cm. Las colonias de esta especie forman erectas superficies reticulares y onduladas, con estructura de filigrana. Color: las colonias vivas de un rosa salmón o amarillo pálido.
POSIBLE CONFUSIÓN: Debido a sus estructuras características reticulares en forma de abanico, es difícil que se confunda con otras especies mediterráneas. Hábitat y distribución: Forma que vive en la umbría del circalitoral. Todo el Mediterráneo, siendo especialmente frecuente en su región norte y en zonas del Atlántico oriental.
BIOLOGÍA: Los briozoos son organismos generalmente esciófilos, que prefieren asentarse en salientes, nichos, grietas y entradas de grutas en litorales rocosos; algunas formas colonizan también con regularidad praderas marinas, en la zona de las raíces o sobre las hojas, donde forman delgados tapices. Los mayores y más bellos ejemplares se encuentran a menor profundidad, aunque sólo en emplazamientos umbríos y protegidos. También son un componente habitual de las comunidades de las grutas submarinas. A partir de los 25 m se suelen hacer más abundantes conforme se hace más patente la falta de luz. Las llamativas formas propias del Mediterráneo suelen presentar un color entre amarillo anaranjado y rojizo. Están intensamente calcificadas y son muy quebradizas, por lo que las colonias mayores son características de lugares protegidos, donde no hay gran agitación del agua.

2 Reteporella elegans
—Familia *Phidoloporidae*

CAT— *Reteporella elegans*
FRA— Rétéporelle élégante
ING— *Reteporella elegans*
ALE— Zierliches Fächer-Moostierchen

CARACTERÍSTICAS: Tamaño habitual de hasta 5 cm. Constituye colonias con forma de abanico con ramificaciones en un mismo plano. Color de un blanco amarillento pálido.
POSIBLE CONFUSIÓN: Hay toda una serie de especies, incluso de otros géneros, con una forma de crecimiento similar, sólo identificables por los especialistas.
HÁBITAT Y DISTRIBUCIÓN: Especie circalitoral. En zonas umbrías de los litorales rocosos. En todo el Mediterráneo, en grutas submarinas en las costas de Malta.
BIOLOGÍA: Los briozoos son organismos típicamente filtradores. Con ayuda de sus tentáculos pueden generar en sus inmediaciones pequeñas corrientes de agua. Los tentáculos independientes están provistos de una gran cantidad de pequeños cilios que son los que baten el agua para crear la corriente de agua, la cual fluye hacia el embudo de tentáculos, saliendo por el espacio entre éstos. De este modo el animal captura las partículas de alimento que llegan girando en pequeños torbellinos y que son interceptadas por los tentáculos, siendo posteriormente conducidas a la boca por otros cilios básales.

3 Frondipora verrucosa
—Familia *Frondiporidae*

CAT— *Frondipora verrucosa*
FRA— Frondipore verruqueux
ING— *Frondipora verrucosa*
ALE— Verwachsenes Moostierchen

CARACTERÍSTICAS: Hasta 5 cm. Esta especie forma pequeñas colonias rechonchas con ramas de sección circular, ramificadas de forma dicotómica, y que en la parte inferior suelen estar soldadas e imbricadas entre sí. Color: entre pardo-amarillento claro y verde amarillento.
POSIBLE CONFUSIÓN: Es relativamente fácil de reconocer gracias a la forma de sus colonias.
HÁBITAT Y DISTRIBUCIÓN: Sobre suelos rocosos. Por debajo de los 25 m; en todo el Mediterráneo, y en algunas zonas del Atlántico oriental.
BIOLOGÍA: Forman colonias compuestas por gran cantidad de individuos. Los Individuos (autozooides) de una colonia presentan una corona de tentáculos adaptada a la captura de partículas de alimento. Los individuos sin tentáculos (vibracularia) están provistos de una cerda tipo flagelo con el que barren hacia fuera. Hay otro tipo de Individuos con forma de tenaza (avicularia), que también sirven a esta función de "limpieza" de la colonia capturando y eliminando larvas y pequeños organismos. Esta "limpieza" hace que la colonia no se vea cubierta por organismos colonizantes. Algunos briozoos también poseen otro tipo de individuos, los quenozooides, con funciones de sustento y anclaje como pedúnculo o "raíz" de la colonia. Finalmente, están los gonozooides o Individuos reproductores, para la reproducción sexual.

1

2

3

1 | Falso coral *Myriapora truncata* —Familia *Myriaporidae*

CAT— *Myriapora truncata*
FRA— Faux corail
ING— False Coral
ALE— Trugkoralle

CARACTERÍSTICAS: Ejemplares de hasta 10 cm de diámetro (raramente más de 20 cm) y una altura de hasta 15 cm. Sus colonias de aspecto arbustivo presentan ramas con ramificaciones regulares con sección circular y numerosas perforaciones como poros fácilmente perceptibles, que son las aberturas de los individuos coloniales, los zooides. Sus extremos romos dan la sensación de ramas cortadas o mordidas. Color de un vivo rojo anaranjado brillante; las partes muertas de un blanco-verdoso sucio.
POSIBLE CONFUSIÓN: Esta especie puede confundirse a veces con el coral rojo *(Corallium rubrum)* debido a sus semejanzas en el color y en la forma de crecimiento. Sin embargo, el coral rojo puede distinguirse fácilmente por sus ramas irregularmente engrosadas y con extremos más delgados, la coloración de un rojo intenso y los pólipos desplegados de color blancuzco.
HÁBITAT Y DISTRIBUCIÓN: Especie circalitoral. En zonas umbrías del litoral rocoso. En todo el Mediterráneo y en partes del Atlántico oriental.
BIOLOGÍA: En todas las especies de briozoos el crecimiento de la colonia tiene lugar de forma asexual mediante gemación. Inicialmente se parte de un individuo resultante de la reproducción sexual, conocido como ancéstrula o zooide primario, desarrollado a partir de una larva. Por gemación del zooide primario se originan otros individuos hijos que a su vez se reproducen también por gemación hasta que la colonia queda formada. Finalmente tiene lugar de nuevo la reproducción sexual de los individuos, mayoritariamente hermafroditas, que liberan numerosas larvas al agua.

2 | *Schizotheca serratimargo* —Familia *Phidoloporidae*

CAT— *Schizotheca serratimargo*
FRA— *Schizotheca serratimargo*
ING— *Schizotheca serratimargo*
ALE— Elchgeweih-Moostierchen

CARACTERÍSTICAS: Diámetro mayor de 20 cm (raramente hasta 30 cm) y altura de unos 20 cm. Las ramas de. la colonia están muy achatadas, dando el aspecto de la cornamenta de un alce por su compacta forma de crecimiento, ramificación y extremos redondeados de las ramas. Color: entre salmón pálido y rojo anaranjado intenso.
POSIBLE CONFUSIÓN: Suele confundirse con otro briozoo de la especie *Pentapora fascialis,* también con aspecto de cornamenta de alce, aunque esta otra especie tiene ramas más anchas y muestra una menor ramificación dicotómica de sus ramas y una forma algo más foliácea.
HÁBITAT Y DISTRIBUCIÓN: Especie circalitoral del litoral rocoso. Esta especie prefiere aguas más cálidas. En todo el Mediterráneo, de donde es endémica.
BIOLOGÍA: Los briozoos son animales de diminuto tamaño, que forman colonias. Los individuos aislados se denominan zooides y normalmente miden menos de 0,5 mm. La corona de tentáculos puede retraerse mediante la acción de un músculo y en muchas especies la abertura del caparazón se puede cerrar con una pequeña tapa para proteger al animal. La parte posterior del individuo constituye el caparazón en forma de caja y se denomina cístido, mientras que la parte extensible anterior del cuerpo junto con la corona de tentáculos recibe el nombre de polípido.

3 | *Margaretta cereoides* —Familia *Margarettidae*

CAT— *Margaretta cereoides*
FRA— Bryozoaire cactus-cierge
ING— *Margaretta cereoides*
ALE— Röhrenbusch-Moostierchen

CARACTERÍSTICAS: Talla hasta 10 cm. Colonias arborescentes con ramas tubulares irregularmente ramificadas. Color: pardo-amarillento o pardo-rojizo.
POSIBLE CONFUSIÓN: No se confunde con ningún otro briozoo.
HÁBITAT Y DISTRIBUCIÓN: Sobre suelos rocosos y frecuentemente en la zona de raíces en las praderas marinas. En todo el Mediterráneo; en zonas del Atlántico oriental.
BIOLOGÍA: Casi todas las especies vivas viven en el mar, siendo raras las especies de agua dulce. Muchas forman coberturas incrustantes que al ser arrancadas semejan tapices de musgos, pero todo el grupo recibe el nombre de briozoo, que proviene de su nomenclatura científica (griego— bryon = musgo, zoa = animal)

1
2
3

1 Adeonella calveti
—Familia *Adeonidae*

CAT— *Adeonella calveti*
FRA— Adéonelle
ING— *Adeonella calveti*
ALE— Strauch-Moostierchen

CARACTERÍSTICAS: Talla hasta 15 cm, aunque generalmente menor. Colonias con aspecto arbustivo, con ramas achatadas, ramificadas e irregularmente arqueadas. Superficie con orificios como poros. Color: amarillo crema, con las partes muertas verdosas por el crecimiento de algas.
POSIBLE CONFUSIÓN: Muy similar y sólo distinguible por especialistas es *A. polystomella.*
HÁBITAT Y DISTRIBUCIÓN: Sobre suelos duros. Típico de habitante de zonas cavernosas en semiumbría a partir de unos pocos metros de profundidad. En el Mediterráneo, de donde es endémica.
BIOLOGÍA: Dado el pequeño tamaño de los individuos que constituyen las colonias de briozoos, éstos no tienen sistema de transporte, de modo que carecen de vasos sanguíneos o de órganos de excreción. Los zooides tampoco cuentan con órganos especiales de respiración. El transporte de gases y sustancias se produce por difusión. Ello es sólo posible en el caso de individuos tan pequeños como los zooides que constituyen los briozoos, en los que la relación entre la superficie y el volumen corporal es muy alta. Ello implica que en el interior corporal, cualquier punto dista muy poco de la superficie del animal. En el caso de los autozooides, el Intercambio de gases tiene lugar fundamentalmente por la corona de tentáculos, dada su relativamente gran superficie.

2 Reptadeonella violacea
—Familia *Adeonidae*

CAT— *Reptadeonella violacea*
FRA— Bryozoaire encroûtant noir
ING— *Reptadeonella violacea*
ALE— Violettes Krusten-Moostierchen

CARACTERÍSTICAS: Esta especie desarrolla formas incrustantes sobre los sustratos más diferentes, incluyendo algunos expuestos. Color: pardo oscuro, con brillo ligeramente violáceo.
POSIBLE CONFUSIÓN: Puede confundirse con otras especies de briozoos incrustantes.
HÁBITAT Y DISTRIBUCIÓN: Recubre todo tipo de sustratos duros. También se asienta en emplazamientos bien iluminados. Desde aguas someras hasta mayores profundidades. En todo el Mediterráneo y en distintas zonas del Atlántico oriental.
BIOLOGÍA: No es frecuente y no suele ser percibida por los buceadores. Para otras generalidades sobre el ciclo vital de los briozoos, véase el apartado de biología de otras especies de briozoos.

3 Hornera frondiculata
—Familia *Horneridae*

CAT— *Hornera frondiculata*
FRA— Hornère frondiculée
ING— *Hornera frondiculata*
ALE— Fächer-Moostierchen

CARACTERÍSTICAS: Talla generalmente de hasta 7 cm. Colonia en forma de abanicos con ramas de sección circular, fundamentalmente en un solo plano. Las ramas parecen poseer pequeñas protuberancias al tener los zooides un caparazón algo prominente.
POSIBLE CONFUSIÓN: Hay algunas especies de otros géneros con una forma de crecimiento muy similar (véase *Reteporella elegans*).
HÁBITAT Y DISTRIBUCIÓN: Sobre suelos duros. En las regiones del norte y oeste del mar Mediterráneo, a mayor profundidad; en las del sur esta especie se encuentra en aguas menos profundas. En todo el Mediterráneo; en diferentes zonas del Atlántico oriental.
BIOLOGÍA: Además del crecimiento asexual que experimenta una colonia por gemación, los briozoos también cuentan con reproducción sexual. La mayoría de las especies son hermafroditas y producen tanto gametos femeninos como masculinos. En unas cámaras de incubación especiales se desarrollan los ovocitos fecundados, hasta que las abandonan en estado larvario. Las larvas suelen ser aplanadas, en forma de moneda. Durante un cierto tiempo viven una fase planctónica, siendo arrastradas por las corrientes submarinas. Al final de dicha fase se dejan caer hasta el fondo, donde se asientan sobre un sustrato colonizable apropiado. Mediante gemaciones sucesivas dicha larva se multiplica asexualmente hasta desarrollar una nueva colonia.

1

2

3

1 Planaria roja *Prostheceraeus splendidus* —Familia *Euryleptidae*

CAT— *Prostheceraeus splendidus*
FRA— Ver plat rose de Méditerranée
ING— Pink flatworm
ALE— Schwarzer Gelbrand-Plattwurm

CARACTERÍSTICAS: Longitud hasta 5 cm. Cuerpo muy aplanado, oval y en forma de hoja, con los bordes relativamente ondulados. Color: entre negro y negro-azulado oscuro con borde amarillo-anaranjado, con la cara exterior con una fina arista negra.
POSIBLE CONFUSIÓN: Ninguna conocida.
HÁBITAT Y DISTRIBUCIÓN: Sobre diferentes sustratos duros y sobre todo tipo de colonias de organismos, bajo piedras, y en sistemas de galerías y grietas de los fondos rocosos. Desde unos pocos metros hasta más allá de los 50 m de profundidad. En todo el Mediterráneo y en zonas del Atlántico oriental.
BIOLOGÍA: Los turbelarios constituyen una clase que agrupa más de 3.000 especies que forman parte del filum de los platelmintos. En su mayoría, los turbelarios son pequeños organismos que no superan una longitud de unos pocos milímetros. Sin embargo, también existen algunas especies interesantes de observar del orden *Polycladida,* al que pertenecen todas las especies de turbelarios ilustrados en estas páginas. El nombre alude a la abundante ramificación del intestino de estos seres (del griego *polys,* mucho, y *klados,* rama). Este orden formado casi exclusivamente por organismos marinos incluye turbelarios de un tamaño relativamente grande, de varios centímetros (raramente mayor de 8 cm) y con una vistosa coloración. Se pueden observar sobre todo en las zonas del litoral y están extendidos por todo el mundo, tanto en mares tropicales como en otros más fríos. Muchas de estas grandes formas marinas se denominan a veces de forma incorrecta planarias, aunque estos otros turbelarios pertenecen al orden *Tricladida,* así llamados por dividirse su intestino en tres.
Tampoco resulta raro que los policládidos sean confundidos con los nudibranquios, un tipo de babosas marinas. Los policládidos se diferencian de estos últimos por presentar un cuerpo extremadamente plano (incluso los nudibranquios más delgados son más gruesos que los organismos que nos ocupan); además, los nudibranquios siempre presentan apéndices branquiales bien visibles en su parte posterior.

2 *Prostheceraeus giesbrechtii* —Familia *Euryleptidae*

CAT— *Prostheceraeus giesbrechtii*
FRA— Ver plat bleu de Méditerranée
ING— Prostheceraeus roseus giesbrechtii
ALE— Variabler Plattwurm

CARACTERÍSTICAS: Longitud hasta 3 cm. Cuerpo muy aplanado, oval y en forma de hoja. Presentan dos tentáculos en la cabeza que resultan del pliegue del borde anterior de su cuerpo. Se conocen dos variantes cromáticas de esta especie: la forma 1 (2A) es de color rojo rosado a rosa con un reborde estrecho de color blanco y finas líneas blancas longitudinales; la forma 2 es azulada, con líneas longitudinales blancas y una banda amarilla a lo largo de la línea central (2B). Forma blanca, traslúcida con una línea central intensamente blanca (2D).
POSIBLE CONFUSIÓN: Gracias a su coloración característica con bandas longitudinales blancas no se confunde con ninguna otra especie.
HÁBITAT Y DISTRIBUCIÓN: Sobre diferentes sustratos duros, sobre distintos tipos de colonias vegetales y animales, bajo piedras y en los sistemas de grietas y poros de los fondos rocosos. Desde aguas superficiales hasta más allá de los 50 m de profundidad. Presente en todo el Mediterráneo; en zonas del Atlántico oriental y en Madeira.
BIOLOGÍA: Algunos autores consideran que las dos variantes cromáticas constituyen especies diferenciadas, denominando *Prostheceraeus roseus* a la forma rosada y R *giesbrechtii* a la azulada. Como todos los turbelarios policlados, estos organismos presentan un cuerpo muy blando con simetría bilateral cubierto de cilios no visibles a simple vista, los cuales les sirven para deslizarse de forma elegante y sorprendentemente rápida sobre el suelo. Las especies de mayor tamaño también pueden nadar durante un breve tiempo mediante movimientos ondulantes realizados con todo su cuerpo y especialmente con los bordes laterales, aunque ello es difícil de ver.

1

2A

2B

2C

2D

1 Platelminto blanco *Prostheceraeus vittatus*
—Familia *Euryleptidae*

CAT— *Prostheceraeus vittatus*
FRA— Grande planaire rayée
ING— Candy-stripe flatworm
ALE— Weißer Plattwurm

CARACTERÍSTICAS: Longitud normal hasta 3 cm. Cuerpo muy aplanado, oval y en forma de hoja. Borde delantero del cuerpo plegado para formar dos tentáculos. Color entre blanco lechoso y crema, con bandas longitudinales oscuras y un delgado borde blanco.
POSIBLE CONFUSIÓN: Ninguna.
HÁBITAT Y DISTRIBUCIÓN: Sobre sustratos duros y diversas colonias de organismos. Desde aguas someras hasta más allá de 50 m de profundidad. En todo el Mediterráneo; en zonas del Atlántico oriental, en el canal de la Mancha y en el mar del Norte.

BIOLOGÍA: Los policlados se alimentan de otros animales a los que localizan mediante estímulos químicos, como esponjas, briozoos, moluscos y ascidias, e incluso algún pequeño invertebrado de vida libre. Estos turbelarios reptan sobre su presa y proyectan hacia fuera su faringe plegada, localizada normalmente en la parte central de su cuerpo. Dado que carecen de ano, los restos indigeribles deben ser expulsados de nuevo a través de su boca. La faringe se prolonga en un intestino extremadamente ramificado, que llega a todas las regiones corporales, lo que permite la distribución de los nutrientes mediante difusión.

2 Gusano plano marrón *Pseudoceros maximus*
—Familia *Pseudocerotidae*

CAT— *Pseudoceros maximus*
FRA— Ver plat marron tacheté
ING— Large horned flatworm
ALE— Großer Horn-Plattwurm

CARACTERÍSTICAS: Longitud hasta 4 cm. Cuerpo muy aplanado, oval y en forma de hoja. Borde delantero del cuerpo con dos pliegues tentaculares. Color parduzco con numerosas manchas claras y borde blancuzco. Se conoce una segunda variante cromática al menos presente en el Atlántico oriental (Madeira), de color pardo mucho más claro y que además de manchas claras tiene otras más oscuras, presenta también bandas cortas y un borde oscuro muy fino.
POSIBLE CONFUSIÓN: A pesar de las variaciones de color, es relativamente fácil de identificar.
HÁBITAT Y DISTRIBUCIÓN: Sobre sustratos duros y diversas colonias de organismos. En todo el Mediterráneo y en zonas del Atlántico oriental, entre ellas Madeira.

BIOLOGÍA: Incluso los turberlarios marinos de mayor tamaño suelen pasar desapercibidos a los submarinistas. Ello también se debe a que estos animales se refugian en los laberintos de grietas y cavidades del litoral rocoso. Al carecer de esqueleto rígido presentan una flexibilidad extraordinaria, lo que unido a su cuerpo plano les permite introducirse por las grietas más estrechas. De todos modos no son animales recelosos, pudiendo ser observados también de día. Los peces evitan su ingesta, por lo que parece que segregan sustancias venenosas o repelentes, de modo similar a los nudibranquios. La llamativa coloración de muchas especies podría tener relación con esta cuestión, actuando como señal de advertencia a los posibles predadores.

3 Planaria maculata *Prostheceraeus moseleyi*
—Familia *Euryleptidae*

CAT— *Prostheceraeus moseleyi*
FRA— Planaire tachetée
ING— Mosley's Flatworm
ALE— Gefleckter Plattwurm

CARACTERÍSTICAS: Longitud de 3 a 4 cm. Cuerpo oval en forma de hoja. Blanco lechoso, amarillo claro hasta grisáceo con numerosas manchitas oscuras o negras, a veces también manchas violetas a lo largo de la mitad del cuerpo; abdomen claro con pelillos que utiliza para desplazarse. Puede nadar o arrastrarse. Dos tentáculos de color violeta.

HÁBITAT Y DISTRIBUCIÓN: Desde aguas someras hasta unos 30 m de profundidad. En el Mediterráneo, en el Atlántico oriental hasta Bretaña y el mar del Norte.
BIOLOGÍA: Es hermafrodita, como todos los platelmintos, se fecundan mutuamente y guardan el semen. Después de que cada animal haya producido huevos son fecundados directamente con el esperma.

1

2

3

1 *Pseudoceros sp.*
—Familia *Pseudocerotidae*

CAT— *Pseudoceros sp.*
FRA— Ver plat de One Tree
ING— Dawn flatworm
ALE— Schwarzer Plattwurm

CARACTERÍSTICAS: El ejemplar de la figura mide unos 5 cm.
HÁBITAT Y DISTRIBUCIÓN: Este ejemplar fue descubierto en la isla de Brac (Croacia), a 10 m de profundidad.
BIOLOGÍA: Para hacer una identificación precisa de los platelmintos se suele necesitar investigaciones muy detalladas. En la parte inferior de su cuerpo se encuentra la boca de faringe protráctil y aparato genital masculino y femenino, y el suborden *Cotylea* presenta una ventosa en el centro del cuerpo. Sin embargo, estas características y su disposición solo se pueden reconocer en la práctica con lentes de aumento y sobre cuerpos muertos y disecados de estos animales. Los científicos se sirven de tales características para la identificación de la especie. Además cada vez es más frecuente el uso de métodos de genética molecular. La identificación segura del género solo es posible por parte de especialistas que utilizan pruebas de laboratorio. Por lo demás, estos animales no muestran ningún otro rasgo distintivo. Son muchos, sobre todo entre los aficionados, los que utilizan patrones de color para proceder a la identificación. Por desgracia, esto es totalmente insuficiente para muchas especies, aunque funciona relativamente bien con las especies *Pseudoceros y Pseudobiceros.* Pero, por principio, la identificación a base exclusivamente de patrones cromáticos es muy insegura. Hay especies que pueden pertenecer a familias distintas y, sin embargo, ofrecer idénticos patrones de coloración.

2 *Eurylepta sp. Eurylepta cornuta*
—Familia *Euryleptidae*

CAT— *Eurylepta sp.*
FRA— *Eurylepta sp.*
ING— *Eurylepta sp.*
ALE— Gesprenkelter Plattwurm

CARACTERÍSTICAS: El ejemplar de la figura mide unos 2,0 cm.
HÁBITAT Y DISTRIBUCIÓN: Este ejemplar fue descubierto en las islas Eolias (Italia) sobre roca volcánica, a 4 m de profundidad.
BIOLOGÍA: La zona de la cabeza de este turbelario está enriquecida con células nerviosas y sensoriales. Las células fotosensibles se reúnen en numerosos ocelos en la zona de la cabeza y en los pseudotentáculos. Adicionalmente puede desarrollar un ocelo cerebral delantero en el centro de la cabeza. Sin embargo, los ojos no necesitan cristalino, pues solo son simples fotoreceptores que les posibilitan distinguir entre claro y oscuro así como la dirección de la luz. Para orientarse disponen del sentido químico. Las células quimiosensibles se concentran en la zona de la cabeza y en los pseudotentáculos.

3 *Planocerus sp. Planoceros sp.*
—Familia *Planoceridae*

CAT— *Planocerus sp.*
FRA— *Planocerus sp.*
ING— *Planocerus sp.*
ALE— Transparenter Plattwurm

CARACTERÍSTICAS: El ejemplar de la figura mide unos 2,5 cm.
HÁBITAT Y DISTRIBUCIÓN: Este ejemplar fue descubierto en las islas Eolias (Italia) sobre roca volcánica, a 3 m de profundidad.
BIOLOGÍA: La capacidad de regeneración de los platelmintos después de sufrir heridas es muy conocida entre los biólogos. Son impresionantes los experimentos llevados a cabo en una especie de aguas dulces del género Dugesia (orden Tricladida)— se puede, por ejemplo, partir un animal en cinco trozos y cada trozo, por separado, se regenera hasta formar un ejemplar completo. Un corte longitudinal realizado en la zona delantera de la cabeza da lugar a la formación de dos cabezas. Las grandes especies marinas Polycladida (como todos los platelmintos aquí representados) disponen, en cambio, de una capacidad de regeneración mucho menor. Sin embargo, pueden curarse de heridas extensas a base de una rapidísima formación de nuevos tejidos. Los turbelarios de la página siguiente son seres extraordinariamente sensibles y frágiles. El tacto con estos animales les produce fácilmente lesiones, por ejemplo basta un simple roce con el borde del cuerpo. También una presión traumática puede llevar a la degeneración del animal.

1

2

3

1 Thysanozoon brochii
—Familia *Pseudocerotidae*

CAT— *Thysanozoon brochii*
FRA— *Thysanozoon brochii*
ING— Carpet flatworm
ALE— Zotten-Plattwurm

CARACTERÍSTICAS: Longitud hasta 5 cm. Cuerpo muy aplanado, aunque menos plano que los turbelarios anteriores. Tiene 2 tentáculos resultantes del pliegue del borde anterior del cuerpo. Lado superior del cuerpo cubierto de numerosas papilas muy pegadas unas a otras. Color variable, generalmente entre pardo-amarillento (1A) y pardo-rojizo, y más raramente negruzco (1B).
POSIBLE CONFUSIÓN: Ninguna.
HÁBITAT Y DISTRIBUCIÓN: Sobre sustratos duros y distintos tipos de colonias de organismos. Desde unos pocos metros hasta más allá de los 80 m de profundidad. En todo el Mediterráneo; en zonas del Atlántico oriental.
BIOLOGÍA: Las ramificaciones terminales de su muy ramificado intestino se introducen en las numerosas glándulas vitelógenas presentes en el cuerpo del animal. Los turbelarios carecen de sistema circulatorio y de órganos respiratorios especiales. El Intercambio de gases se lleva a cabo por difusión a través de todo el cuerpo, dada la delgadez de su cuerpo, que permite que cualquier célula esté muy próxima a la superficie. Los miembros del orden *Polycladida* aquí presentados poseen numerosos ojos minúsculos en un extremo anterior, sólo observables con muchos aumentos. Muchos de estos animales tienen tentáculos cefálicos, resultantes de pliegues del borde anterior del cuerpo o como verdaderas estructuras emergidas de la parte central de la cabeza. La mayoría de turbelarios son hermafroditas simultáneos. En la mayoría de ellos se da un ciclo de desarrollo embrionario directo a partir de los huevos. En el caso de los turbelarios policlados se da un ciclo indirecto: del embrión nace una larva ciliada que vive durante un corto tiempo una fase planctónica y que posteriormente se dirige al fondo marino donde adquiere la forma corporal típica del animal adulto.

2 Bonelia *Bonellia viridis*
—Familia *Echiuridae*

CAT— *Bonellia viridis*
FRA— *Bonella viridis*
ING— Green spoonworm
ALE— Grüner Igelwurm

CARACTERÍSTICAS: Presenta dimorfismo sexual. Hembras: longitud corporal, hasta 15 cm, y longitud de los lóbulos cefálicos (trompa) hasta 150 cm. Cuerpo en forma de huevo (2B) y trompa en forma de cinta estrecha, bifurcada en su extremo (2A). Color entre un vivo verde esmeralda y un verde oscuro. Machos: con otra anatomía y sólo hasta 3 mm de largo (machos enanos).
POSIBLE CONFUSIÓN: Existe otra especie muy similar, B. *minor,* con igual forma pero claramente de menor tamaño (cuerpo de 2-3 cm de largo). Sólo los especialistas pueden diferenciarlas. Excepto esta otra especie, la bonelia resulta Inconfundible en el Mediterráneo.
HÁBITAT Y DISTRIBUCIÓN: En orificios de rocas y entre piedras en suelos de cantos rodados. Desde aguas superficiales hasta profundidades mayores. En todo el Mediterráneo. También en zonas del Atlántico oriental.
BIOLOGÍA: Es un animal marino de actividad marcadamente nocturna. Al llegar te oscuridad extiende sus flexibles lóbulos cefálicos, incluso más allá de pliegues y aristas de rocas. Sus típicos lóbulos extendidos en forma de T se desplazan sobre el fondo gracias a los cilios que posee, arrastrando a continuación el resto de la trompa. Alrededor de las partículas de alimento capturadas segrega una mucosidad y a continuación conduce las mismas hasta la boca por un canal de succión interior a te trompa. Estos organismos no nacen con un sexo ya determinado, sino que éste depende de si la larva, que inicialmente tiene una fase planctónica, alcanza al emigrar al fondo marino a una hembra de bonelia o no. En caso afirmativo, se sujeta a su trompa, se transforma en un macho enano y se desliza hasta el interior del Intestino de la hembra o incluso hasta los conductos gonadales, donde puede fecundar los huevos. En el interior de una hembra pueden mantenerse varios machos enanos, habiéndose llegado a contar hasta 85 machos en una misma hembra. Las larvas que no alcanzan a ninguna hembra, dan origen a su vez a otras hembras.

1A

1B

2A

2B

1 *Hermodice carunculata* —Familia *Amphinomidae*

CAT— *Hermodice carunculata*
FRA— *Hermodice carunculata*
ING— Bearded fireworm
ALE— Feuerwurm

CARACTERÍSTICAS: Longitud hasta 30 cm. Cuerpo alargado con más de 100 segmentos, cada uno de los cuales posee un penacho branquial ramificado rojo-herrumbroso y un haz de finísimas cerdas blancas. La parte superior de los segmentos es verdosa, rojiza o parduzco-metálica. Los límites de los segmentos se reconocen como estrechas bandas transversales blancuzcas.
POSIBLE CONFUSIÓN: Ninguna.
HÁBITAT Y DISTRIBUCIÓN: Sobre todo tipo de suelos duros, e incluso en praderas marinas. Desde aguas someras hasta unos 30 m de profundidad. En todo el Mediterráneo. También en el Atlántico oriental, en el Caribe y en el océano Indopacífico.
BIOLOGÍA: La boca de este poliqueto actúa como órgano raspador y está provista de aristas afiladas replegables. Este animal se alimenta de diferentes animales sésiles y carroña. Puede extender sus penachos de cerdas en caso de sentirse amenazado. Las cerdas están huecas y son de consistencia vidriosa y muy quebradizas. En caso de contacto, se introducen en la piel humana muy fácilmente, rompiéndose a continuación y causando localmente dolor, enrojecimiento y una ligera hinchazón. Para eliminar las cerdas se recomienda pegar esparadrapo en la zona afectada y arrancarlo seguidamente para que se lleve adheridos los restos de cerdas rotas. A continuación se desinfectará la piel con alcohol (al 40-70 %).

2 *Eupolymnia nebulosa* —Familia *Terebellidae*

CAT— *Eupolymnia nebulosa*
FRA— Térébelle
ING— *Eupolymnia nebulosa*
ALE— Polymnie

CARACTERÍSTICAS: Longitud del tubo hasta 30 cm, aunque éste no se ve por estar completamente enterrado en el sustrato. Sólo pueden verse los tentáculos cefálicos, que alcanzan hasta 25 cm. Color de los tentáculos: blanco, crema o rosa pálido.
POSIBLE CONFUSIÓN: Es muy parecida a otros representantes de los géneros *Polycirrus* y *Amphitrite.* Su diferenciación sólo es posible por especialistas.
HÁBITAT Y DISTRIBUCIÓN: Generalmente en fisuras de las rocas o entre piedras. Desde aguas superficiales. Raramente por debajo de los 15 m de profundidad. En todo el Mediterráneo.
BIOLOGÍA: El tubo de consistencia mucoso-gelatinosa en el que vive está reforzado con granos de arena, trocitos de conchas y pequeñas piedrecitas. Las partículas de alimento quedan adheridas a los pegajosos filamentos, que pueden ser extendidos o replegados a voluntad.

3 Plumero de mar, espirógrafo, palmereta *Sabella spallanzanii* —Familia *Sabellidae*

CAT— Cuc de flor, palmereta
FRA— Sabelle
ING— Mediterranean fanworm
ALE— Schraubensabelle

CARACTERÍSTICAS: Longitud hasta 40 cm. Diámetro de la corona de tentáculos hasta 15 cm. Tubo de consistencia pergaminoso-gomosa. Corona de tentáculos en espiral, que en los animales jóvenes sólo da una vuelta y en los adultos llega a dar hasta 6 vueltas. Coloración— tubos normalmente grises; corona de tentáculos variable, de un color blancuzco (3A), amarillento (3B), pardo-anaranjado o incluso con bandas de varios tonos como por ejemplo en naranja, blanco y azulado.
HÁBITAT Y DISTRIBUCIÓN: Sobre suelos duros, y más raramente sobre fondos arenosos o blandos. Desde aguas someras hasta unos 40 m. En el Mediterráneo. En las costas occidentales de Francia, Canarias, Azores y en el mar del Norte. Parece haber llegado por barco hasta Río de Janeiro, Java y Australia.
BIOLOGÍA: Se incluía hasta hace poco en el género *Spirographis,* aunque se ha trasladado al género Sabella. La notable propagación que ha experimentado parece deberse al tráfico marítimo, que habría llevado larvas, supuestamente en el agua de lastre de los barcos, hasta los lugares lejanos en que ha sido encontrada, lo que parece verse confirmado por su hallazgo en las antiguas rutas marítimas comerciales a Asia y Sudamérica.

1

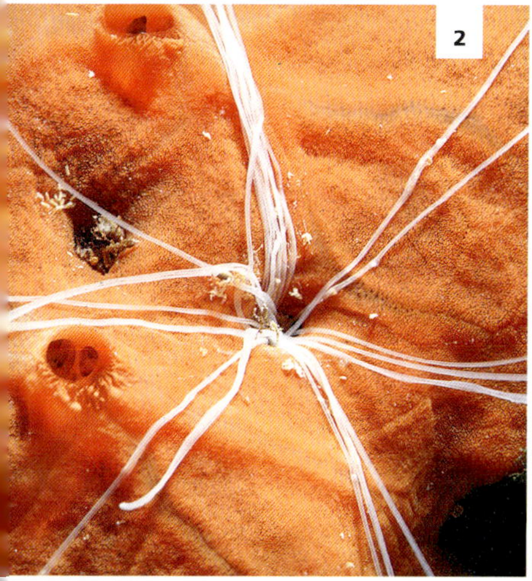
2

3A

3B

1 *Bispira volutacornis* —Familia *Sabellidae*

CAT— *Bispira volutacornis*
FRA— *Bispira volutacornis*
ING— Twin fanworm
ALE— Fächerröhrenwurm

CARACTERÍSTICAS: Longitud hasta 15 cm. Tubo de consistencia gomosa. Este sabélido cuenta con dos coronas de tentáculos, ambas con forma de embudo, las cuales pueden dar varias vueltas. Color: tubo gris; corona de tentáculos variable, frecuentemente entre rojo-anaranjado y rojo-herrumbre, a menudo con bandas transversales de vivo color.
POSIBLE CONFUSIÓN: Se identifica bien, gracias a las dos mitades en forma de embudo de la corona de tentáculos.
HÁBITAT Y DISTRIBUCIÓN: Sobre suelos rocosos, a menudo en emplazamientos umbríos, en grietas o entre piedras. Desde aguas superficiales hasta mayores profundidades. En todo el Mediterráneo. En el Atlántico oriental desde Gibraltar hasta el canal de la Mancha.
BIOLOGÍA: Los poliquetos de las familias *Sabellidae* y *Serpulidae* han modificado el hábito original de vida libre por el de una vida sésil, especializándose en alimentarse del plancton. La corona de tentáculos que le sirve para esta función suele ser la única parte visible del gusano. El resto del cuerpo, con forma típica de gusano, está completamente enterrado en un tubo que produce el propio animal, y que no suele abandonar durante toda su vida.

2 Gusano empenachado, sabela *Sabella pavonina* —Familia *Sabellidae*

CAT— Cuc de flor, plomall de mar
FRA— Sabelle
ING— Peacock worm
ALE— Pfauenfederwurm

CARACTERÍSTICAS: Longitud hasta 25 cm, diámetro de la corona de tentáculos de 15 cm. Tubo gomoso o pergaminoso. La corona de tentáculos formada por dos mitades semicirculares, que en su conjunto forman un único embudo. Tubo de color entre arenoso y gris; la corona de tentáculos de color variable, blanco, rojizo, pardo, violeta, a menudo a franjas o blanquecina con bandas transversales de color pardo-rojizo oscuro.
POSIBLE CONFUSIÓN: Ninguna.
HÁBITAT Y DISTRIBUCIÓN: Sobre suelos arenosos y limosos. Desde aguas someras hasta unos 40 m de profundidad. En todo el Mediterráneo. En el Atlántico, desde el norte de África hasta las islas Británicas y el mar del Norte.
BIOLOGÍA: La mayor parte del gusano empenachado queda enterrada en el sedimento, y en muchos casos sólo asoma por encima el penacho de tentáculos. Como es típico en gusanos tubícolas, ante la menor perturbación el animal repliega sus tentáculos casi instantáneamente.

3 Gusano de funda *Myxicola infundibulum* —Familia *Sabellidae*

CAT— Cuc de funda
FRA— *Myxicola infundibulum*
ING— *Myxicola infundibulum*
ALE— Schlicksabelle

CARACTERÍSTICAS: Longitud hasta 20 cm. Cuerpo generalmente enterrado en el sustrato hasta la corona de tentáculos, con el tubo sobresaliendo como mucho unos pocos centímetros. Corona de tentáculos de hasta 6 cm de diámetro, con forma de embudo circular, cuyos radios están unidos en toda su extensión por una fina membrana, sólo interrumpida en los extremos libres. Color del penacho de tentáculos de un color entre rojo herrumbroso, parduzco y pardo-violeta.
POSIBLE CONFUSIÓN: Ninguna.
HÁBITAT Y DISTRIBUCIÓN: Enterrado en los fondos arenosos o cenagosos. Desde aguas superficiales hasta mayores profundidades. En todo el Mediterráneo. En el Atlántico oriental desde Gibraltar hasta el canal de la Mancha y el mar del Norte.
BIOLOGÍA: El gusano de funda se puede encontrar o bien en solitario, o bien en pequeños grupos, con sus tubos gelatinosos muy pegados entre sí, formando un conglomerado de tubos. En condiciones adversas el gusano puede abandonar su tubo y enterrarse en otro lugar.

1

2

3

1 Gusano tubícola serpentino *Serpula vermicularis* —Familia *Serpulidae*

CAT— Cuc de closca
FRA— Serpiule
ING— Calcareous tubeworm
ALE— Kleiner Kalkröhrenwurm

CARACTERÍSTICAS: Longitud hasta 7 cm. Diámetro de la corona de tentáculos hasta unos 4 cm. Tubo calcificado, frecuentemente espiralizado. Corona de tentáculos de dos partes, con 30-40 tentáculos. Entre ambas coronas de tentáculos tiene una tapa en forma de trompeta (opérculo) finamente dentado en su borde superior. Color de la corona de tentáculos variable, a menudo con tonos rojizos y parcialmente con bandas claras.
POSIBLE CONFUSIÓN: Ninguna.
HÁBITAT Y DISTRIBUCIÓN: Sobre suelos rocosos; prefiere dominios umbríos como las partes inferiores de saledizos. Desde aguas superficiales hasta grandes profundidades. En el Mediterráneo y en el Atlántico oriental desde Gibraltar hasta el canal de la Mancha y el mar del Norte.
BIOLOGÍA: En caso de sentirse amenazado, este gusano se repliega instantáneamente en su tubo, cerrándolo con el opérculo, el cual cierra no justo a ras del tubo, sino un poco hacia dentro.

2 Protula sp. *Protula tubularia* —Familia *Serpulidae*

CAT— *Protula tubularia*
FRA— Protula sp.
ING— Red-spotted Horseshoe
ALE— Glatter Kalkröhrenwurm

CARACTERÍSTICAS: Longitud del tubo calcáreo, casi liso, de hasta 15 cm y con un diámetro de hasta 10 mm. La parte posterior del tubo está adherida al sustrato de forma característica, con el extremo anterior libre. Corona de tentáculos formada por dos mitades en forma de embudo o ligeramente espirales. Color variable: blanco (2B), naranja (2A) o rojo.
POSIBLE CONFUSIÓN: Este género abarca varias especies, como por ejemplo *P. tubularia* y *P. intestinum*.
HÁBITAT Y DISTRIBUCIÓN: Sobre suelos rocosos, piedras y otros sustratos duros. Desde aguas someras hasta grandes profundidades. En todo el Mediterráneo; también en el Atlántico oriental.
BIOLOGÍA: Los poliquetos de las familias *Serpulidae* y *Sabellidae* se distinguen bien entre sí por la estructura de su tubo. Los sabélidos viven en tubos de consistencia blanda, pergaminosa o gomosa, mientras que los serpúlidos producen un sólido tubo calcáreo. Los gusanos de ambas familias se alimentan de plancton que atrapan con su corona de tentáculos, formada por dos mitades que constituyen un órgano de captura con la estructura de una fina red en forma de embudo o en espiral.

3 *Filograna (salmacina)* sp. *Filograna implexa* —Familia *Serpulidae*

CAT— *Filograna implexa*
FRA— *Filograna (salmacina) sp*
ING— Tangled tubeworm
ALE— Filigraner Röhrenwurm

CARACTERÍSTICAS: Diámetro de las colonias de hasta unos 30 cm. Diámetro de los tubos calcáreos de unos 5 mm, Tubos soldados o imbricados entre sí. Coloración: tubos calcáreos de un color entre blanco limpio y gris blanquecino, sólo con la base de un naranja amarillento (3B).
POSIBLE CONFUSIÓN: Del género ninguna, aunque la determinación de la especie sólo es posible por parte de especialistas.
HÁBITAT Y DISTRIBUCIÓN: Especie de la zona circalitoral. Sobre suelos duros, frecuentemente en paredes rocosas umbrías y saledizos, y también como epibionte sobre gorgonias. Especialmente las colonias de mayor tamaño suelen encontrarse por debajo de los 5 m y a mayores profundidades. En todo el Mediterráneo; en zonas del Atlántico oriental.
BIOLOGÍA: Estos pequeños serpúlidos pueden llegar a formar grandes colonias muy vistosas mediante reproducción asexual. Estas colonias forman frágiles filigranas que prosperan en emplazamientos protegidos. En lugares adecuados, como por ejemplo en paredes umbrías, pueden encontrarse ocasionalmente en grupos.

1

2A

2B

3A

3B

1 Quitón verde *Chiton olivaceus* —Familia *Chitonidae*

CAT— *Chiton olivaceus*
FRA— Chiton olive
ING— *Chitone olivaceus*
ALE— Grüne Käferschnecke

CARACTERÍSTICAS: Talla hasta 4 cm. Cuerpo oval muy aplanado. En la parte dorsal 8 placas a modo de escamas dispuestas a modo de tejas de delante a atrás.
POSIBLE CONFUSIÓN: Ninguna.
HÁBITAT Y DISTRIBUCIÓN: Actividad nocturna sobre suelos duros de zonas de oleje.
BIOLOGÍA: La especie está bien adaptada a la vida en zonas de oleaje.

2 *Acanthochitona communis* —Familia *Acanthochitonidae*

CAT— *Acanthochitona communis*
FRA— Grand chiton épineux
ING— *Acanthochitona communis*
ALE— Große Stachel-Käferschnecke

CARACTERÍSTICAS: Amplio cinturón del manto con fuertes penachos espinosos (característica del género). Hasta 5 cm de largo, casi siempre gris, tonalidades amarillentas.
POSIBLE CONFUSIÓN: Ninguna
HÁBITAT Y DISTRIBUCIÓN: Desde aguas someras (bajo las piedras) hasta grandes profundidades, también en coralígenos. Mediterráneo y Atlántico, desde Bretaña hasta las Azores.

3 *Patella caerulea* —Familia *Patellidae*

CAT— *Patella caerulea*
FRA— Patelle bleue
ING— Mediterranean limpet
ALE— Gewöhnliche Napfschnecke

CARACTERÍSTICAS: Concha plana y esculpida que se estrecha algo hacia delante, numerosas nervaduras onduladas de distintos tamaños. De tono pardo rojizo hasta gris, muy variable en forma y coloración.
POSIBLE CONFUSIÓN: Resulta muy difícil la distinción de las diversas lapas.
HÁBITAT Y DISTRIBUCIÓN: En mediolitorales rocosos.
BIOLOGÍA: Están perfectamente adaptadas a la vida en zonas de oleaje, mediante secreciones ácidas se acomodan perfectamente en los fondos rocosos.

4 Oreja de mar, aurismaris, peneira, criba *Haliotis tuberculata lamellosa* —Familia *Haliotidae*

CAT— Orella de mar, sabateta de la Mare de Déu
FRA— Ormeau
ING— Green ormer
ALE— Seeohr

CARACTERÍSTICAS: Tamaño hasta 7 cm. Caparazón plano en forma de oreja y orificios cerca del borde del caparazón. Cara interior con brillo de nácar.
POSIBLE CONFUSIÓN: Ninguna.
HÁBITAT Y DISTRIBUCIÓN: Herbívoro marino (algas) activo por las noches sobre suelos duros. Desde aguas superficiales hasta 15 m. Mediterráneo.
BIOLOGÍA: Debido al brillo de nácar de la cara interior, suelen recolectarse para su venta.

5 Caracol vermiforme *Serpulorbis arenarius* —Familia *Vermetidae*

CAT— Cargol vermiforme
FRA— Vermet
ING— Giant worm shell
ALE— Große Wurmschnecke

CARACTERÍSTICAS: Hasta 10 cm de longitud, tubo calcáreo soldado al sustrato.
POSIBLE CONFUSIÓN: Ninguna.
HÁBITAT Y DISTRIBUCIÓN: Desde aguas superficiales hasta por debajo de los 50 m. En todo el Mediterráneo. En zonas del Atlántico oriental; en Canarias.
BIOLOGÍA: A partir de una glándula especial con fibras pegajosas atrae el placton y detritos que están en el agua o bien adheridos al fondo.

1
2
3
4
5

1 *Calliostoma laugieri*
—Familia *Trochidae*

CAT— *Calliostoma laugieri*
FRA— *Calliostoma laugieri*
ING— *Calliostoma laugieri*
ALE— Spitzkreiselschnecke

CARACTERÍSTICAS: Especie de concha pequeña, con la punta lisa y no graneada. Coloración variable: pardo-oliva o rojizo con trazos de color claro y oscuro.

POSIBLE CONFUSIÓN: Su característica es la concha terminada en punta sin granitos oscuros en el vértice (en contraposición al *C. conulus*).

2 *Callistoma conulus*
—Familia *Trochidae*

CAT— *Callistoma conulus*
FRA— Troque
ING— *Calliostoma conulus*
ALE— Rotbraune Kreiselschnecke

CARACTERÍSTICAS: Altura hasta 2,7 cm y anchura casi igual. Caparazón cónico con hasta 10 espiras y bandas espirales resaltadas. Color naranja, con bandas espirales con manchas blancas y rojas.
POSIBLE CONFUSIÓN: Se puede confundir fácilmente con otras especies del mismo género.
HÁBITAT Y DISTRIBUCIÓN: Especialmente sobre sustratos duros cubiertos de algas, por debajo de los 10 m. En el Mediterráneo y el Atlántico oriental, en Madeira y en las Azores.
BIOLOGÍA: Al replegarse este animal en su caparazón, cierra la abertura con una tapa córnea circular con varias espiras.

3 *Bolma rugosa*
—Familia *Turbinidae*

CAT— *Bolma rugosa*
FRA— Astrée rugueuse
ING— Chesnut turban
ALE— Stachelschnecke

CARACTERÍSTICAS: Concha hasta 45 mm de tamaño. Parte superior con gruesos apéndices espinosos.
HÁBITAT Y DISTRIBUCIÓN: Se encuentra regularmente en fondos duros, pero no es frecuente su presencia

BIOLOGÍA: Los opérculos de esta especie se encuentran en las playas y se emplean en bisutería para preparar amuletos. En lenguaje popular se denominan ojo de Dios, ojo de Naxos, etc.

4 *Naticarius hebraeus*
—Familia *Naticidae*

CAT— *Naticarius hebraeus*
FRA— *Naticarius hebraeus*
ING— *Naticarius hebraeus*
ALE— Nabelschnecke

CARACTERÍSTICAS: Especie con concha redondeada y ombligo abierto. La concha presenta manchas de un tono rojo mortecino o áreas de color pardo rojizo delimitadas por tres bandas espirales muy difusas.
POSIBLE CONFUSIÓN: En el Mediterráneo aparecen, en total, 18 especies bastante similares.
HÁBITAT Y DISTRIBUCIÓN: En suelos fangosos y arenosos, desde aguas someras hasta grandes profundidades; sin embargo, no son frecuentes.
BIOLOGÍA: El manto se envuelve alrededor de la concha durante la búsqueda nocturna de alimento, por lo que el caracol recuerda en su forma a un huevo frito.

5 *Monodonta turbinata*
—Familia *Trochidae*

CAT— *Monodonta turbinata*
FRA— *Monodonta turbinata*
ING— Turbinate monodont
ALE— Turbanschnecke

CARACTERÍSTICAS: Concha redondeada, cónica y resistente. Su característica es un solo diente curvado (de ahí el nombre *Monodonta* del género) que aparece en la columela. Concha gris, amarillenta o verdosa con manchas de tonos que van del pardo rojizo al violeta. Un sinónimo usual es el de *Osilinus turbinatus*.
HÁBITAT Y DISTRIBUCIÓN: Muy frecuente en litoral rocoso.

1
2
3
4
5

1 *Strombus persicus*
—Familia *Strombidae*

CAT— *Strombus persicus*
FRA— *Strombus persicus*
ING— Persian conch
ALE— Persische Flügelschnecke

CARACTERÍSTICAS: Concha cónica, hasta 6 cm de largo con abertura en forma de grieta. Ojos alargados sobre pedúnculos y apéndices similares a sables en el pie. El patrón y la coloración de la concha es variable, casi siempre con manchas pardas sobre fondo blanco.
POSIBLE CONFUSIÓN: Ninguna. En el Mediterráneo hay una sola especie de *Strombus.*
HÁBITAT Y DISTRIBUCIÓN: Prefiere asentarse en comunidades de algas fotófilas, desde 10 a 30 m de profundidad. Hasta el momento solo se ha documentado su existencia en el Mediterráneo oriental, pues se trata de una especie inmigrante del mar Rojo.
BIOLOGÍA: Se ha difundido localmente en grandes cantidades, llegándose a inventariar hasta 100 animales por metro cuadrado. Su alimentación se basa en detritus y material vegetal. Con ayuda de sus apéndices en forma de sable pueden voltear rápidamente a sus presas y moverse hacia delante sobre ellos como si fueran zancos.

2 *Haustellum brandaris*
—Familia *Muricidae*

CAT— *Haustellum brandaris*
FRA— Murex épineux
ING— Purple dye murex
ALE— Herkuleskeule

CARACTERÍSTICAS: Concha grande, claviforme con canales sifonales largos y rectos, así como llamativas espinas en el exterior. Color blanco amarillento, cavidad bucal de tono amarillo anaranjado.
POSIBLE CONFUSIÓN: La forma de la concha hace que la especie sea inconfundible.
HÁBITAT Y DISTRIBUCIÓN: Regularmente en suelos blandos, desde arenosos a fangosos. También en zonas sucias o contaminadas.
BIOLOGÍA: Con el nombre de gusanos (o cornetas) se designan habitualmente a algunos representantes de los *Haustellum brandaris* así como a los *Hexaplex trunculus* (ambas especies se centralizaron en tiempos pasados en el género *Murex*) y se utilizaban para obtener colorantes. Estos caracoles tienen una glándula que segrega en el pneumostoma una mucosidad que con la luz solar adquiere tonos de verde a azul para llegar finalmente al rojo escarlata al tiempo que emite un desagradable olor. Los gusanos o cornetas fueron cultivados por los fenicios para preparar colorantes. *Haustellum brandaris* se alimenta de carroña, aunque también es depredador de otros moluscos, cuya concha perfora con su rasposa lengua (rádula) para luego inyectarles una secreción glandular ácida.

3 *Murex forskoehlii*
—Familia *Muricidae*

CAT— *Murex forskoehlii*
FRA— *Murex forskoehlii*
ING— *Murex forskoehlii*
ALE— Kammformige Herkuleskeule

CARACTERÍSTICAS: Hasta 8 cm de longitud (máximo 11 cm), concha espinosa con aspecto de peine. Las espinas más largas corresponden al máximo diámetro de la concha. También es espinoso su largo canal sifonal. Color: blanco crema con manchas marrones.
POSIBLE CONFUSIÓN: Puede confundirse con *Haustellum brandaris*, pero las espinas de éste son más cortas y pequeñas y no están dispuestas como las púas de un peine.
HÁBITAT Y DISTRIBUCIÓN: En suelos blandos, desde aguas someras hasta grandes profundidades. Emigrante del mar Rojo.
BIOLOGÍA: La primera comprobación tuvo lugar en 1905 en Port Said. Desde entonces esta especie se ha propagado a las costas de Israel y Líbano.

1

2

3

1 *Neosimnia spelta*
—Familia *Ovulidae*

CAT— *Neosimnia spelta*
FRA— Simnie blanche
ING— Simnia spelta
ALE— Gorgonien-Eischnecke

CARACTERÍSTICAS: Concha con forma de huso, hasta 15 mm de longitud, extremos aguzados.
POSIBLE CONFUSIÓN: En el Mediterráneo viven otras tres especies con diferentes preferencias de alimentación y por tanto de selección de ubicación. Por ejemplo el caracolillo de mar (*Pseudosimnia carnea*) vive predominantemente en el coral rojo, aunque en ocasiones se le encuentra en otras especies de gorgonias.
HÁBITAT Y DISTRIBUCIÓN: En áreas rocosas de gorgonias. Desde aguas someras hasta 80 m de profundidad. Solo en el Mediterráneo occidental y el Adriático.
BIOLOGÍA: Se alimenta de las gorgonias entre las que vive. En el Mediterráneo prefiere las gorgonias *Eunicella* y *Paramuricea*, mientras que en las islas Canarias encuentra las especies *Lophogorgia.* El cuerpo y el manto son de un tono variable que depende de su ubicación. Probablemente almacenan en su propio cuerpo los pigmentos de las gorgonias que devoran.

2 Porcelana, cauri *Luria lurida*
—Familia *Cypraeidae*

CAT— *Luria lurida*
FRA— Porcelaine souillée
ING— Brown cowry
ALE— Braune Kauri

CARACTERÍSTICAS: Tamaño de hasta 5 cm. Caparazón ovoide con superficie lisa tipo porcelana. Color entre pardo-oscuro y pardo-grisáceo con dos bandas transversales claras, y ligeramente anaranjado en los extremos anterior y posterior con dos manchas negras en cada extremo. Manto liso y translúcido, cubierto de muchas manchas claras poco llamativas, cerca unas de otras.
POSIBLE CONFUSIÓN: Ninguna.
HÁBITAT Y DISTRIBUCIÓN: Sobre suelos rocosos y arenosos. Desde aguas superficiales hasta como mínimo unos 40 m de profundidad. Especie endémica de todo el Mediterráneo.
BIOLOGÍA: Los miembros de esta familia presentan sexos separados. Tras el apareamiento las hembras hacen una puesta consistente en más de 1.000 cápsulas, cada una con unos 500 huevos, que depositan sobre sustratos duros (2B). La puesta de la porcelana o cauri está constituida por cientos de cápsulas de huevos en forma de sacos de color amarillo claro en el momento de la puesta. En el desarrollo de los embriones los huevos adquieren un color pardo (2C).

3 *Erosaria spurca*
—Familia *Cypraeidae*

CAT— *Erosaria spurca*
FRA— Porcelaine souillée
ING— Dirty cowry
ALE— Variable kauri

CARACTERÍSTICAS: Tamaño de hasta 4 cm. Caparazón ovoide con superficie Usa y brillo de porcelana. Lóbulos del manto con numerosas protuberancias ramificadas. Color entre blanco-crema y pardo, con manchas más oscuras más o menos marcadas.
POSIBLE CONFUSIÓN: Gracias a los característicos apéndices del manto es fácil de distinguir.
HÁBITAT Y DISTRIBUCIÓN: Sobre suelos rocosos. Desde aguas superficiales hasta mayores profundidades. En todo el Mediterráneo.
BIOLOGÍA: Se conocen también como caracoles de porcelana. De hecho la porcelana, término de origen Italiano, debe su nombre a estos animales, y no al revés. Debido a su forma redondeada fueron llamados "porcellana" (del latín *porcella* = cerdito). Cuando llegó la primera porcelana a Europa desde China, se creyó que ésta se producía a partir de las conchas de estos animales. Los apéndices lobulares a ambos lados del manto les permiten cubrir completamente su caparazón (3B), con lo que evitan que otros organismos se puedan adherir a éste, segregando una finísima capa calcárea nueva con el característico brillo de porcelana. Su actividad suele ser nocturna, permaneciendo ocultos entre grietas de rocas por el día. Se alimentan de algas, distintos tipos de animales que viven sobre éstas y también de organismos muertos en descomposición.

2A

2B

2C

3A

3B

1 *Phalium granulatum*
—Familia *Cassidae*

CAT— *Phalium granulatum*
FRA— Casque granuleux
ING— Scotch bonnet
ALE— Knotige Helmschnecke

CARACTERÍSTICAS: Longitud hasta 10 cm; Caparazón con abertura angosta y oblicua; canal sifonal corto y oblicuo. Borde la abertura engrosado con pliegues dentados.
POSIBLE CONFUSIÓN: Con P. *saburon*. Ésta tiene un relieve más fino en las espirales, abultamientos y un labio interior menos ensanchado; en el labio exterior sólo las bandas anchas tienen color pardo y no tiras espirales.

HÁBITAT Y DISTRIBUCIÓN: Suelos de sedimento fino por debajo de los 15 m. En Mediterráneo. Atlántico oriental desde el norte de África hasta Portugal.
BIOLOGÍA: Depredadores, se alimentan de equinodermos; suelen rastrear en los sedimentos en busca de erizos de mar irregulares (*Irregularia*). Al replegarse en sus caparazones los cierran con una tapa córnea.

2 *Tonna galea*
—Familia *Tonnidae (Doliidae)*

CAT— *Tonna galea*
FRA— Tonne cannelée
ING— Giant tun
ALE— Tonnenschnecke

CARACTERÍSTICAS: Gran molusco gasterópodo del Mediterráneo con 5 espiras. Concha delgada, tono pardo amarillento. Los individuos de sexo masculino tienen manchas negras. También es conocido por el sinónimo *Dolium galea*.
POSIBLE CONFUSIÓN: Ninguna.

HÁBITAT Y DISTRIBUCIÓN: Solo regionalmente frecuente, en suelos blandos y suelos duros secundarios.
BIOLOGÍA: Alimentación: equinodermos y bivalvos. El ácido sulfúrico y aspártico de la saliva paraliza a sus presas y reblandece sus esqueletos. Con la rádula y sus placas mandibulares rasga grandes trozos de sus presas.

3 *Charonia tritonis variegata*
—Familia *Cymatiidae*

CAT— *Charonia tritonis variegata*
FRA— Triton de l'Atlantique
ING— Atlantic triton, Atlantic triton's trumpet
ALE— Echtes Tritonshorn

CARACTERÍSTICAS: Tamaño de hasta 40 cm. Caparazón fusiforme, con gruesas paredes y hasta 9 espiras. Apéndices táctiles amarillos con dos fajas negras.
POSIBLE CONFUSIÓN: Es muy parecido a la bocina (*C.* rubicunda lampas lampas). Éste, sin embargo, es algo más rechoncho y presenta hileras de protuberancias romas en la superficie del caparazón.

HÁBITAT Y DISTRIBUCIÓN: Sobre suelos rocosos y blandos. Desde aguas superficiales hasta mayores profundidades. En el Mediterráneo oriental; en la cuenca occidental, de forma ocasional.
BIOLOGÍA: Depredador de bivalvos y crustáceos. Cuando se repliega dentro de su concha, cierra la abertura con una gruesa tapa córnea. Recolectado desde la antigüedad a causa de su gran tamaño.

4 Bocina, caracola *Charonia lampas lampas*
—Familia *Cymatiidae*

CAT— Corn
FRA— *Charonia lampas lampas*
ING— Knobbed triton
ALE— Knotiges Tritonshorn

CARACTERÍSTICAS: Tamaño hasta 40 cm. Caparazón fusiforme rechoncho, con gruesas paredes y 8-9 espiras (la última rematada sin punta).
POSIBLE CONFUSIÓN: Muy parecida, aunque con caparazón más alargado y sin las llamativas protuberancias en las espiras, es la especie C. *tritonis varíegata*.

HÁBITAT Y DISTRIBUCIÓN: Sobre suelos duros y blandos, y en praderas marinas. Entre los 15 m y los 50 m. En el Mediterráneo occidental; en el Atlántico oriental desde Portugal hasta Irlanda.
BIOLOGÍA: Depredador que se alimenta de pequeños moluscos, crustáceos y estrellas de mar.

1

2

3

4

1 Gusano, corneta *Hexaplex trunculus* —Familia *Muric*

CAT— Cornet
FRA— Rocher fascié
ING— Banded dye-murex
ALE— Purpurschnecke

CARACTERÍSTICAS: Tamaño hasta 8 cm. Caparazón robusto, algo cónico, con 6-7 espiras. La abertura oval se prolonga en un canal sifonal moderadamente largo. Superficie del caparazón con numerosas protuberancias, beige-grisácea, aunque suele estar cubierta de organismos incrustantes. Posible confusión: La especie *Bolinus brandaris*, que también presenta unos abultamientos similares, tiene un canal sifonal mucho más largo.
HÁBITAT Y DISTRIBUCIÓN: Sobre suelos duros, arenosos y blandos. Desde aguas superficiales hasta más allá de los 50 m. En el Mediterráneo y el Atlántico oriental desde Gibraltar hasta Portugal.
BIOLOGÍA: Son depredadores o bien se alimentan de organismos muertos en descomposición. Sobre todo forman parte de su dieta diferentes bivalvos. En la antigüedad, griegos y romanos se servían de murícidos para obtener la púrpura, cotizadísimo pigmento muy apreciado hasta la Edad Media. Eran necesarios unos 8.000 caracoles para la obtención de un solo gramo, lo que unido al costoso proceso de obtención del pigmento era la causa de su elevadísimo precio.

2 Liebre de mar, vinagrera *Aplysia depilans* —Familia *Aplysiidae*

CAT— Llebre de mar
FRA— Aplysie, lièvre de mer
ING— Depilatory sea hare
ALE— Marmorierter Seehase

CARACTERÍSTICAS: Longitud hasta 30 cm. Cuerpo alargado y muy blando, con el dorso ligeramente prominente, Dos antenas cefálicas aplanadas y enrolladas en sentido longitudinal y dos rinóforos de forma similar detrás de éstos. Pie con grandes sinuosidades laterales (parapodios). Color entre verdoso y pardo oscuro.
POSIBLE CONFUSIÓN: Es fácil de confundir con otras especies de liebres de mar.
HÁBITAT Y DISTRIBUCIÓN: En suelos duros cubiertos de algas, praderas marinas y fondos arenosos. Desde aguas superficiales hasta unos 20 m. En el Mediterráneo y en el Atlántico oriental.
BIOLOGÍA: Poseen una fina y pequeña concha en forma de vidrio de reloj, cubierta casi por el manto, por lo que pasa desapercibida. Son hermafroditas y se fecundan recíprocamente durante el apareamiento. Su época de reproducción tiene lugar sobre todo a comienzos del verano. Ocasionalmente se pueden observar varios animales juntos apareándose. Puede nadar relativamente bien en comparación con otras especies.

3 Liebre de mar, vinagrera *Aplysia punctata* —Familia *Aplysiidae*

CAT— Llebre de mar
FRA— Lièvre de mer moucheté
ING— Large sea hare
ALE— Gepunkteter Seehase

CARACTERÍSTICAS: Longitud normalmente hasta 15 cm (máx. 20 cm). Cuerpo muy blando y alargado, con el dorso moderadamente prominente. Dos antenas cefálicas aplanadas y enrolladas en sentido longitudinal y dos rinóforos de forma similar detrás de éstos. Pie con grandes sinuosidades laterales (parapodios). Color entre parduzco y pardo-verdoso, con puntos y manchas de color claro; ejemplares jóvenes de color rojizo.
POSIBLE CONFUSIÓN: Es fácil de confundir con otras especies de liebres de mar.
HÁBITAT Y DISTRIBUCIÓN: En suelos duros cubiertos de algas, praderas marinas y fondos arenosos. Desde aguas superficiales hasta unos 20 m. En el Mediterráneo y el Atlántico oriental.
BIOLOGÍA: Se alimentan de algas rojas, verdes y pardas. En caso de sentirse amenazadas desprenden una secreción lechoso-violácea, que secretan en unas glándulas especiales, no venenosa, para ahuyentar a potenciales depredadores. Además, se encuentra la aplisiatoxina, sustancia que acumulan en sus tejidos corporales al ingerir cianobacterias productoras de la dicha sustancia. La aplisiatoxina es muy venenosa para los peces, lo que desempeña un eficaz mecanismo de defensa. Al contrario que *A. depilans,* no parece que a *A. punctata* le guste de nadar.

1

2

3A

3B

1 *Pleurobranchus testudinarius* —Familia *Pleurobranchidae*

CAT— *Pleurobranchus testudinarius*
FRA— *Pleurobranchus testudinarius*
ING— *Pleurobranchus testudinarius*
ALE— Schildkrötenschnecke

CARACTERÍSTICAS: Longitud hasta 20 cm. Cuerpo carnoso, oval-redondeado, moderadamente prominente en su parte central. Tiene un par de rlnóforos enrollados. El gran manto cubre todo el pie y deja una sinuosidad libre para los rinóforos. Superficie del manto reticulada, cubierta de divisiones poligonales irregulares. Sobre el dorso presenta varias protuberancias, relativamente de gran tamaño, en forma de gibas o conos.
POSIBLE CONFUSIÓN: Ninguna.
HÁBITAT Y DISTRIBUCIÓN: Activo por las noches sobre suelos duros, y en praderas marinas. En el Mediterráneo, el Atlántico oriental, Portugal y las Azores.
BIOLOGÍA: Pertenece al orden *Notaspidea,* gasterópodos marinos con branquias laterales. Se caracterizan por poseer unas grandes branquias bipinnadas en el lado derecho del cuerpo, entre el borde del manto y el pie. La mayoría de *Pleurobranchidae* presenta una pequeña concha plana interior.

2 *Pleurobranchea meckeli* —Familia *Pleurobranchidae*

CAT— *Pleurobranchea meckeli*
FRA— Pleurobranche de Meckel
ING— Meckel snail
ALE— Meckels Flankenkiemer

CARACTERÍSTICAS: Hasta 15 cm de longitud. Todo el cuerpo marrón y jaspeado con tonos crema pálido.
POSIBLE CONFUSIÓN: Ninguna.
HÁBITAT Y DISTRIBUCIÓN: En suelos arenosos y fangosos. Mediterráneo, Azores y Canarias.
BIOLOGÍA: Esta gran especie depredadora tiene una amplia gama de presas. Además de cnidarios, anfípodos, ascidias, poliquetos y nemertinos, también devora babosas de mar y peces pequeños.

3 *Berthella auriantica* —Familia *Pleurobranchidae*

CAT— *Berthella auriantica*
FRA— Berthelline orange
ING— Side-gilled slug
ALE— Orange Berthella

CARACTERÍSTICAS: Hasta 5 cm de longitud. Todo el cuerpo de un tono uniforme más o menos naranja pálido.
POSIBLE CONFUSIÓN: El caracol melocotón (*Berthellina edwardsii*), que se encuentra en las Azores, Madeira, Canarias, Cabo Verde y el Mediterráneo occidental es parecido y puede dar lugar a confusión. Tiene una pequeña concha interior apenas perceptible al tacto mientras que la concha de la *B. auriantiaca* es grande y claramente palpable. Sin embargo, ambas especies solo las pueden diferenciar con seguridad los expertos, basándose sobre todo en los dientes radulares.
HÁBITAT Y DISTRIBUCIÓN: Mediterráneo.
BIOLOGÍA: Es una especie relativamente rara de la que hoy en día se conoce poco.

4 *Berthella ocellata* —Familia *Pleurobranchidae*

CAT— *Berthella ocellata*
FRA— Berthelle verruqueuse
ING— Spotted berthella, ringed berthella
ALE— Gefleckte Berthella

CARACTERÍSTICAS: Hasta 3,5 cm de longitud.
POSIBLE CONFUSIÓN: Ninguna. Coloración: pardo rojizo con grandes manchas claras.
HÁBITAT Y DISTRIBUCIÓN: En suelos duros, a partir de pocos metros de profundidad. Mediterráneo occidental, Canarias.
BIOLOGÍA: Esta especie se alimenta de esponjas.

1

2

3

4

1 *Thuridilla hopei*
—Familia *Elysiidae*

CAT— *Thuridilla hopei*
FRA— Thuridille de Hope
ING— Hope's elysia, thuridilla
ALE— Gestreifte Flügelschnecke

CARACTERÍSTICAS: Longitud hasta 2,5 cm. Cuerpo delgado con superficie brillante, sin corona branquial ni apéndices corporales. Sí presenta un par de largos rinóforos enrollados longitudinalmente. Lóbulos del pie relativamente anchos, siempre dirigidos hacia arriba. Color: parte inferior de los lóbulos pódales, cabeza y rinóforos con bandas longitudinales amarillas, azules y blancas; las bandas azules y blancas pueden estar interrumpidas. Los ojos son unos puntos oscuros en una región blanquecina de la cabeza.

POSIBLE CONFUSIÓN: Ninguna.
HÁBITAT Y DISTRIBUCIÓN: Sobre diferentes tipos de suelos duros, especialmente en los cubiertos de algas. Desde aguas superficiales hasta unos 25 m de profundidad. En todo el Mediterráneo.
BIOLOGÍA: Se cree que esta especie se alimenta de algas, algo característico de los gasterópodos del orden *Saccogiossa*, entre los que esta especie se incluye.

2 Elysia verde *Elysia viridis*
—Familia *Elysiidae*

CAT— *Elysia viridis*
FRA— Elysie verte
ING— Green Elysia
ALE— Grüne Samtschnecke

CARACTERÍSTICAS: Longitud normalmente hasta 3 cm (máx. 5,5 cm). Cuerpo delgado de superficie brillante. Tiene dos largos rinóforos enrollados en el eje longitudinal. Las sinuosidades laterales del pie (parapodios) suelen estar plegadas sobre el dorso. Color variable, desde un verde blancuzco pálido, hasta un intenso verde oscuro.
POSIBLE CONFUSIÓN: Ninguna, pese al color variable.
HÁBITAT Y DISTRIBUCIÓN: Sobre diferentes suelos duros, generalmente cubiertos de algas, y en praderas marinas. Desde aguas superficiales hasta unos 20 m de profundidad. En todo el Mediterráneo.
BIOLOGÍA: Esta especie se alimenta de algas, en especial las de las especies *Byopsis*, *Codium* y *Acetabularia*. Los cloroplastos de las algas que ingiere no los digiere de inmediato, sino que permanecen activos en el cuerpo del animal tras su ingesta durante unas 24 horas. Las puestas de huevos de esta especie son planas y onduladas en espiral, de color blanco y miden casi 1 cm de diámetro; estas puestas suelen ser ya visibles en el mes de marzo.

3 Caracol chino *Umbraculum umbraculum*
—Familia *Umbraculidae*

CAT— *Umbraculum umbraculum*
FRA— *Umbraculum umbraculum*
ING— Umbrella slug
ALE— Warzige Schirmschnecke

CARACTERÍSTICAS: Longitud hasta 15 cm (máx. 20 cm). Cuerpo blando relativamente elevado dorsalmente, con forma oval-redondeada visto desde arriba. Superficie cubierta de verrugas. Pie muy grande, en su parte delantera con una ligera muesca. Posee dos antenas tubulares enrollables longitudinalmente. Concha plana en forma de caparazón dorsal oval-redondeado, mucho menor que el cuerpo blando, por lo que sólo recubre a éste parcialmente.

POSIBLE CONFUSIÓN: Ninguna.
HÁBITAT Y DISTRIBUCIÓN: Sobre suelos duros y blandos, Desde los 5 m y hasta por debajo de los 50 m. En todo el Mediterráneo; en el Atlántico oriental desde Cabo Verde hasta Portugal.
BIOLOGÍA: Se sabe poco sobre la biología de esta especie. Parece que se alimenta de esponjas y que su actividad sería nocturna

1A
1B

2

3

1 | **Tylodina amarilla** *Tylodina perversa* —Familia *Tylodinidae*

CAT— *Tylodina perversa*
FRA— Tylodine jaune
ING— Yellow umbrella slug
ALE— Goldschwamm-Schnecke

CARACTERÍSTICAS: Hasta 4,5 cm de longitud del cuerpo estirado; concha plana con forma de sombrerete. Es de un uniforme colorido amarillo luminoso.
POSIBLE CONFUSIÓN: Ninguna.
HÁBITAT Y DISTRIBUCIÓN: La mayoría de las veces vive sobre la esponja de tubo amarilla (*Aplysina aerophoba*). A partir de 5 m de profundidad. Mediterráneo, en el Atlántico oriental desde el sur de Inglaterra hasta Santa Elena.
BIOLOGÍA: Se alimenta de la esponja de tubo amarilla. Puede atacar zonas donde se ubiquen numerosas esponjas. La coloración de la *T. perversa* le permite camuflarse muy bien y pasar desapercibida. Prefiere las esponjas de tubo de zonas planas ya que están sobre cianobacterias que dependen de la luz solar y viven en las zonas más externas de esponjas.

2 | ***Tethys fimbria*** —Familia *Tethydidae*

CAT— *Tethys fimbria*
FRA— Téthys
ING— *Tethys fimbria*
ALE— Mittelmeer-Schleierschnecke

CARACTERÍSTICAS: Hasta 30 cm de longitud. En la cabeza, alrededor de la boca tiene una gran tolva o embudo en forma de cofia plana (velum o velo cefálico) y está rebordeado con papilas sensoriales formando flecos. Vainas rinofóricas muy ampliadas con rinóforos muy pequeños. La cabeza por sí sola supone la tercera parte de la longitud total del animal y se alza sobre un pequeño cuello, está claramente destacada del resto del cuerpo y del pie en forma de cuña que sobresale hacia atrás. Es traslúcido con un tono azulado o blanquecino, en ocasiones con zonas amarillentas en el dorso. En los apéndices (cerata) alargados y en punta de su parte posterior suele haber manchas desde marrones a negras, mientras que el borde del velum es frecuentemente negro.
POSIBLE CONFUSIÓN: Ninguna.
HÁBITAT Y DISTRIBUCIÓN: Mediterráneo; en el Atlántico desde las costas de Portugal hasta el golfo de Guinea.
BIOLOGÍA: Esta es la única especie del género Tethys. Pertenece a la superfamilia Tritoniodea. Mientras que las babosas orientan típicamente la localización de su alimento a base de sus rinóforos como órgano del olfato, la *Tethys fimbria* busca el suyo con las papilas sensoriales (órgano del tacto equipado con yemas gustativas). Los rinóforos no juegan ningún papel en esta forma de búsqueda del alimento, por lo que su número es bastante reducido. La especie no tiene rádula y vive como depredadora, especialmente de pequeños crustáceos. Las cerata con forma de hoja pueden caer o desprenderse con mucha facilidad y, como resultan irritantes para sus depredadores, permiten que el animal emprenda la huida.

1

2

1 *Felimida luteorosa*
—Familia *Chromodorididae*

CAT— *Felimida luteorosa*
FRA— Doris tacheté mauve
ING— Purple-yellow spotted doris
ALE— Gefleckte Sternschnecke

CARACTERÍSTICAS: Longitud de 2 a 3 cm, con un máximo de 6 cm. Casi siempre de un intenso rojo púrpura con grandes manchas amarillas. El borde del manto es amarillo, frecuentemente presenta a ambos lados una fina línea blanca.
POSIBLE CONFUSIÓN: Parecida a ella es la *F. luteopunctata* (Mediterráneo occidental, en el Atlántico oriental en la costa vasca española), pero esta última presenta unas marcadas manchitas.
HÁBITAT Y DISTRIBUCIÓN: En suelos duros a profundidades de 5 a 60 m. Mediterráneo occidental, en el Atlántico oriental desde Vizcaya hasta Ghana.
BIOLOGÍA: Se alimenta de esponjas, sobre todo de *Aplysilla rosea y Spongionella pulchella.*

2 *Felimida krohni*
—Familia *Chromodorididae*

CAT— *Felimida krohni*
FRA— Doris de Krohn
ING— Krohn's doris
ALE— Krohn-Doris

CARACTERÍSTICAS: Longitud hasta 3 cm. El penacho branquial está compuesto por 3-7 branquias unipinnadas. Color básico entre blanco-crema y rosado. Borde del manto amarillo. Tres bandas longitudinales amarillas sobre el dorso, interrumpidas en parte. Branquias y rinóforos de color violeta-púrpura.
POSIBLE CONFUSIÓN: Ninguna.
HÁBITAT Y DISTRIBUCIÓN: Sobre suelos rocosos y en praderas marinas. En el Mediterráneo occidental, incluyendo el Adriático.
BIOLOGÍA: La puesta de huevos blancos, adherida al subsuelo, adopta la forma de bandas planas en espiral. Se alimenta de diferentes esponjas, especialmente de *Ircinia.*

3 *Felimida britoi*
—Familia *Chromodorididae*

CAT— *Felimida britoi*
FRA— Doris de Brito
ING— Brito's sea slug
ALE— Britois Sternschnecke

CARACTERÍSTICAS: Hasta 3 cm de longitud. Coloración— bastante variable, típicamente es violeta, que va de intenso a pálido, con bandas amarillas que rodean el dorso. El borde del manto es amarillo y blanco.
POSIBLE CONFUSIÓN: Ninguna en el Mediterráneo. Ejemplares del Atlántico con coloración algo distinta.
HÁBITAT Y DISTRIBUCIÓN: En suelos rocosos a profundidades de 2 a 15 m. Mediterráneo; Gibraltar, Azores, Madeira, Canarias.
BIOLOGÍA: Se alimenta de esponjas del género Ircinia.

4 Doris gigante *Felimare picta*
—Familia *Chromodorididae*

CAT— *Felimare picta*
FRA— Doris géant
ING— Elegant sea slug
ALE— Gelb-violette Sternschnecke

CARACTERÍSTICAS: Hasta 19 cm de longitud. Cuerpo alargado y la altura del pie le hace parecer tan ancho como alto. La coloración básica varía del gris verdoso al violeta oscuro, frecuentemente está repleta de garabatos, puntos e hileras longitudinales de color amarillo.
POSIBLE CONFUSIÓN: Ninguna.
HÁBITAT Y DISTRIBUCIÓN: En suelos duros, ya desde aguas someras. En el Mediterráneo no es raro encontrarla, esporádica y temporalmente, con carácter periódico.
BIOLOGÍA: Esta especie es la mayor babosa del Mediterráneo. Se alimenta de esponjas del género Ircinia. En algunas zonas solo se puede encontrar una variante de color y en otras de bastantes más colores. En caso de sentirse molestada no solo retrae sus branquias y cinóforos, sino que, además, se enrolla sobre sí misma, como un erizo, hasta formar una bola retorciendo el pie en sentido longitudinal. Su puesta está formada por una tira gelatinosa blanca en espiral que se fija a los sustratos duros.

1

2

3

4

1 Doris de Fontandrau *Hypselodoris fontandraui* —Familia *Chromodorididae*

CAT— *Hypselodoris fontandraui*
FRA— Doris de Fontandrau
ING— Fontandrau's Doris
ALE— Fontandraus Sternschnecke

CARACTERÍSTICAS: Longitud hasta 3 cm. Cuerpo alargado y delgado. Pie bien visible con el extremo en punta sin recubrir por el manto. Rinóforos lamelados en la parte superior. Coloración básica— azul oscuro, líneas centrales más o menos anchas, claras, en parte dentadas y ramificadas. El borde del manto presenta un estrecho reborde amarillo.
POSIBLE CONFUSIÓN: Posible confusión con otras especies emparentadas color azul-amarillo-blanco.
HÁBITAT Y DISTRIBUCIÓN: En suelos duros a profundidades de 3 a 30 m. Mediterráneo, en el Atlántico oriental cerca de las Azores y Canarias (aquí algo diferente en cuanto a patrón de color).
BIOLOGÍA: Se alimenta de esponjas, sobre todo de especies del género *Dysidea.*

2 Villafranca-Doris *Hypselodoris villafranca* —Familia *Chromodorididae*

CAT— *Hypselodoris villafranca*
FRA— Doris de Villefranche
ING— Villafranca-Doris
ALE— Nizza-Sternschnecke

CARACTERÍSTICAS: Longitud hasta unos 3,5 cm. Cuerpo alargado y delgado. Pie bien visible lateralmente, con el extremo en punta sin recubrir por el manto. Rinóforos en las dos terceras partes de su parte superior con lámelas. Penacho de branquias unipinnadas replegables, dividido en 8 partes. Coloración básica entre azul y azul verdosa. Dibujo longitudinal compuesto por delgadas líneas amarillas. Rinóforos y corona de branquias de un color azul brillante.
POSIBLE CONFUSIÓN: Los ejemplares jóvenes, como el ilustrado en la fotografía, son difíciles de identificar sólo por sus características externas, dado lo variable de su color y dibujo.
HÁBITAT Y DISTRIBUCIÓN: Sobre suelos duros y en praderas marinas. Desde aguas someras. En el Mediterráneo, el Atlántico oriental desde Ghana hasta el golfo de Vizcaya y en Cabo Verde.
BIOLOGÍA: Carecen de concha en la que se puedan replegar. Ello no implica, no obstante, que sean animales inermes, pues disponen de efectivas armas químicas. En sus tejidos corporales almacenan sustancias que actúan sobre sus potenciales depredadores como sustancias repelentes, disuasorias de su ingestión o incluso frecuentemente tóxicas. No producen ellos mismos tales sustancias, sino que las ingieren con su alimento habitual. Se ignora de qué se alimentan.

3 *Felimare tricolor* —Familia *Chromodorididae*

CAT— *Felimare tricolor*
FRA— Doris tricolore
ING— Tricolor Doris
ALE— Dreifarbige Sternschnecke

CARACTERÍSTICAS: Longitud hasta 3 cm. Cuerpo alargado, con dorso ligeramente prominente. Pie bien visible lateralmente, con el extremo en punta sin recubrir por el manto. Rinóforos con lámelas que, al igual que el penacho de branquias unipinnadas dividido en 8 partes, se puede replegar en el cuerpo, en las dos terceras partes de su parte superior. Color azul oscuro intenso, como en branquias y rinóforos. Parte dorsal central atravesada por una banda longitudinal desde la cabeza hasta más allá de las branquias. Borde del manto entre un amarillo blanquecino y un intenso amarillo.
POSIBLE CONFUSIÓN: Se puede confundir fácilmente con otras especies de la misma familia de coloración básica azulada, en especial en el caso de ejemplares jóvenes.
HÁBITAT Y DISTRIBUCIÓN: Sobre suelos duros y en praderas marinas. Desde unos 5 m hasta más allá de los 60 m. En el Mediterráneo occidental. En el Atlántico oriental desde Ghana hasta el golfo de Vizcaya.
BIOLOGÍA: En ciertas zonas, sobre esponjas pardo-grisáceas oscuras del género *Cacospongia*, que se supone que le sirven de alimento. No resulta raro encontrar en ciertas zonas ejemplares de estos pequeños aunque atractivos gasterópodos, comiendo de una misma esponja.

1

2

3

1 Limón de mar *Doris pseudoargus* —Familia *Archidorididae*

CAT— *Doris pseudoargus*
FRA— Citron de mer
ING— Sea lemon
ALE— Gefleckte Warzenschnecke

CARACTERÍSTICAS: Longitud hasta 11 cm. Cuerpo oval, firme al tacto, con el pie cubierto por el manto. Manto correoso, con numerosas protuberancias a modo de verrugas muy pequeñas, muy cercanas entre sí. Rinóforos en forma de maza con finas lámelas, excepto en su ancha base. Penacho de branquias formado por 8-9 ramas tripinnadas. Coloración básica: amarillo pálido, ocre o color crema, con manchas parduzcas claras o pardo-rojizas de diferente tamaño, irregularmente repartidas; raramente de un homogéneo color pardo-ocre o pardo-violeta.
POSIBLE CONFUSIÓN: Ninguna.
HÁBITAT Y DISTRIBUCIÓN: Desde aguas superficiales hasta profundidades mayores. En todo el Mediterráneo. En el Atlántico oriental de forma regular en las costas europeas.
BIOLOGÍA: Esta especie es frecuente en algunas zonas del Mediterráneo, p. ej. en el sureste de Francia, mientras que en otras es más bien rara de encontrar. En general, la presencia de nudibranquios en una determinada área suele ser bastante irregular, aparte del hecho de que estos animales sean poco perceptibles. A veces pueden resultar relativamente numerosos, y al poco tiempo ser extremadamente raros en la misma zona. Ello depende sobre todo de la corta vida de estos animales. Los nudibranquios pueden crecer muy deprisa, pero raramente llegan al año de vida. Muchas especies viven incluso menos. A menudo *Archidoris pseudoargus* se encuentra en las costas atlánticas europeas en gran número, siendo una de las especies de nudibranquios mejor estudiadas. Los nudibranquios son depredadores que se alimentan predominantemente de invertebrados sésiles. Muchas especies son especialistas respecto a su alimentación. En el caso de numerosas especies de nudibranquios del suborden *Doridacea,* entre los que se cuenta *A. pseudoargus,* también las esponjas forman parte de su dieta. Pero también la forman otros organismos como ascidias, briozoos y diferentes cnidarios. De muchas especies se desconoce el organismo que constituye su dieta principal; *A. pseudoargus* se alimenta de la esponja *Halichondria panicea.* Su puesta está formada por una tira de huevos amarilla pálida en espiral.

2 Vaquita Suiza *Doris atromaculata* —Familia *Discodorídidae*

CAT— *Doris atromaculata*
FRA— Doris dalmatienne
ING— Dotted sea-slug, cow snail
ALE— Leopardenschnecke

CARACTERÍSTICAS: Longitud de hasta 12 cm, generalmente algo menor. Cuerpo oval, firme al tacto, con el pie cubierto por el manto. Manto correoso, con superficie rugosa. Rinóforos en forma de maza, con acanaladura transversal, replegables en vainas. La corona branquial, compuesta por 8 ramas tripinnadas, también se puede replegar. Color blanco lechoso con manchas pardas oscuras de diferente tamaño, más o menos redondeadas.
POSIBLE CONFUSIÓN: Ninguna, gracias a su coloración característica.
HÁBITAT Y DISTRIBUCIÓN: Sobre suelos duros, y de forma regular sobre la esponja *Petrosia ficiformis.* Desde aguas superficiales hasta mayores profundidades. En todo el Mediterráneo.
BIOLOGÍA: La vaquita suiza es una de las especies de nudibranquios más frecuentemente observadas por los buceadores en el Mediterráneo, dado el tamaño relativamente grande y su llamativo color. Como otros muchos nudibranquios, esta especie es una especialista en lo que a su alimentación se refiere. Se alimenta de la esponja *Petrosia ficiformis,* y no resulta raro encontrar varios individuos de esta especie sobre una misma esponja, sobre la que dejan una raedura característica, dado que la esponja presenta una coloración diferente en su superficie, pardo-rojiza, y en su capa interior, blanco-amarillenta. En el litoral rocoso se pueden encontrar localmente varios ejemplares de dichas esponjas "mordisqueadas". En cuanto la vaquita suiza se siente mínimamente molestada, repliega sus rinóforos y branquias en el cuerpo. La puesta, como en otros nudibranquios, consiste en una tira lisa de color amarillo claro varias veces espiralizada, que puede alcanzar hasta 10 cm de diámetro.

1

2

1 *Platydoris argo*
—Familia *Platydorididae*

CAT— *Platydoris argo*
FRA— Doris Orange
ING— Leathery Doris
ALE— Rotbraune Lederschnecke

CARACTERÍSTICAS: Longitud hasta 10 cm. Coloración: pardo rojizo de claro a oscuro. Cuerpo muy coriáceo. El pie está oculto por un ancho manto.
POSIBLE CONFUSIÓN: Ninguna.
HÁBITAT Y DISTRIBUCIÓN: En suelos duros ya a partir de bajas profundidades. Mediterráneo, costas atlánticas desde Francia hasta Canarias.
BIOLOGÍA: Se alimenta de muchas especies distintas de esponjas, entre ellas la que se utiliza como esponja de baño (*Spongia officinalis*). Durante el día, la mayoría se oculta entre piedras. La puesta es amarilla en forma de tira y se deposita formando espirales, es más frecuente de ver que el propio animal. No es raro observar a dos individuos en estrecho contacto desplazándose uno tras otro en "fila india".

2 *Marionia blainvillea*
—Familia *Tritoniidae*

CAT— *Marionia blainvillea*
FRA— Marionia
ING— Marionia
ALE— Blainvilles Bäumchenschnecke

CARACTERÍSTICAS: Longitud hasta 5 cm. Coloración: desde anaranjado pálido transparente hasta un intenso pardo rojizo, con manchas blancas irregulares que conforman un aspecto jaspeado de red.
POSIBLE CONFUSIÓN: Ninguna.
HÁBITAT Y DISTRIBUCIÓN: Habita en suelos duros, desde aguas someras hasta los 50 m de profundidad. Mediterráneo, así como el Atlántico oriental, desde Portugal hasta Canarias y Azores.
BIOLOGÍA: Se alimenta de Octocorallia, por ejemplo *Alcyonium acaule, A. palmatum, Eunicella cavolini, E. singularis, Paramuricea clavata y Leptogorgia sarmentosa.* Si es molestada puede escapar nadando a base de contracciones ondulantes de su cuerpo.

3 *Phyllidia flava*
—Familia *Phyllidiidae*

CAT— *Phyllidia flava*
FRA— Phyllis à ponctuations blanches
ING— *Phyllidia flava*
ALE— Weißgepunktete Warzenschnecke

CARACTERÍSTICAS: Longitud hasta 4,5 cm. Coloración: desde amarillo luminoso hasta anaranjado, salpicada con grandes tubérculos blancos. Los ejemplares de cuevas suelen ser muy pálidos o blancos.
POSIBLE CONFUSIÓN: Ninguna. En el Mediterráneo es la única especie de este género. En tiempos fue denominada P. pulitzeri.
HÁBITAT Y DISTRIBUCIÓN: Habita en suelos rocosos, casi siempre por debajo de los 20 m de profundidad. Mediterráneo, Canarias.
BIOLOGÍA: Se encuentra sobre esponjas, especialmente *Axinella cannabina y Acanthella acuta* (como la de la fotografía), de las que se alimenta. Sus presas presentan claros signos de mordeduras. Esporádicamente pueden aparecer en gran número, siempre que haya esponjas suficientes para todas.

1

2

3

1 *Diaphorodoris papillata*
—Familia *Onchidorididae*

CAT— *Diaphorodoris papillata*
FRA— Doris à Papilles Rouges

CARACTERÍSTICAS: Longitud hasta 1 cm. Dorso blanco con fleco amarillo limón en el borde del manto y llamativas papilas rojas.
POSIBLE CONFUSIÓN: Ninguna, por sus largas papilas. La especie emparentada, *D. luteocinta* (norte de Noruega hasta Mediterráneo occidental) es de papilas muy cortas.

ING— *Diaphorodoris papillata*
ALE— Papillen-Schnecke

HÁBITAT Y DISTRIBUCIÓN: En suelos rocosos, la mayoría de las veces en zonas umbrías, también en la parte delantera de zonas con cuevas, hasta más de 40 m de profundidad. Mediterráneo, costa atlántica portuguesa.
BIOLOGÍA: Se alimenta de briozoos (géneros *Hippodiplosia* y *Schizomavella*).

2 *Arminia maculata*
—Familia *Arminidae*

CAT— *Arminia maculata*
FRA— L'Armine tachetée

CARACTERÍSTICAS: Longitud hasta 13 cm. Cuerpo anaranjado amarillento con tubérculos redondos y algo cónicos de un tono blanco opaco.
POSIBLE CONFUSIÓN: Ninguna. Las otras especies mediterráneas de Arminia son fáciles de diferenciar por su coloración.

ING— *Arminia maculata*
ALE— Gefleckte Furschenschnecke

HÁBITAT Y DISTRIBUCIÓN: En suelos arenosos y fangosos.
BIOLOGÍA: Se entierra durante el día en suelos blandos y sale por la noche en busca de alimento, constituido, entre otros, por pennatuláceos (por ejemplo *Veretillum cynomorium*).

3 *Janolus cristatus*
—Familia *Janolidae*

CAT— *Janolus cristatus*
FRA— *L'Antiopelle*

CARACTERÍSTICAS: Longitud hasta 8 cm. Cuerpo plano y alargado difícil de ver por estar cubierto de numerosos apéndices que le dan al animal un aspecto rechoncho. Lo más característico son dichos apéndices en forma de maza. Los rinóforos tienen lámelas. Coloración básica lechoso-translúcida, en algunas partes de un naranja claro translúcido; puntas de los rinóforos blancuzcas, en el dorso con dos bandas longitudinales del mismo color blancuzco. En las mazas se perciben las prolongaciones de la glándula del intestino medio como delgados cordones pardo-negruzcos; los extremos de la mazas tienen un color azul entre pálido e Intenso.

ING— Crested aelois
ALE— Gestreifte Dickkolbenschnecke

POSIBLE CONFUSIÓN: En el Mediterráneo existe otra especie de este mismo género, *J. hyalinus*, la cual sólo alcanza hasta 1 cm de longitud y no posee ninguna banda longitudinal dorsal.
HÁBITAT Y DISTRIBUCIÓN: Sobre suelos duros. Desde aguas superficiales hasta mayores profundidades. Sólo se encontraría en el Mediterráneo occidental, aunque podría estar en todo el Mediterráneo. En el Atlántico oriental desde Marruecos hasta el sur de Noruega; también en Madeira.
BIOLOGÍA: Este nudibranquio se alimenta de briozoos del género *Bugula*.

1

2

3

1 *Piseinotecus gabinieri*
—Familia *Piseinotecidae*

CAT— *Piseinotecus gabinieri*
FRA— La Faceline de la Gabinière
ING— *Piseinotecus gabinierei*
ALE— Gabinieris Fadenschnecke

CARACTERÍSTICAS: Longitud hasta 3 cm. Cuerpo de un blanco opaco puro, los apéndices dorsales del hepatopáncreas son castaños, pero según incida la luz también pueden parecer sepias. Apéndices dorsales (cerata) repartidos en 7 grupos a lo largo de cada lado, de ellos los 3 delanteros se pueden bifurcar, cada uno, en dos cortas ramificaciones. Los extremos en punta de los apéndices son transparentes con cnidosacos traslúcidos en los que se almacenan las cápsulas urticantes.
POSIBLE CONFUSIÓN: La especie es bastante segura de reconocer basándose en la vistosa combinación de colores y la ordenación de los cerata.
HÁBITAT Y DISTRIBUCIÓN: En suelos duros, desde pocos metros hasta al menos 30 m de profundidad. Mediterráneo.
BIOLOGÍA: Esta especie bastante rara se alimenta de hidrozoos. Ha sido observada junto a colonias de hidropólipos de crecimiento arbóreo (***Eudendrium racemosum***). Las cápsulas urticantes que utilizan en su defensa se alojan en los extremos de los cerata.

2 *Flabellina babai*
—Familia *Flabellinidae*

CAT— *Flabellina babai*
FRA— La Flabelline blanche
ING— White flabellina
ALE— Weiße Flabellina

CARACTERÍSTICAS: Longitud hasta 3,5 cm. Cuerpo alargado. Tentáculos bucales el doble de largos que los rinóforos, estos últimos con lámelas en su tercio superior, Los apéndices fusiformes se disponen a ambos lados del dorso, generalmente en 7 grupos. Coloración básica de un blanco lechoso, un ligero brillo azulado según incida la luz. Extremos de rinóforos y apéndices de un amarillo naranja pálido, con las finas puntas de los apéndices incoloras y translúcidas.
POSIBLE CONFUSIÓN: Ninguna.
HÁBITAT Y DISTRIBUCIÓN: En el litoral rocoso, ya desde aguas someras. Es más bien rara.
BIOLOGÍA: Se desconoce su alimentación especial. Pertenece al suborden *Aeolidacea*, cuyos miembros se suelen alimentar de colonias de hidropólipos, lo que sería de suponer en esta especie.

3 *Caloria elegans*
—Familia *Facelinidae*

CAT— *Caloria elegans*
FRA— Faceline à Ponctuations Noires
ING— Pepper- and salt Slug
ALE— Schwarzgepunktete Fadenschnecke

CARACTERÍSTICAS: Longitud hasta 15 mm. Cuerpo estrecho y alargado. Tentáculos pódales arqueados hacia atrás. Tentáculos bucales muy largos, casi el doble de largo que los rinóforos, carentes de lámelas. Los apéndices rematados en punta, delgados y cilíndricos, cubren toda la parte superior del cuerpo, dejando libre sólo la punta de la cola. Vistos desde arriba los apéndices parecen repartidos de forma regular, aunque en realidad se encuentran ordenados en cinco grupos. Coloración básica blanco-lechosa, con la glándula del intestino medio que se percibe de un color pardo claro en el interior de los apéndices translúcidos. Borde anterior y puntas de los tentáculos bucales, parte superior de los rinóforos y punta de la cola de un blanco intenso. Inmediatamente bajo las puntas de los apéndices se percibe una zona negruzca.
POSIBLE CONFUSIÓN: Ninguna, gracias a su coloración característica.
HÁBITAT Y DISTRIBUCIÓN: Litorales rocosos y praderas marinas. Desde aguas superficiales hasta por debajo de los 50 m de profundidad. Mediterráneo occidental; Atlántico oriental hasta las islas Británicas, Madeira y Azores.
BIOLOGÍA: Este pequeño nudibranquio del suborden Aeolidacea se alimenta de las cabezuelas de pequeños pólipos, a menudo menores de 1 cm de alto, del género *Perigonismus.* Almacena las cápsulas urticantes de los pólipos en sus apéndices dorsales para defenderse de depredadores (véase *Coryphella pedata*). Normalmente los apéndices están hacia atrás y apuntando al dorso. Según algunas obras, si son molestados yerguen sus apéndices y estiran el cuerpo hasta doblar su longitud

1

2

3

1 *Flabellina pedata*
—Familia *Flabellinidae*

CAT— *Flabellina pedata*
FRA— La coryphelle mauve
ING— Pink Coryphella
ALE— Violette Coryphella

CARACTERÍSTICAS: Longitud hasta 5 cm. Cuerpo alargado y delgado. Tentáculos pódales curvados hacia atrás. Tentáculos bucales largos, aunque algo más cortos que los rinóforos, que son lisos y carecen de lámelas. Apéndices dorsales estrechos y tubulares, acabados en punta y ordenados a cada lado en siete grupos. La delgada cola acabada en punta no posee ningún apéndice y supone la cuarta parte de la longitud corporal total. Coloración básica entre rosa y violeta púrpura clara. Puntas de los apéndices, tentáculos bucales y rinóforos blancos. En los apéndices se translucen las ramificaciones de la glándula del intestino medio, de un color entre rosado y rojo-anaranjado.
POSIBLE CONFUSIÓN: Con *Flabellina affinis,* de coloración parecida, aunque ésta se diferencia por sus rinóforos con lámelas anulares y por no tener las puntas de sus apéndices blancas.
HÁBITAT Y DISTRIBUCIÓN: Desde aguas superficiales, frecuentemente sobre colonias de hidropólipos del género *Eudendrium.* En el Mediterráneo y en algunas zonas del Atlántico oriental.

BIOLOGÍA: Esta especie pertenece al suborden *Aeolidacea,* grupo que se caracteriza por presentar unas refinadas armas defensivas para evitar el peligro de potenciales depredadores: se alimenta con cnidarios de pólipos pequeños, transportando las cápsulas urticantes sin reventar de estos pólipos desde sus estómagos hasta los apéndices a través de las ramificaciones de la glándula del intestino medio. Este órgano altamente ramificado llega hasta las puntas de sus apéndices, denominados ceratos en este grupo, que terminan en sacos ciegos. Las cápsulas urticantes intactas se almacenan aquí, sirviendo de defensa natural: ante el mínimo contacto mecánico, dichas cápsulas son eyectadas. Así, si por ejemplo un pez tratara de morder dichos apéndices, las cápsulas urticantes reventarían en plena boca del pez. Estas cápsulas adquiridas por la ingesta de cnidarios reciben el acertado nombre de cleptocnidios ("cápsulas urticantes robadas"). *Coryphella* pedata se alimenta de las cabezuelas de pólipos de especies del género *Eudendrium.* La puesta de huevos de este nudibranquio tiene la forma de una larga tira blanca espiralizada de forma irregular alrededor de las ramificaciones de los hidropólipos de los que se alimenta.

2 **Hervia** *Cratena peregrina*
—Familia *Facellinidae*

CAT— *Cratena peregrina*
FRA— Hervia
ING— Pilgrim hervia
ALE— Wander-Fadenschnecke

CARACTERÍSTICAS: Longitud hasta casi 5 cm. Cuerpo alargado y delgado. Pequeños tentáculos pódales curvados hacia atrás. Tentáculos bucales el doble de largos que los rinóforos lisos. Apéndices tubulares rematados en punta que sobresalen del dorso en 8-10 grupos. Cola sin apéndices, delgada y acabada en punta, que supone aproximadamente la tercera parte de la longitud corporal. Coloración básica de un blanco lechoso, ocasionalmente con brillo anaranjado. Rinóforos translúcidos en la base y en la punta; entremedias de color naranja intenso. Entre los apéndices de los tentáculos bucales y de los rinóforos tiene una mancha naranja. En los apéndices dorsales translúcidos se perciben las ramificaciones de la glándula del intestino medio como bandas entre anaranjadas y rojo-parduzcas. Los extremos de los apéndices son de un color violeta azulado, rematados en unas puntas blancas.

POSIBLE CONFUSIÓN: Ninguna, gracias a su coloración característica.
HÁBITAT Y DISTRIBUCIÓN: Frecuente sobre colonias de hidropólipos. Desde aguas superficiales hasta mayores profundidades. En todo el Mediterráneo.
BIOLOGÍA: Se alimenta de pólipos del género *Eudendrium.* Como en el caso de otras especies del suborden *Aeolidacea,* este nudibranquio almacena en sus apéndices dorsales las cápsulas urticantes de los pólipos de los que se alimenta. La puesta de huevos se puede dar durante todo el año. Los cordones de puesta son de un color salmón y se encuentran enrollados alrededor de las ramificaciones de las colonias de pólipos de los que se alimenta. Cuando las aguas alcanzan 16 °C, las larvas de vida libre de estos animales eclosionan al cabo de unos 7-8 días.

1

2

1 Flabellina rosada *Flabellina affinis* —Familia *Flabellinidae*

CAT— *Flabellina affinis*
FRA— Flabelline mauve
ING— Mediterranean Violet Aeolid
ALE— Violette Flabellina

CARACTERÍSTICAS: Longitud de 3 cm (máx. 5 cm). Cuerpo alargado. Apéndices dorsales tubulares, con el extremo acabado en punta. Rinóforos con lámelas, casi igual de largos que los tentáculos bucales. Los extremos anteriores del pie están alargados en forma de tentáculos. Color de un violeta púrpura brillante, con las puntas de los apéndices frecuentemente con coloración más intensa. Especialmente en los dos tercios inferiores de los apéndices se translucen las ramificaciones de la glándula del intestino medio.
POSIBLE CONFUSIÓN: *Coryphella pedata* presenta una coloración similar, aunque se diferencia entre otros rasgos por los extremos de los apéndices de color blanco y por sus rinóforos lisos.

HÁBITAT Y DISTRIBUCIÓN: Desde aguas someras hasta por debajo de los 50 m. No es rara, llegando a encontrarse de forma regular en algunos territorios. En todo el mar Mediterráneo.
BIOLOGÍA: Esta especie se alimenta de las cabezuelas de colonias de hidropólipos, posiblemente de especies del género *Eudendrium.* De hecho es relativamente frecuente encontrar ejemplares de esta especie sobre dichas colonias. Este nudibranquio enrolla sus cordones de huevos espiralizados alrededor de las ramificaciones de las colonias de *Eudendrium.* Dichos cordones suelen ser rosados o violáceos, como el propio animal. Las puestas de huevos se pueden observar entre los meses de marzo y octubre.

2 Godiva anaranjada *Donice banyulensis* —Familia *Facelinidae*

CAT— *Donice banyulensis*
FRA— Godiva orange
ING— Donice banyulensis
ALE— Orangene Godiva

CARACTERÍSTICAS: Longitud hasta 7 cm. Cuerpo alargado y cola rematada en punta, libre de apéndices. Ángulo anterior del pie con llamativos tentáculos pódales curvados hacia atrás. Rinóforos con lámelas anulares muy finas. Tentáculos bucales con una longitud de un tercio de la longitud corporal y el doble de largos que los rinóforos. Numerosos apéndices dorsales dispuestos en 5 grupos o, como en la ilustración, en 6 grupos, perfectamente distanciados y enfrentados. Coloración básica de un naranja claro, apéndices con una delgada banda de un naranja intenso justo por debajo de las puntas. La zona inmediatamente inferior deja translucir la glándula del intestino medio, de un color pardo-anaranjado. El lado superior es recorrido en toda su longitud por tres llamativas líneas blancas: una recorre la zona central desde la punta de la cola hasta el borde anterior de la cabeza, donde se bifurca y se prolonga un tramo en el borde anterior de los tentáculos bucales. Las dos restantes parten de cada base de los tentáculos bucales, extendiéndose hacia atrás a lo largo de los laterales, uniendo las bases de los grupos de apéndices dorsales entre sí.

POSIBLE CONFUSIÓN: Debido a sus largos tentáculos bucales, esta especie puede confundirse con *Coryphella lineata,* normalmente de coloración similar, la cual se diferencia de la especie que nos ocupa por tener tentáculos bucales y rinóforos de igual longitud.
HÁBITAT Y DISTRIBUCIÓN: Endémica del Mediterráneo. Sobre suelos rocosos entre los 10 y 30 m.
BIOLOGÍA: Se alimenta de hidropólipos y briozoos. Los nudibranquios suelen mostrar siempre una coloración y dibujo característicos de cada especie. Dichos colores y dibujos son similares entre algunas especies, aunque una observación más detallada suele permitir su identificación. Por otra parte, también es posible que dentro de una misma especie se den variaciones de la coloración más o menos acentuadas. Por ejemplo, en el caso de *Godiva banyulensis,* las bandas longitudinales blancas en la base de los apéndices dorsales laterales no suelen estar tan marcadas como en el ejemplar de la fotografía, llegando incluso a estar casi ausentes del todo.

1

2

1 Arca de Noé *Arca noae* —Familia *Arcidae*

CAT— Peu de cabrit
FRA— Arche de Noé
ING— Noah's Ark Shell
ALE— Arche Noah

CARACTERÍSTICAS: Tamaño normal entre 5 y 8 cm, raramente hasta 10 cm. Valvas coincidentes iguales más largas que anchas. Campo dorsal ancho y plano, con umbos abombados y muy separados entre sí en la parte anterior. Borde inferior largo y recto. Superficie de las valvas con costillas en forma de radios, en algunas partes con pelos cortos. Coloración entre pardo-grisácea y pardo-oscura, con bandas pardo-rojizas. Valvas normalmente cubiertas de otros organismos.
POSIBLE CONFUSIÓN: Ninguna.
HÁBITAT Y DISTRIBUCIÓN: Sobre suelos duros y piedras. Desde aguas superficiales hasta mayores profundidades. En todo el Mediterráneo. En el Atlántico oriental desde Angola hasta Portugal.
BIOLOGÍA: Las valvas suelen estar cubiertas por organismos que se adhieren a éstas. El ejemplar de la fotografía está cubierto por la esponja incrustante rojiza *Crambe crambe,* de modo que el bivalvo sólo se reconoce por sus contornos y por la hendidura recta del borde inferior por el que se abren y cierran las valvas. Es comestible, encontrándose a veces en mercados.

2 Dátil de mar *Lithophaga lithophaga* —Familia *Mytilidae*

CAT— Dàtil de mar
FRA— Moule commune
ING— Blue mussel
ALE— Steindattel

CARACTERÍSTICAS: Tamaño hasta 10 cm. Valvas coincidentes iguales, alargadas, de forma casi cilíndrica, solamente en el borde posterior algo achatada. Superficie con bandas radiales concéntricas muy finas. Color: exterior de las valvas de un pardo-rojizo uniforme, e interior azul lechoso.
POSIBLE CONFUSIÓN: Ninguna.
HÁBITAT Y DISTRIBUCIÓN: Anida en rocas calizas que va perforando. Desde aguas someras hasta unos 10 m. En el Mediterráneo, el Atlántico oriental desde Marruecos hasta Portugal.
BIOLOGÍA: Perfora rocas calizas secretando una sustancia acida que va disgregando la roca y conlleva una erosión. Puede ser frecuente en el litoral rocoso, aunque suele pasar inadvertida. Es comestible y puede encontrarse en algunos mercados.

3 Mejillón común *Mytilus edulis* —Familia *Mytilidae*

CAT— Musclo de roca
FRA— Datte de mer
ING— Date Shell, Date Mussel
ALE— Essbare Miesmuschel

CARACTERÍSTICAS: Tamaño variable, entre 2 y 10 cm. Valvas coincidentes iguales, alargadas, rematadas en punta en su parte anterior y ensanchadas y redondeadas en su parte posterior. Superficie con finas bandas concéntricas. Color de las valvas: entre negro-azuladas y pardas en el exterior, y nacaradas con un borde oscuro en el interior.
POSIBLE CONFUSIÓN: Existe otra especie similar, propia del Mediterráneo: *M. galloprovincialis,* aunque ésta presenta valvas más anchas y un umbo adelantado a modo de pico. Pero algunos especialistas consideran esta otra sólo como una simple raza geográfica de *M. edulis.*
HÁBITAT Y DISTRIBUCIÓN: Sobre suelos rocosos, piedras y otros sustratos firmes. Desde el infralitoral superior hasta unos 10 m. Probablemente en todo el Mediterráneo. También en las costas atlánticas europeas, en el mar del Norte y en el Báltico.
BIOLOGÍA: Se sujetan firmemente al sustrato por los filamentos del biso, pudiendo incluso vivir en la zona de mareas. Pueden formar densas poblaciones (bancos de mejillones, 3B). Tienen sexos separados y una elevada tasa de reproducción. Una hembra puede poner al año entre 2 y 3 puestas de 5-12 millones de huevos. Tras la fecundación en el agua, las larvas pasan por una fase planctónica de unas 4 semanas, tras lo cual se fijan a sustratos duros adecuados. Comestible, se cría en muchos lugares de forma controlada. En el Mediterráneo es más raro, y probablemente se haya extendido gracias a los cultivos. El emparentado *M. galloprovincialis,* ya citado, está por el Mediterráneo y también es objeto de un cultivo intensivo.

1

2

3A

3B

1 Almejón brillante *Callista chione* —Familia *Veneridae*

CAT— *Callista chione*
FRA— Verni
ING— Smooth Venus, Smooth clam
ALE— Braune Venusmuschel

CARACTERÍSTICAS: Concha entre 6 a 8 cm de tamaño medio, con un fino rayado concéntrico casi liso y brillante. Coloración: de marrón sucio a pardo rojizo, con bandas concéntricas marcadas con manchas oscuras.
POSIBLE CONFUSIÓN: La familia de los venéridos está presente en el Mediterráneo con 18 especies distintas. La que aparece en la ilustración es inconfundible por su brillante concha.
HÁBITAT Y DISTRIBUCIÓN: En suelos arenosos aunque no se entierra, desde el infralitoral hasta los 200 m de profundidad. En todo el Mediterráneo (excepto en el mar Negro) así como en el vecino Atlántico, desde Marruecos hasta las islas británicas.
BIOLOGÍA: Esta especie se encuentra normalmente en las lonjas y pescaderías de España, Italia y Marruecos. Además de los métodos clásicos de captura (redes de arrastre con dragas a lo largo del fondo marino), en Italia también se crían con métodos de acuicultura. Se consumen normalmente en fresco.

2 Chirla *Chamelea gallina* —Familia *Veneridae*

CAT— *Chamelea gallina*
FRA— Vènus
ING— Mediterranean striped venus
ALE— Gemeine Venusmuschel

CARACTERÍSTICAS: Es un venérido pequeño, con una concha redondeada de un máximo de 5 cm de tamaño y numerosas (unas 80) tupidas cintas espirales sin costillas radiales. Coloración básica: blanco con bandas radiales de tono marrón.
POSIBLE CONFUSIÓN: El representante más frecuente de este género es reconocible gracias a sus numerosas bandas espirales.
HÁBITAT Y DISTRIBUCIÓN: Vive enterrada en suelos arenosos del infralitoral y aparece frecuentemente en grandes comunidades. Se extiende por todo el Mediterráneo, incluido el mar Negro, así como en el Atlántico, desde Marruecos hasta Noruega.
BIOLOGÍA: Almeja comestible que se encuentra normalmente en las pescaderías y se captura por métodos de pesca industrial y de bajura regional además de acuicultura. Se consumen en fresco, a la marinera, congeladas o en conserva.

3 Escupiña grabada *Venus verrucosa* —Familia *Veneridae*

CAT— *Venus verrucosa*
FRA— Praire commune
ING— Warty venus
ALE— Rauhe Venusmuschel

CARACTERÍSTICAS: Es un venérido de 3,5 a 5 cm de tamaño (máximo 7 cm) con umbos muy sobresalientes. Son llamativas sus lamelas espirales en relieve que están cruzadas por delante y detrás por unas verrugosas costillas radiales. Coloración: blanco hasta amarillo grisáceo.
POSIBLE CONFUSIÓN: Ninguna. Esta especie es inconfundible por las lamelas y las costillas.
HÁBITAT Y DISTRIBUCIÓN: Vive en fondos de arena normal o gruesa en el infralitoral así como entre praderas marinas. Especie muy extendida en el Mediterráneo (excluido el mar Negro), así como en el Atlántico, desde las islas británicas hasta Angola, además en el océano Índico hasta Mozambique.
BIOLOGÍA: Almeja comestible que se encuentra normalmente en las pescaderías y se captura por métodos de pesca industrial y de bajura regional además de acuicultura. Se consumen en fresco o en conserva.

1

2

3

1 Nácar, tridacna *Pinna nobilis* —Familia *Pinnidae*

CAT— Nacre
FRA— Grande nacre
ING— Noble pen shell
ALE— Große Steckmuschel

CARACTERÍSTICAS: Tamaño máximo de unos 100 cm. Valvas coincidentes iguales, en forma de abanicos alargados. El borde anterior, enterrado en el suelo, acaba en punta, mientras que el borde posterior sobresale del suelo y es redondeado, en forma de arco. En los ejemplares jóvenes, la superficie de las valvas presenta un rico relieve a base de escamas acanaladas. Color exterior entre pardo-grisáceo y pardo-rojizo.
POSIBLE CONFUSIÓN: Los jóvenes pueden confundirse fácilmente con P. *rudis,* en la cual las protuberancias escamosas de la superficie de las valvas son menos numerosas y algo mayores.
HÁBITAT Y DISTRIBUCIÓN: Sobre fondos arenosos y cenagosos, y en praderas marinas. Desde unos pocos metros hasta más allá de los 30 m. En todo el Mediterráneo, de donde es endémico.
BIOLOGÍA: Esta especie es el mayor bivalvo del Mediterráneo. Este animal entierra su borde anterior acabado en punta en la arena hasta la mitad o la tercera parte de su longitud. Además se ancla a pequeñas piedras o a otros sustratos apropiados por medio de los filamentos del biso. Entre las valvas de este bivalvo suelen vivir otros organismos especializados como pequeños cangrejos *(Pinnothems pinnotheres* y *P. pisum*) o quisquillas (*Pontonia pinnophylax*). Estos crustáceos encuentran protección y partículas de alimento entre las valvas del bivalvo sin perjudicarle. El nácar es una especie comestible que se puede encontrar con frecuencia en ciertos mercados.

2 Pina áspera *Pinna rudis* —Familia *Pinnidae*

CAT— *Pinna rudis*
FRA— Nacre épineuse
ING— Rough pen shell
ALE— Stachelige Steckmuschel

CARACTERÍSTICAS: Tamaño máximo de 30 cm. Valvas coincidentes iguales, en forma de abanicos alargados. Borde anterior enterrado en el suelo acabado en punta; borde posterior emergente redondeado, en forma de arco. Superficie de las valvas con grandes escamas acanaladas. Color generalmente pardo-rojizo.
POSIBLE CONFUSIÓN: Puede confundirse fácilmente con ejemplares jóvenes de nácar (*P. nobilis).* Sin embargo P. *rudis* presenta escamas más grandes y menos numerosas.
HÁBITAT Y DISTRIBUCIÓN: En suelos arenosos y blandos, en pequeñas hondonadas cubiertas de arena en el litoral rocoso. Desde unos pocos metros hasta más allá de los 50 m. En el Mediterráneo.
BIOLOGÍA: Esta especie es bastante más rara que el nácar (P. *nobilis).* Al igual que aquélla, también es comestible, aunque dada su mayor escasez no se suele encontrar en los mercados.

3 Pajarita *Pteria hirundo* —Familia *Pteriidae*

CAT— Ostra d'ales
FRA— Avicule hirondelle
ING— European wing pyster
ALE— Vogelmuschel

CARACTERÍSTICAS: Tamaño hasta unos 8 cm. Valvas ligeramente desiguales, siendo la izquierda un poco más abombada que la derecha. Borde posterior de apertura del animal con lóbulos o extensiones a ambos lados. Fuerte asimetría de las valvas debido a los lóbulos posteriores, mucho más largos y extendidas, y a una escotadura redondeada entre éstos y la otra valva. Color: parduzco en el exterior y nacarado con un ancho borde oscuro en el Interior.
POSIBLE CONFUSIÓN: Ninguna.
HÁBITAT Y DISTRIBUCIÓN: Sobre suelos duros y blandos, en este último caso adheridas a piedras, y frecuentemente sobre gorgonias. Entre los 15 m y los 100 m. En todo el Mediterráneo. En el Atlántico oriental desde Marruecos hasta las islas Británicas y en las Canarias y Azores.
BIOLOGÍA: Se sujeta a sustratos duros por medio de los filamentos del biso, aunque a veces también se sirve de otros organismos como sustrato que colonizar, por ejemplo gorgonias, un comportamiento conocido como epizoísmo.

1

2

3

1 Peine, Peinecillo de costillas *Lima lima*
—Familia *Limidae*

CAT— Llima escatosa
FRA— Lime écailleuse
ING— Spiny fileclam
ALE— Schuppige Feilenmuschel

CARACTERÍSTICAS: Tamaño hasta unos 5 cm. Las valvas son iguales, coincidentes y asimétricas, y presentan 18-24 costillas radiales marcadas. Éstas tienen escamas dispuestas en líneas concéntricas. Borde del manto con llamativos tentáculos. Color blanquecino en las valvas y en su cuerpo blando.
POSIBLE CONFUSIÓN: Ninguna.
HÁBITAT Y DISTRIBUCIÓN: Sobre suelos duros. Desde aguas superficiales hasta por debajo de los 50 m de profundidad. En el Mediterráneo y desde el norte de África hasta el suroeste de Portugal.
BIOLOGÍA: Puede encontrarse de forma regular sobre todo tipo de suelos duros, aunque tampoco es raro que se oculte en pequeñas hendiduras y cavidades o sujeto bajo piedras.

2 Peinecillo *Limaria hians*
—Familia *Limidae*

CAT— *Limaria hians*
FRA— Lime bâillante
ING— Flame shell
ALE— Klaffende Feilenmuschel

CARACTERÍSTICAS: Tamaño hasta unos 3,5 cm. Valvas iguales coincidentes, abombadas, relativamente delgadas, con unas 50 costillas radiales muy finas. Coloración: valvas blancuzcas; cuerpo blando de un rojo anaranjado brillante, con tentáculos adherentes muy largos en el borde del manto.
POSIBLE CONFUSIÓN: Puede confundirse fácilmente con la *Lima inflata (exilis).*
HÁBITAT Y DISTRIBUCIÓN: Sobre suelos blandos y duros, a menudo bajo piedras. Desde aguas superficiales hasta unos 100 m de profundidad. En todo el Mediterráneo. En algunas partes del Atlántico oriental.
BIOLOGÍA: Puede fijarse firmemente al sustrato por medio de los filamentos del biso. A veces construye una especie de nido protector con ayuda del pegajoso biso, compuesto además por algas, angiospermas marinas, piedrecitas y fragmentos de conchas pegados entre sí. En caso de sentirse molestada o amenazada puede nadar un trecho impulsándose con un brusco cierre de las valvas.

3 Ostra plana *Ostrea edulis*
—Familia *Ostreidae*

CAT— Ostra
FRA— Huître plate
ING— European flat oyster
ALE— Europäische Auster

CARACTERÍSTICAS: Tamaño de hasta 10 cm. Valvas gruesas con forma variable, irregularmente ovales o circulares. La valva inferior (3A izquierda) crece soldada al sustrato y presenta forma cóncava en escudilla; la superior (derecha) es plana. Superficie de las valvas con relieve más o menos marcado, en forma de capas de hojaldre, Color: pardo-grisáceo más claro o más oscuro, con zonas violetas; cara interior con un brillo nacarado. 3B: subespecie *Ostrea edulis lamellosa.*
POSIBLE CONFUSIÓN: Puede confundirse fácilmente con otras especies del Mediterráneo, como la Crassus crassostrea.
HÁBITAT Y DISTRIBUCIÓN: Sobre rocas y piedras. Desde aguas someras hasta unos 50 m de profundidad. En todo el Mediterráneo y mar Negro. En el Atlántico oriental desde Marruecos hasta Noruega, y mar del Norte.
BIOLOGÍA: Puede pasar por etapas alternantes de producción de espermatozoides y óvulos, y actuar como macho o como hembra de modo alternativo. Cada año puede producir más de 2 millones de huevos. Los fecundados permanecen en la cavidad del manto de la concha hasta la eclosión de las larvas, las cuales viven planctónicamente durante 1-2 semanas, antes de pasar a fijarse a algún sustrato duro apropiado. Es una apreciada exquisitez gastronómica con clara importancia económica. Actualmente también se cultiva artificialmente en el Mediterráneo en granjas, extrayéndose para su consumo normalmente en el tercer año. Las ostras pueden llegar a vivir 30 años.

1

2

3A

3B

1 Sepia común *Sepia officinalis* —Familia *Sepiidae*

CAT— Sípia comuna
FRA— Seiche
ING— European common cuttlefish
ALE— Gemeine Sepia

CARACTERÍSTICAS: Longitud del cuerpo, sin los brazos de captura estirados, hasta 40 cm. Cuerpo ancho, oval alargado y aplanado, con crestas cutáneas en los lados que casi se tocan en el extremo del cuerpo, 8 brazos cortos y 2 tentáculos de captura alargables. Superficie del cuerpo generalmente lisa, aunque también puede formar cortos apéndices vellosos mediante la contracción de los músculos cutáneos. Color muy variable, según el color del fondo y de su estado de ánimo, que puede cambiar en cuestión de segundos; entre un color arena claro y un pardo-rojizo oscuro.
POSIBLE CONFUSIÓN: Existen otras dos especies en el Mediterráneo: la Sepia *elegans,* de hasta 9 cm de largo, y *S. orbignyana*, de hasta 12 cm de largo. Ambas son muy difíciles de distinguir bajo el agua de los ejemplares jóvenes de sepia común. *S. orbignyana* presenta en el extremo del cuerpo un pequeño apéndice lobulado (rostro). Las características de diferenciación más seguras son el tamaño y la disposición de las ventosas en los dos brazos largos de captura.
HÁBITAT Y DISTRIBUCIÓN: Sobre suelos sedimentarios y en praderas marinas. Desde aguas superficiales hasta los 150 m. En el Mediterráneo y el Atlántico desde Marruecos hasta Noruega.
BIOLOGÍA: Presenta una actividad predominantemente nocturna. Se alimenta de camarones, gambas, cangrejos y pequeños peces. Las presas son capturadas con ayuda de los dos largos tentáculos de captura extensibles. La época de reproducción se alarga desde febrero hasta octubre. Los huevos, de color entre pardo oscuro y negro, suelen aparecer formando cúmulos arracimados adheridos a distintos tipos de sustratos duros, aunque también a algas y angiospermas marinas. La puesta no es vigilada por los progenitores.

2 Calamar *Loligo vulgaris* —Familia *Loliginidae*

CAT— Calamar
FRA— Calmar
ING— European squid
ALE— Gemeiner Kalmar

CARACTERÍSTICAS: Longitud entre 15 y 30 cm (máx. 50 cm). Cuerpo esbelto en forma de huso. Las dos aletas triangulares se unen en la parte posterior del cuerpo lateralmente en el dorso. Visto desde arriba, ambas forman una unidad romboidal que cubre dos tercios del manto. Tiene 8 brazos cortos y 2 tentáculos de captura extensibles. Color variable: entre parduzco y violeta rojizo.
POSIBLE CONFUSIÓN: Sólo existen dos especies del género en el Mediterráneo. La otra especie es *L. forbesi,* aunque sólo se encuentra por debajo de los 100 m. Algunos otros géneros de calamares semejantes al calamar común son propios de dominios más pelágicos o viven a mayores profundidades.
HÁBITAT Y DISTRIBUCIÓN: Especie nerítica; en aguas libres cercanas a la costa, a menudo también cerca de los fondos. Desde la superficie del mar hasta unos 100 m de profundidad. En todo el Mediterráneo. En el Atlántico oriental hasta las islas Británicas.
BIOLOGÍA: Es un depredador con actividad nocturna. Nada en grupo o en pequeños bancos (2A). Se alimenta de peces y gambas, y de algunos animales de los fondos. Se reproduce a comienzos del verano. Las hembras depositan unas vainas o cápsulas tubulares blancuzcas y gelatinosas (2B), cada una con 30-50 huevos, agrupadas en forma de penachos que quedan adheridos a diferentes tipos de sustratos duros. Los calamares pueden vivir entre 12 y 18 meses. Nadan sirviéndose del principio de propulsión a chorro, expulsando agua de forma intermitente por una estructura denominada embudo. Dicho embudo es orientable, lo que les permite cambiar la dirección de avance. Este modo de locomoción les permite alcanzar velocidades relativamente altas. Alcanzan velocidades iguales o incluso similares mediante los movimientos de batida de sus aletas. Los pescadores los atraen utilizando faroles y capturándolos después por medio de redes. Son un alimento muy apreciado que se encuentra de forma regular en lonjas y mercados.

1

2A

2B

1 Pulpo común *Octopus vulgaris* —Familia *Octopodídae*

CAT— Pop roquer
FRA— Poulpe commun
ING— Common octopus
ALE— Gewöhnlicher Krake

CARACTERÍSTICAS: Longitud hasta 100 cm; envergadura con los brazos extendidos hasta 200 cm, aunque generalmente menor. Cuerpo en forma de saco con 8 grandes tentáculos o brazos cefálicos, cada uno con 2 filas de ventosas en su cara inferior. Superficie corporal variable, según el estado de contracción de la musculatura de la piel: lisa, arrugada o con cortas protuberancias de aspecto velloso. Color variable, según el color del fondo y de su estado de ánimo, pudiendo cambiar en cuestión de segundos: gris blancuzco, color arena, pardo oscuro o claro o rojizo.
POSIBLE CONFUSIÓN: Con *O. macropus*, más raro, pero ocasionalmente también observable, por sus tentáculos claramente más cortos.
HÁBITAT Y DISTRIBUCIÓN: Sobre fondos rocosos en el infralitoral, y sobre fondos con cantos rodados; también, aunque más raramente, sobre fondos arenosos. Desde aguas superficiales hasta unos 100 m de profundidad. En todo el Mediterráneo; en el Atlántico oriental está muy extendido.

2 Pulpo araña *Octopus salutii* —Familia *Octopodidae*

CAT— *Octopus salutii*
FRA— *Octopus Salutii*
ING— Spider octopus
ALE— Schirm-Krake

CARACTERÍSTICAS: Existe un manifiesto tejido o umbela entre los brazos, que se extiende como un fleco hasta llegar a las puntas de los mismos. Piel más o menos lisa, desde ocre o mostaza hasta amarillo naranja con manchas oscuras y claras, si se irrita se tiñen de azul claro. Brazo fecundante (hectocótilo) con largas "cucharas" en el extremo.
POSIBLE CONFUSIÓN: Esta especie es fácil de confundir con la del pulpo común, tanto por su aspecto como por sus largos brazos. Visto a distancia, la única diferencia es el ribete en forma de vela situado en y entre los brazos. Si se le observa extendido, este pulpo recuerda a una telaraña y de ahí procede su nombre común.
HÁBITAT Y DISTRIBUCIÓN: La especie bentónica de este pulpo vive en suelos fangosos entre 30 y 600 m de profundidad, aunque la mayoría aparece entre 150 y 300 m. En el Mediterráneo (excepto el Adriático norte, las Egeas septentrionales y el mar Negro) así como en la costas atlánticas del sur de España.
BIOLOGÍA: Esta especie se captura normalmente con redes de arrastre. Se alimenta sobre todo de crustáceos.

3 Pulpón, pulpo patudo *Octopus macropus* —Familia *Octopodidae*

CAT— Pópara
FRA— Poulpe à longs bras
ING— Atlantic white-spotted octopus
ALE— Langarmiger Krake

CARACTERÍSTICAS: Longitud hasta 100 cm; envergadura con los brazos extendidos hasta unos 200 cm. Cuerpo en forma de saco con 8 brazos cefálicos bastante largos, cada uno con 2 filas de ventosas en su cara inferior. Superficie corporal variable, según el estado de contracción de la musculatura de la piel: lisa, arrugada o con cortas protuberancias de aspecto velloso. Color variable, según el color del fondo y de su estado de ánimo, pudiendo cambiar en cuestión de segundos: típicamente de un pardo-rojizo intenso con pequeñas y numerosas manchas blancas.
POSIBLE CONFUSIÓN: Resulta relativamente fácil de distinguir, gracias a los llamativamente largos brazos y la coloración normalmente rojiza con manchas blancas.
HÁBITAT Y DISTRIBUCIÓN: Sobre suelos rocosos, de cantos rodados y arenosos. Desde aguas superficiales hasta más allá de los 100 m. En todo el Mediterráneo. También en el Atlántico oriental.
BIOLOGÍA: Es prácticamente imposible de observar si no es por la noche, mostrando un hábito de actividad nocturna mucho más acentuado que el pulpo común. En general esta especie es bastante más rara que la anterior. Por lo demás, el resto de sus hábitos son bastante similares.

1

2

3

1 Gran bellota de mar *Balanus perforatus* —Familia *Balanidae*

CAT— *Balanus perforatus*
FRA— Grande balane grise
ING— Common barnacle
ALE— Kerb-Seepocke

CARACTERÍSTICAS: Las bellotas de mar (subclase cirrípedos) son crustáceos sésiles que se anclan firmemente al sustrato con la región de la zona de las primeras antenas y cuyo dorso está completamente rodeado por un manto sobre el que se depositan unas placas calcáreas. Las patas marchadoras están transformadas en cepillos de cirros (de ahí el nombre del grupo) que sirven para la captura de alimento (1B). Tamaño entre 15 y 30 mm. Caparazón oval y cónico, casi simétrico, con 6 placas calcificadas, que en la punta suelen estar separadas determinando un perfil festoneado.
POSIBLE CONFUSIÓN: El suborden de los balanomorfos está representado en el Mediterráneo por algunas especies que se diferencian por la forma y estructura de las placas. Las distintas especies poseen además requerimientos respecto a su emplazamiento, colonizando diferentes zonas.
HÁBITAT Y DISTRIBUCIÓN: Sobre rocas, otros crustáceos y maderas flotantes o en entradas de grutas en costas rocosas. En todo el Mediterráneo y en el Atlántico hasta unos 20 m; en el Adriático norte sólo se da esporádicamente, mientras que en el golfo de Nápoles es muy abundante.
BIOLOGÍA: Es un organismo filtrador sésil que filtra el agua con movimientos rítmicos de sus patas transformadas en cirros en busca de plancton y partículas en suspensión. Las especies del género *Balanus* también colonizan cascos de embarcaciones llegando a reducir su velocidad de avance, por lo que estos "polizones" no gozan de mucha popularidad. En 3 meses un casco puede verse cubierto hasta una densidad de 400 bellotas de mar por metro cuadrado.

2 *Lepas anserifera & Lepas anatifera* —Familia *Lepadidae*

CAT— *Lepas anserifera*
FRA— Anatife nonnette
ING— Goose barnacle
ALE— Entenmuscheln

CARACTERÍSTICAS: Cirrípedo que recuerda a un bivalvo, con un caparazón de hasta 5 cm constituido por 5 placas calcáreas que recubren el cuerpo. En el caso de *Lepas anserifera* (véase 3, abajo izquierda) las placas calcáreasestán tienen unos surcos muy claros mientras que en la *Lepas anatifera* (véase 4, abajo derecha) los surcos son más suaves. Pedúnculo retráctil de hasta 10 cm de largo. 6 pares de brazos tentaculares birramificados. Color: pedúnculo de animales adultos de un gris oscuro; en formas juveniles los pedúnculos son translúcidos y claros. Las placas calcáreas son blancas, con bordes entre amarillos y pardos (*Lepas anserifera)* (2A) o bien bordes naranjas amarillentos (2B).
POSIBLE CONFUSIÓN: El género Lepas está representado en el Mediterráneo por 3 especies, todas ellas bastante parecidas. Las placas calcáreas de *L. anserifera* presentan claros surcos, en contraste con las de las otras dos especies, *L. anatifera* y *L. pectinata.*
Habitat y distribución: En objetos rígidos que floten en la superficie del mar, como son maderos a la deriva, botellas de plástico, etc. También en cascos de embarcaciones, boyas y sobre conchas de tortugas marinas. En todo el Mediterráneo y en el vecino Atlántico.
BIOLOGÍA: Los miembros de la familia *Lepadidae* son cirrípedos, caracterizados por poseer unas patas transformadas en "cepillos de cirros" para capturar el alimento (véase también *Balanus perforatus).* Batiendo rítmicamente dichas patas transformadas filtran el plancton y las partículas de detritos. Sólo presentan cierto parecido con otros crustáceos durante la fase planctónica de sus larvas. Los lepádidos son hermafroditas que depositan sus huevos fecundados en la cavidad del manto. Abandonan ésta ya como larvas tipo nauplius, que se transforman en larvas cypris envueltas por un caparazón. Durante la transición de la forma de vida planctónica a la vida sésil se forma la parte anterior del pedúnculo y las primeras antenas sirven para el anclaje del animal. Según antiguos mitos y leyendas, de estos animales, que crecen adheridos a maderos flotantes como si fueran algas, se desarrollarían pequeños patos. En el siglo XII, así lo documenta la "Topographia hibernia", algunos obispos y sacerdotes no escatimaban en comer estos animales durante la Cuaresma, ya que no eran carne ni tenían procedencia carnal. Finalmente el Papa Inocencio prohibió esta interpretación en el año 1215. Aunque en otros países estos animales raramente se consumen cocidos, en España otros organismos emparentados del género *Pollicipes,* los populares percebes, alcanzan una gran importancia económica.

1A

1B

2A

2B

1 Gambita de lunares amarillos *Gnathophyllum elegans* —Familia *Gnathophyllidae*

CAT— *Gnathophyllum elegans*
FRA— Crevette drimo
ING— Mediterranean bumblebee shrimp
ALE— Gepunktete Garnele

CARACTERÍSTICAS: Quisquilla con una longitud del cuerpo de 3 cm. Cuerpo rechoncho que recuerda al de un escarabajo, con coloración llamativa. Rostro muy corto. Los dos primeros pares de patas marchadoras provistos de pinzas, con el segundo par claramente más robusto. Color del cuerpo: entre pardo oscuro y pardo negruzco, con numerosos puntos de un amarillo brillante; antenas y patas marchadoras entre violetas y azuladas.
POSIBLE CONFUSIÓN: Ninguna. Es la única especie del género en el Mediterráneo.

HÁBITAT Y DISTRIBUCIÓN: Sobre sustratos duros primarios y secundarios, en muros rocosos y en suelos de cantos rodados y praderas marinas, entre los 20 y los 40 m.
BIOLOGÍA: Es una de las quisquillas más llamativas del Mediterráneo desde el punto de vista de su forma y color. Aparte de individuos que viven en cavidades, se caracteriza –como la mayoría de gambas y quisquillas– por su actividad nocturna, aunque no es precisamente de movimientos ágiles. En junio-julio y en septiembre-octubre se pueden observar hembras con huevos violeta-pardos.

2 Camarón monegasco *Lysmata seticaudata* —Familia *Hippolytidae*

CAT— *Lysmata seticaudata*
FRA— Crevette nettoyeuse rouge
ING— Monaco shrimp
ALE— Mittelmeer-Putzergarnele

CARACTERÍSTICAS: Quisquilla con tamaño corporal medio de 3,5 cm (máx. 6,5 cm). Son característicos los grandes ojos negros, las largas antenas rojas y el dibujo que presenta el cuerpo, con estrechas bandas longitudinales blancas sobre fondo rojo.
POSIBLE CONFUSIÓN: Una segunda especie del género en el Mediterráneo, *Lysmata nilita,* se diferencia fácilmente por carecer de las bandas longitudinales blancas y presentar unas bandas uniformemente rojas.
HÁBITAT Y DISTRIBUCIÓN: En el litoral rocoso en oquedades, hendiduras y cavernas, en fondos de bloques rocosos y praderas marinas, desde los 4 hasta los 60 m de profundidad. En todo el Mediterráneo y en el vecino Atlántico. Es un relicto del antiguo mar de Tetis.
BIOLOGÍA: Esta quisquilla limpiadora presenta actividad nocturna y es un habitante característico de cuevas y cavidades, donde se la puede encontrar en pequeños grupos o grandes formaciones. Especie fotófoba que se retira inmediatamente al recodo más escondido de las cavernas en las que habita al sentirse mínimamente molestada. Se dedica a limpiar el cuerpo de morenas, congrios, blénidos y pequeños serránidos con los que frecuentemente comparte refugio.

3 Quisquilla pequeña *Palaemon elegans* —Familia *Palaemonidae*

CAT— Gambeta
FRA— Petite crevette rose
ING— Rockpool prawn
ALE— Kleine Felsgarnele

CARACTERÍSTICAS: Tamaño hasta 5 cm. Lo característico del género es el largo rostro dentado y a veces curvado hacia arriba. Posee un cuerpo translúcido y presenta líneas de un pardo oscuro Intenso en las separaciones entre segmentos, delgadas líneas pardas en el dorso y numerosas manchas claras irisadas alternando con otras oscuras, Las articulaciones de las patas marchadoras y de las patas con pinzas presentan anillos amarillos y pardos. Ojos de un verde grisáceo.
POSIBLE CONFUSIÓN: Con otras tres especies: *P. serratus* tiene el cuerpo translúcido-lechoso y carece de puntos claros, y *P. adspersus* y *P. xiphias* no exhiben dibujo oscuro en el cuerpo.

HÁBITAT Y DISTRIBUCIÓN: En el infralítoral superior y en charcas que quedan con la marea baja, desde la superficie hasta los 2 m de profundidad. Especie frecuente, ocasionalmente incluso masiva. Prefiere fondos rocosos con algas. En todo el Mediterráneo y en el vecino Atlántico.
BIOLOGÍA: Esta quisquilla vive en zonas donde rompe la espuma de mar, estando adaptada perfectamente a sus exigentes condiciones hidrodinámicas. Se trata de un organismo con actividad diurna que se alimenta de todo aquello que puede atrapar con sus pequeñas pinzas.

1

2

3

1 Quisquilla común *Palaemon serratus* —Familia *Palaemonidae*

CAT— Gambeta
FRA— Grande crevette rose
ING— Common prawn
ALE— Große Felsgarnele

CARACTERÍSTICAS: Gran quisquilla de hasta 12 cm de tamaño, aunque por lo general suele medir en torno a 5 cm. Es característico del género el largo rostro dentado y a veces curvado hacia arriba. La quisquilla común tiene el cuerpo translúcido, de un tono blancuzco-vidrioso, con líneas pardo oscuras muy marcadas en la separación de los segmentos, careciendo frecuentemente de otro tipo de bandas estrechas. Las articulaciones de las patas marchadoras y de las patas provistas de pinzas suelen mostrar anillos amarillos y pardos.
POSIBLE CONFUSIÓN: El género *Palaemon* cuenta en el Mediterráneo con otras tres especies más que se diferencian claramente de P. *serratus. P. elegans* tiene el cuerpo translúcido como el vidrio y presenta puntos claros y oscuros, mientras que *P. adspersus* y *P. xiphias* no muestran dibujo oscuro alguno en el cuerpo.
HÁBITAT Y DISTRIBUCIÓN: La quisquilla común prefiere vivir sobre rocas y fondos con bloques de piedras cubiertos de algas, aunque también se puede encontrar en praderas marinas y cuevas, entre los 2 y 10 m de profundidad. Esta especie evita la zona de rompiente. En todo el Mediterráneo y en el vecino Atlántico, desde Dinamarca hasta el norte de África.
BIOLOGÍA: *Palaemon serratus* es activa exclusivamente por la noche, en contraste con P. elegans, por lo que durante el día sólo es posible observar a la quisquilla común buscando alimento en el interior de cuevas. Esta especie tiene importancia pesquera y se pesca en muchos países del Mediterráneo. En Francia y España incluso se está tratando de criarla en cautividad con fines comerciales.

2 Camarón narval *Pleisionika narval* —Familia *Pandalidae*

CAT— *Pleisionika narval*
FRA— Crevette narval
ING— Narwal shrimp
ALE— Einhorngarnele

CARACTERÍSTICAS: Gran quisquilla con tamaño en general de hasta 9,5 cm (máx. 12 cm). El nombre específico (narval) hace alusión al largo rostro dentado, muy fino y de color rojizo. Los pares de patas marchadoras tercero a quinto y las antenas también son muy largos. Cuerpo translúcido de un tono rosa pálido, a veces con brillo metálico verde azulado, con bandas muy finas blancas y otras algo más anchas dé color rojo oscuro. Ojos de un gris azulado. Las extremidades también son translúcidas, de un color carne, y las antenas son rojas.
POSIBLE CONFUSIÓN: En el Mediterráneo hay varias especies más del mismo género y otras cercanamente emparentadas, todas ellas muy parecidas aunque ninguna con el mismo color que P. *narval.*
HÁBITAT Y DISTRIBUCIÓN: Habita en aguas profundas y muy profundas sobre suelos arenosos, rocosos y de gravas, entre los 10 y los 900 m de profundidad. En zonas costeras llanas sobre todo en los tramos más recónditos de grutas y cuevas. En el Mediterráneo occidental, en el sur del Adriático y en zonas del norte de la cuenca oriental. En el vecino Atlántico hasta Angola, Madeira y Canarias, y también en el mar Rojo y en el océano Indico.
BIOLOGÍA: Esta especie es un habitante característico de las aguas profundas, aunque también se puede encontrar en zonas menos profundas exclusivamente en grandes cuevas. Sólo en estos habitáis encuentra esta quisquilla las condiciones que requiere de oscuridad y tranquilidad de las aguas. Frecuentemente se puede encontrar en enjambres que recuerdan a hileras de hormigas. En caso de peligro los miembros de tales enjambres no huyen a las grietas cercanas, sino que se mueven desordenadamente por las paredes de la cueva. El enjambre se subdivide así en grupos menores, al estilo de lo que ocurre en los bancos de peces, que se vuelven a reunir al cabo de cierto tiempo. Esta especie es sobre todo frecuente entre los 200 y los 400 m, pudiéndose capturar a dicha profundidad con ayuda de redes de fondo y nasas. En España, Argelia y Marruecos es frecuente encontrar esta quisquilla en los mercados.

1

2

1 Quisquilla de antenas largas *Stenopus spinosus* —Familia *Stenopodidae*

CAT— *Stenopus spinosus*
FRA— Crevette jaune cavernicole
ING— Orange shrimp
ALE— Scherengarnele

CARACTERÍSTICAS: Quisquilla de hasta 8 cm, con llamativa coloración. El cuerpo está cubierto de numerosas espinas. El primer y segundo par de patas poseen pequeñas pinzas, y el tercer par de patas marchadoras tiene espinas y unas pinzas más grandes y llamativas que superan claramente a las anteriores. Antenas ostensiblemente más largas que el propio cuerpo. Color del cuerpo de un naranja amarillento brillante, con las espinas algo más oscuras, las extremidades de un naranja más bien oscuro, antenas blancas y ojos de un rojo pardo. Los extremos de las pinzas frecuentemente son blancos (1B). El tercer par de patas provisto de pinzas se encuentra en perpendicular respecto al cuerpo, por lo que esta quisquilla parece más ancha que larga.
POSIBLE CONFUSIÓN: Ninguna. Única especie del género en el Mediterráneo.

HÁBITAT Y DISTRIBUCIÓN: Sobre sustratos duros primarios y secundarios. Frecuente en el dominio coralígeno, así como en cuevas desde aguas superficiales hasta mayores profundidades.
BIOLOGÍA: Presenta actividad nocturna y habita en cuevas Incluso en zonas de la costa en aguas superficiales, donde se la puede observar de día. Durante el día permanece escondida en nichos y grietas rocosas, entre rocas o en la zona coralígena. Por debajo de los 40 m se la puede sorprender desplazándose en aguas "libres" en gran número, con movimientos lentos, casi majestuosos. En caso de peligro no se observan movimientos de retroceso. Las especies emparentadas con esta quisquilla viven en mares tropicales, donde se comportan como quisquillas limpiadoras de otras especies.

2 Processa *Processa sp.* —Familia *Processidae*

CAT— *Processa sp.*
FRA— Crevette-autruche à gros yeux
ING— Grass night shrimp
ALE— Nika-Garnele

CARACTERÍSTICAS: Talla de hasta 8 cm. Rostro corto dirigido hacia delante que supera a los ojos en altura ligeramente y que en casi todas las especies del género termina en dos puntas. Cefalotórax liso. Primer y segundo par de patas marchadoras con desigual desarrollo: las patas derechas terminan en una pequeña pinza afilada. Las patas izquierdas acaban en una pequeña punta. Color carne translúcido, rojizo, pardo o grisáceo, a veces con manchas más claras.
POSIBLE CONFUSIÓN: Esta familia está representada en el Mediterráneo por un género con 10 especies, todas ellas difícilmente diferenciables entre sí y de las que se sabe poco respecto a su distribución precisa. Hasta 1957 sólo se habían descrito dos especies.
HÁBITAT Y DISTRIBUCIÓN: Sobre suelos blandos y en praderas marinas, desde aguas superficiales hasta mayores profundidades. De actividad nocturna. La mayoría de las especies del género *Processa* habitan en todo el Mediterráneo, y alguna de ellas en el Atlántico hasta las Islas Británicas.
BIOLOGÍA: Dos especies del género *Processa* tienen importancia pesquera, pudiéndose encontrar en lonjas y mercados en España, Sicilia, Marruecos, en las costas de Liguria y también en las costas de Grecia: *P. canaliculata* y *P. edulis.*
Los decápodos (*Decapoda*) podrían compararse con la clase de las aves. Hasta el momento se conocen más de 8.500 especies. A simple vista se puede establecer una diferenciación entre los de cola extendida, como la langosta europea, y los de cola replegada y soldada, como el cangrejo de arena. Entre ambos se hallan los intermedios del suborden *Anomura,* como el cangrejo ermitaño o el sastre, cuyo abdomen aún cuenta con patas nadadoras, aunque éstas están replegadas hacia abajo y se mantienen bajo la parte anterior del cuerpo. El orden taxonómico de los decápodos diferencia cinco subórdenes: 1. *Natantia,* que incluye las gambas y quisquillas típicas, como las del género *Processa* o Stenopus; 2. *Reptantia,* como las langostas y cigarras de mar; 3. *Astacura,* como el bogavante; 4. *Anomura,* como el mencionado sastre y otros galateidos, y 5. *Brachyura,* los verdaderos cangrejos, como el cangrejo peloso (*Dromia personata*).

1

1B

2

1 Gamba comensal mediterránea *Periclimenes amethysteus* —Familia *Palaemonidae*

CAT— *Periclimenes amethysteus*
FRA— Périclíménès améthyste
ING— Amethyst partner shrimp
ALE— Gebänderte Partnergarnele

CARACTERÍSTICAS: Gamba de hasta 32 mm de tamaño, con un llamativo dibujo dorsal: tres grandes bandas diferenciadas seguidas de otras dos pequeñas, tono de ocre a rosa con puntos violetas y un ribete claro. La banda delantera apunta hacia el rostrum, la tercera banda tiene forma de corazón. En la zona ventral aparecen 4 o 5 bandas transversales. Las patas marchadoras y las pinzas tienen bandas azules y blancas, el cuerpo es traslúcido en su totalidad.
POSIBLE CONFUSIÓN: Ninguna. En el Mediterráneo se encuentras cuatro especies distintas de este género. Son fáciles de diferenciar por su dibujo y coloración.
HÁBITAT Y DISTRIBUCIÓN: La denominación "comensal" se refiere a que la especie vive en sociedad con diversas anémonas: *Anemona viridis*, *Cibrinopsis crassa* y *Condylactis aurantiaca*. También puede encontrarse en la anémona *Aiptasa mutabilis*. Esta especie solo se ha documentado, hasta ahora, en el mar Mediterráneo.
BIOLOGÍA: Esta especie vive amparada por las anémonas armadas de cápsulas urticantes. Después de cada muda de caparazón la gamba debe renovar su protección y para eso recoge con sus pinzas la mucosidad de los tentáculos de la anémona y la reparte sobre su cuerpo.

2 Gamba comensal transparente *Periclimenes scriptus* —Familia *Palaemonidae*

CAT— *Periclimenes scriptus*
FRA— Périclíménès transparente
ING— Transparent partner shrimp
ALE— Durchsichtig Partnergarnele

CARACTERÍSTICAS: Gamba de hasta 30 mm de tamaño, totalmente transparente. En ocasiones puede tener un delicado diseño de puntos.
POSIBLE CONFUSIÓN: Ninguna. En el Mediterráneo se encuentras cuatro especies distintas de este género. Son fáciles de diferenciar por su dibujo y coloración.
HÁBITAT Y DISTRIBUCIÓN: La denominación "comensal" se refiere a que la especie vive en sociedad con la anémona dorada (*Condylactis aurantiaca*) a profundidades de 5 a 80 m. Solo se ha documentado, hasta ahora, en el mar Mediterráneo.
BIOLOGÍA: Esta especie parece tener una relación muy estrecha con las anémonas que la acogen, pues resulta muy extraña de observar en sociedad con gorgonarios o alcionarios. Su protección contra las células urticantes es, probablemente, genética, pues no la pierde después de cambiar el caparazón. Parece también tener una estrecha asociación con la anémona dorada, aunque eso no reporte ningún beneficio a esta última.

3 Gamba comensal *Periclimenes sagittifer* —Familia *Palaemonidae*

CAT— *Periclimenes sagittifer*
FRA— Périclíménès atlantique
ING— Snakelocks anemone shrimp
ALE— Blauweiße Partnergarnele

CARACTERÍSTICAS: Gamba de hasta 30 mm de tamaño. Lleva marcado en el dorso un dibujo azul y blanco en forma de "V". Además cuenta con numerosos puntos azules en la zona de la cabeza y el tórax. Las patas marchadoras y las pinzas tienen bandas azules y blancas, el cuerpo es traslúcido en su totalidad.
POSIBLE CONFUSIÓN: Ninguna. En el Mediterráneo se encuentras cuatro especies distintas de este género. Son fáciles de diferenciar por su dibujo y coloración.
HÁBITAT Y DISTRIBUCIÓN: La denominación "comensal" se refiere a que la especie vive en sociedad con diversas anémonas: *Anemona viridis*, *Cibrinopsis crassa* y *Condylactis aurantiaca*. Desde aguas someras hasta grandes profundidades. Mediterráneo occidental y mar Adriático; en el Atlántico hasta el canal de la Mancha.
BIOLOGÍA: Esta especie debe renovar su protección frente a las cápsulas urticantes después de cada muda de caparazón. Además puede observarse que corta y devora los extremos de los tentáculos de su anémona hospedante.

1

2

3

1 Cigarra de mar *Scyllarides latus* —Familia *Scyllaridae*

CAT— Sapa, cigala gran, esclop
FRA— Grande cigale de mer
ING— Mediterranean locust lobster
ALE— Großer Bärenkrebs

CARACTERÍSTICAS: Cigarra de mar con una longitud corporal de hasta 45 cm y un compacto cuerpo, rechoncho y achatado. Los segmentos abdominales de esta especie están provistos lateralmente de robustas espinas afiladas, con el primer segmento con manchas rojas. Coloración básica entre pardo-clara y rojo-pardusca, con los bordes de las segundas antenas aplanadas con un ribete violeta azulado. Primer par de antenas también de color violeta azulado.
POSIBLE CONFUSIÓN: En el Mediterráneo existen 5 especies similares incluidas en 2 géneros. No obstante la única especie del género *Scyllarides* se diferencia de las del género *Scyllarus* por su color y por el borde redondeado del segundo par de antenas con forma foliácea.
HÁBITAT Y DISTRIBUCIÓN: Sobre suelos duros primarios y secundarios, sobre todo en hendiduras, entre bloques de roca y en grandes cuevas, en las que coloniza galerías. Entre 4 y 100 m de profundidad. En todo el Mediterráneo excepto en el Adriático norte.
BIOLOGÍA: Con su compacto cuerpo, no es tan torpe como parece: con su robusta cola articulada, que puede batir enérgicamente en la zona abdominal en caso de peligro, se catapulta hacia atrás en un rápido movimiento de huida y retroceso. Durante el periodo reproductivo, las hembras llevan adheridos a sus patas traseras un gran número de huevos de un vistoso color rojo. Las hembras cuidan la puesta hasta que las larvas eclosionan (véase también *Scyllarus arctus*). Es activa durante la noche. Sólo tiene importancia económica de forma local, dado que nunca se encuentra de forma tan abundante como las langostas.

2 Santiaguiño *Scyllarus arctus* —Familia *Scyllaridae*

CAT— Cigala, llagosta lluïsa
FRA— Petite cigale de mer
ING— Small european locust lobster
ALE— Kleiner Bärenkrebs

CARACTERÍSTICAS: Tamaño hasta 16 cm. Bordes laterales de los segmentos abdominales redondeados y sin espinas. El quinto par de patas marchadoras de las hembras está provisto de una pequeña pinza incompleta. Color entre rojo herrumbroso y rojo parduzco, con la zona ventral de un amarillo ocre. En su lado superior exhibe 3 anchas bandas transversales de un rojo brillante.
POSIBLE CONFUSIÓN: En el Mediterráneo existen en total 5 especies similares incluidas en 2 géneros. Puede diferenciarse claramente del resto de especies del género *Scyllarus* por su color. La cigarra de mar se diferencia de éste por el borde redondeado del segundo par de antenas con forma foliácea.
HÁBITAT Y DISTRIBUCIÓN: Sobre suelos rocosos, en praderas marinas y también en suelos de sedimentos gruesos y en cuevas, entre los 5 y 50 m de profundidad. En todo el Mediterráneo y en el vecino Atlántico, desde el canal de La Mancha hasta las islas Canarias.
BIOLOGÍA: Pasa el día escondido en pequeños nichos y hendiduras, abandonando éstos sólo por la noche, al salir en busca de alimento. Usa sus segundas antenas achatadas para cavar y volver piedras a la caza de moluscos y gusanos. Haciendo cuña con las patas marchadoras delanteras, puede separar lo suficiente las valvas de los bivalvos de los que se alimenta. Pasa por una larga fase larvaria durante la cual se desplaza con el plancton incluso largas distancias. De los huevos fecundados se desarrolla una primera larva conocida como filosoma y pasa hasta por 15 estadios larvarios diferenciados. Dicha larva inicial es extremadamente plana, transparente y con una forma completamente distinta a la de los adultos. Estas larvas tienen que agitar continuamente sus pequeñas patas para no hundirse hacia el fondo. Los estadios más tardíos de larvas filosomas parecen fijarse a ciertas medusas, habiéndose encontrado dichas larvas sujetas por su tercer par de patas marchadoras a aurelias y acalefos luminiscentes de modo tan firme que hubo que hacer mucha fuerza para separarlas. Al final de la fase larvaria tiene lugar una metamorfosis al estado de larva puerulus, la cual emigra al poco tiempo al fondo marino y adquiere la forma adulta.

1

2

1 Langosta común *Palinurus elephas* —Familia *Palinuridae*

CAT— Llagosta
FRA— Langouste rouge
ING— Common spiny lobster
ALE— Europäische Languste

CARACTERÍSTICAS: Tamaño máximo de 50 cm. Segundo par de antenas más largo que el propio cuerpo. Laterales de los segmentos abdominales y cefalotórax provistos de numerosas espinas, con un pequeño rostro. Pares de patas 1 a 4 sin pinzas. Gran cola en forma de abanico. Color entre pardo-rojizo y pardo-violeta.
POSIBLE CONFUSIÓN: Las langostas están representadas en el Mediterráneo por tres especies incluidas en dos géneros. El género *Panulirus* (con la única especie *Panulirus regius)* no tiene rostro, el primer par de antenas son largas y están ramificadas en forma filamentosa, su color es verdoso y alcanza un tamaño máximo de 35 cm. Esta especie sólo se encuentra de forma puntual en algunas zonas de las costas españolas y francesas. El segundo género, *Palinurus,* al que pertenece la langosta común, cuenta con otra especie, *P. mauretanicus* o langosta rosa, la cual se encuentra exclusivamente en el Mediterráneo occidental por debajo de los 200 m de profundidad.
HÁBITAT Y DISTRIBUCIÓN: Sobre suelos duros primarios y secundarios, en cuevas y hendiduras rocosas, sobre todo en el dominio coralígeno, entre los 15 y los 160 m de profundidad (más frecuente a partir de los 40 m). En todo el Mediterráneo occidental y en el Adriático y en las regiones del norte de la cuenca oriental. Ausente desde las costas del sur de Turquía hasta las de Siria. En el vecino Atlántico desde Noruega hasta Marruecos.
BIOLOGÍA: La alimentación de la langosta se compone de animales muertos, moluscos como bivalvos y gasterópodos, y equinodermos, los cuales puede quebrar incluso sin sus pinzas. Las langostas son una apreciadísima exquisitez culinaria, por lo que son capturadas de forma intensiva con ayuda de nasas o directamente por buceadores, siendo incluso criadas en cetarias.

2 Bogavante *Homarus gammarus* —Familia *Nephropidae*

CAT— Llobregant, llamàntol
FRA— Homard européen
ING— European lobster
ALE— Europäischer Hummer

CARACTERÍSTICAS: Tamaño hasta 60 cm. Primer par de patas marchadoras con grandes y robustas pinzas desiguales (las más delgadas para sujetar a las presas y las mayores para quebrarlas). Segundo y tercer par de patas también provistos de pinzas. Segundo par de antenas de longitud similar a la corporal. Color entre gris azulado y violeta oscuro, más o menos jaspeado.
HÁBITAT Y DISTRIBUCIÓN: Nichos y fondos rocosos ricos en hendiduras con suelos blandos, fondos con bloques y sustratos duros secundarios, normalmente por debajo de los 30 m. En el Mediterráneo occidental, en el Egeo oriental, en el mar de Mármara y en el noroeste del mar Negro. Prefiere regiones de aguas frescas y no se da más al oriente de Creta. En el vecino Atlántico desde el archipiélago de Lofoten (Noruega) hasta las costas atlánticas marroquíes y Azores.
BIOLOGÍA: Activo durante la noche y marcadamente territorial, regresa de nuevo a su "escondrijo" después de cada desplazamiento en busca de comida. Es cauto al realizar las mudas de caparazón, buscando refugio ante la vulnerabilidad de dicho estado. Por la noche caza cangrejos, moluscos y gusanos y la carroña que pueda encontrar. Con su gran pinza –capaz de seccionar el hueso de un dedo– puede llegar a abrir valvas de bivalvos sin esfuerzo, mientras que con la pequeña despieza a su presa y conduce los fragmentos hasta su boca. En caso de perder sus pinzas mayores durante un ataque o un accidente, en la siguiente muda la pinza menor desarrolla un mayor tamaño para sustituir a las perdidas. Tiene una enorme importancia pesquera, dado lo apreciado de su carne. Ello ha llevado a una gran reducción de sus poblaciones naturales, por lo que se han tenido que adoptar cuotas en sus capturas y medidas especiales en muchos lugares. Ejemplo de ello es el documentado caso de las poblaciones de bogavante de Helgoland, donde en 1937 se llegaron a capturar 87.000 bogavantes que supusieron unas 41 toneladas. Desde la segunda guerra mundial las capturas se redujeron en picado, y en 1992 sólo se pudieron capturar 102 bogavantes (93 kg), por lo que se ha establecido una cuota de captura de 50 kg.

1

2

1 Gran ermitaño, bruja grande *Dardanus arrosor* —Familia *Diogenidae*

CAT— Xufanc
FRA— Grand bernard-l'ermite
ING— Greater hermit crab
ALE— Großer Einsiedlerkrebs

CARACTERÍSTICAS: Se trata del cangrejo ermitaño más grande del Mediterráneo, que alcanza hasta 10 cm. La pinza izquierda es de mayor tamaño, con las puntas córneas, de un color pardo-negruzco. Presenta bandas transversales resaltadas sobre las patas provistas de pinzas. Patas y pinzas de color rojo, antenas amarillas o naranjas y pedúnculos oculares con un anillo blanco rojizo.
POSIBLE CONFUSIÓN: El gran ermitaño es una de las dos especies del género *Dardanus* existentes en el Mediterráneo. La segunda especie es el gran ermitaño rojo (D. *calidus),* que se diferencia por las numerosas protuberancias en punta en las patas que sustentan las pinzas.
HÁBITAT Y DISTRIBUCIÓN: Sobre diferentes suelos blandos y duros en el infralitoral y circalitoral, desde aguas someras hasta mayores profundidades. En el Mediterráneo y en el Atlántico oriental.
BIOLOGÍA: Suele vivir en asociación con la anémona *Calliacactis parasitica.* Algunos investigadores sostienen que se trataría de una relación muy estrecha que incluso iría tan lejos como para que el cangrejo tomara consigo de nuevo a la anémona al cambiar a una concha mayor. Otros autores, por el contrario, defienden que es la anémona la que realizaría activamente el cambio de concha: la anémona inicialmente reconocería táctilmente con sus tentáculos la concha nueva; algunos tentáculos permanecerían pegados a ésta por si el cangrejo ermitaño decidiera ponerse en movimiento. Unos minutos después todo el disco bucal se situaría sobre la concha, y entonces comenzaría a arquearse el cuerpo de la anémona hasta que su pie alcanzara ésta. Finalmente se soltarían el disco bucal y los tentáculos y la anémona se enderezaría. Todo el proceso dura unos 20-25 minutos.
Esta asociación sería una verdadera simbiosis en la que la anémona protegería al cangrejo ermitaño con sus cápsulas urticantes (sobre todo en los acontios) y el ermitaño transportaría a la anémona de un lugar a otro, beneficiándose ésta en su obtención de alimento. También es curiosa la forma en que el ermitaño selecciona su nueva casa: primero hace rodar la concha vacía de un lado a otro para estimar su peso; a continuación introduce sus patas o el abdomen en la misma para evaluar el espacio disponible. Finalmente mide con sus pinzas el diámetro de la boca de la concha y, si satisface sus requerimientos, comienza a limpiarla.

2 Gran ermitaño rojo *Dardanus calidus* —Familia *Diogenidae*

CAT— *Dardanus calidus*
FRA— Grand pagure
ING— Hermit crab
ALE— Großer Roter Einsiedlerkrebs

CARACTERÍSTICAS: Es uno de los cangrejos ermitaños más grandes en el Mediterráneo, con sus casi 10 cm. Pertenece a un género con las pinzas izquierdas de mayor tamaño y con las puntas de las pinzas de consistencia córnea y color pardo oscuro. Esta especie en concreto presenta numerosas protuberancias acabadas en punta en las patas provistas de pinzas. Patas y pinzas rojas, antenas entre amarillas y anaranjadas y pedúnculos oculares con dibujo anular blanco rojizo.
POSIBLE CONFUSIÓN: La otra especie en el Mediterráneo de este género es *Dardanus arrosor,* sin protuberancias en las patas con pinzas y que en cambio tienen tilas de escamas transversales.
HÁBITAT Y DISTRIBUCIÓN: Sobre diferentes suelos blandos y duros en el infralitoral y en el circalitoral, desde aguas superficiales hasta mayores profundidades.
BIOLOGÍA: Vive frecuentemente en asociación con la anémona *Calliactis parasitica* (véase *Dardanus arrosor*). Dado que las conchas que emplea como morada son espirales y generalmente las espiras giran a derechas, las larvas del cangrejo ermitaño deben realizar una metamorfosis para adaptarse a la vida reptadora sobre el fondo y a la conformación asimétrica de su casa. Se puede reconocer este hecho sobre todo porque presenta una pinza izquierda de mayor tamaño que sirve para obturar la abertura de la concha a modo de una tapa.

1

2

1 *Pagurus cuanensis*
—Familia *Paguridae*

CAT— *Pagurus cuanensis*
FRA— Pagure poilu
ING— Hairy hermit crab
ALE— Behaarter Einsiedler

CARACTERÍSTICAS: Tamaño de hasta 3 cm. Género con la pinza derecha de mayor tamaño, con numerosos pelos y protuberancias acabadas en punta en la pinza derecha. Color: pelos de un pardo-amarillento apagado y uniforme; cuerpo y extremidades entre marrón y pardo oscuro.
POSIBLE CONFUSIÓN: En el Mediterráneo habitan 10 géneros de la familia *Paguridae,* que a su vez incluyen 29 especies, no siempre fáciles de diferenciar entre sí. No obstante, *Pagurus cuanensis* se diferencia por los densos pelos parduzcos y la pinza derecha de mayor tamaño.
HÁBITAT Y DISTRIBUCIÓN: Sobre suelos blandos arenosos, y sobre sustratos duros primarios y secundarios, desde los 10 hasta los 100 m de profundidad.
BIOLOGÍA: No se sabe mucho acerca de esta especie.

2 Ermitaño *Paguristes eremita*
—Familia *Diogenidae*

CAT— *Paguristes eremita*
FRA— Piade
ING— Eye spot hermit crab
ALE— Augenfleck-Einsiedler

CARACTERÍSTICAS: Tamaño de hasta 4 cm. Pinzas casi iguales en ambos lados. Color: pedúnculos oculares naranjas, ojos de un azul claro, antenas rojas, cuerpo y patas de un intenso color entre pardo herrumbroso y rojo teja. Parte interior de las patas con pinzas con una llamativa mancha violeta.
POSIBLE CONFUSIÓN: Se diferencia bien de otras especies del género por su coloración.
HÁBITAT Y DISTRIBUCIÓN: Frecuente en sedimentos gruesos de barro y cieno y en suelos blandos areno-so-cenagosos, y en menor medida en casi todos los suelos entre los 4 y 40 m.
BIOLOGÍA: Se encuentra frecuentemente asociado a otros dos organismos: o bien a la anémona *Calliactis parasítica* o a la esponja *Suberites domuncula.* Se trata de una simbiosis facultativa, dado que en ambos casos los dos miembros podrían vivir perfectamente sin el otro, aunque los dos resultan favorecidos en su alimentación, al ir de uno a otro lugar, y el cangrejo resulta protegido frente a sus enemigos más temibles, los pulpos, gracias a las cápsulas urticantes de la anémona o a las sustancias tóxicas contenidas en el tejido de la esponja. La esponja de ermitaño refuerza su vínculo con su "inquilino" de forma adicional creciendo a su vez conforme crece el cangrejo.

3 Ermitaño de hondura *Pagurus prideaux*
—Familia *Paguridae*

CAT— Bernat ermità de fondal
FRA— Paguro dell'attina orologio
ING— *Pagurus prideaux*
ALE— Anemonen-Einsiedler

CARACTERÍSTICAS: Cangrejo ermitaño de hasta 6 cm. Género con la pinza derecha de mayor tamaño. Especie con pocos pelos en las patas. Color entre naranja y pardo-rojizo, con los pedúnculos oculares blancos, ojos pardos y tentáculos vidriosos entre blancuzcos y rojizos.
POSIBLE CONFUSIÓN: La determinación de la especie es más fácil gracias a la asociación que regularmente establece este cangrejo ermitaño con la llamativa anémona comensal *(Adamsia palliata).*
HÁBITAT Y DISTRIBUCIÓN: Sobre todos los tipos de suelos blandos, especialmente sobre suelos arenoso-cenagosos, desde los 10 m hasta mayores profundidades.
BIOLOGÍA: Vive en caparazones de gasterópodos de los géneros *Gibbula* y *Naticarius,* sobre los cuales siempre se sitúa un único ejemplar de anémona comensal *(Adamsia pailiata).* El disco podal de este ermitaño aumenta su tamaño hasta recubrir por completo la concha en la que se aloja el cangrejo. La corona de tentáculos se encuentra transversalmente, justo detrás de la abertura bucal del cangrejo, arrastrando sobre el suelo como una escoba durante sus desplazamientos a la captura de alimento. Conforme crece el cangrejo, crece la anémona. Así el cangrejo no necesita cambiar más de casa, incluso aunque llegue a disolverse del todo, encontrando siempre la protección de las cápsulas urticantes de la anémona. Por todo ello, esta relación constituye un tipo de simbiosis mucho más estrecha que en el caso de otros cangrejos y anémonas.

1

2

3

1 *Pagurus anachoretus*
—Familia *Paguridae*

CAT— *Pagurus anachoretus*
FRA— *Pagurus anachoretus*
ING— *Pagurus anachoretus*
ALE— Gestreifter Felseneinsiedler

CARACTERÍSTICAS: Gran cangrejo ermitaño de hasta 4 cm. Género con la pinza derecha de mayor tamaño. Pinza derecha con superficie lisa y largos pelos. Color pardo-rojizo, con bandas transversales entre blancas y amarillentas en patas y pinzas. Antenas del mismo color pardo-rojizo, con dibujo anular blanco. Pedúnculos oculares blancos, cada uno con dos anillos rojos, y ojos de un color entre azul claro y verdoso.
POSIBLE CONFUSIÓN: En el Mediterráneo habitan 10 géneros de la familia Paguridae, que a su vez incluyen 29 especies, no siempre fáciles de diferenciar entre sí. No obstante, *Pagurus anachoretus* se diferencia gracias a su color y a su vellosidad, y a la pinza derecha de mayor tamaño.
HÁBITAT Y DISTRIBUCIÓN: Habita fundamentalmente sobre suelos duros, entre los 5 y los 100 m. Relativamente frecuente.
BIOLOGÍA: Muy raramente se encuentra a este cangrejo ermitaño en simbiosis con la anémona del ermitaño *(Calliactis parasitica).* En tales casos también salen beneficiados ambos animales de dicha asociación: el cangrejo es protegido por las cápsulas urticantes de la anémona frente a sus enemigos naturales y la anémona es trasladada de un lugar a otro, obteniendo así una mayor oferta de alimento (véanse también *Dardanus arrosor* y *Paguristes eremita*).

2 Ermitaño sedentario *Calcinus tubularis*
—Familia *Diogenidae*

CAT— *Calcinus tubularis*
FRA— Pagure sédentaire
ING— Hermit crab
ALE— Röhren-Einsiedler

CARACTERÍSTICAS: Hasta 30 mm de tamaño, con una coloración en parte roja brillante. Las puntas de las pinzas y las primeras patas marchadoras son blancas con puntos rojos, las demás patas marchadoras rojizas con dibujos azules, el resto del cuerpo de rojo a pardo rojizo.
POSIBLE CONFUSIÓN: Una inequívoca característica para la identificación de esta especie es la coloración de las puntas de las pinzas. En alguna bibliografía es citado como *Calcinus ornatus*, donde la denominación de la especie hace mención a su típico patrón de color.
HÁBITAT Y DISTRIBUCIÓN: Predomina en suelos rocosos del infralitoral. Ampliamente extendido en el Atlántico hasta las Azores.
BIOLOGÍA: Es uno de los ermitaños del Mediterráneo mejor investigado. Un 10% de los individuos no vive, como parece típico, en el caparazón de cangrejos, sino en tubos calcáreos vacíos de caracoles vermiformes. Este ermitaño abandona por corto tiempo el tubo que le sirve de vivienda para la ingestión de alimento.

3 Pequeño cangrejo ermitaño *Clibanarius erythropus*
—Familia *Diogenidae*

CAT— *Clibanarius erythropus*
FRA— Pagure des rochers
ING— Rocky-shore hermit shrimp
ALE— Felsküsten-Einsiedler

CARACTERÍSTICAS: Hasta 2 cm de tamaño. Dotado de dos pinzas del mismo tamaño con puntas córneas de color negro. Coloración básica: pardo verdoso, pedúnculos oculares y antenas de color rojo.
POSIBLE CONFUSIÓN: Ninguna.
HÁBITAT Y DISTRIBUCIÓN: En suelos duros de costas rocosas, en fondos arenosos y pedregosos, en zonas protegidas del oleaje y en charcas de la bajamar. Desde el mediolitoral hasta 40 m de profundidad. Mediterráneo, Mar Negro, y en el Atlántico oriental desde las islas del Canal hasta las Azores.
BIOLOGÍA: Esta especie es muy frecuente en zonas de mareas. Puede atravesar ámbitos secos y llega a trepar hasta lo alto de orillas de cantos rodados. Vive frecuentemente en caparazones de *Littorina striata, Nassarius incrassatus* y especies de *Mitra.*

1

2

3

1 Sastre *Galathea strigosa* —Familia *Galatheidae*

CAT— Sastre
FRA— Galathée bicolore
ING— Spinous squat lobster
ALE— Blaustreifen-Springkrebs

CARACTERÍSTICAS: Galateido con un tamaño de hasta 6 cm. Género con abdomen algo acortado, siempre plegado en la parte ventral. Forma ovoidal del cuerpo en su conjunto. Color rojo anaranjado con cavidades oculares violáceo azuladas y bandas transversales en el dorso.
POSIBLE CONFUSIÓN: Ninguna, dado la especificidad de su coloración. Los galateidos están representados en el Mediterráneo por 3 géneros y 13 especies. La especie de aguas superficiales más frecuente es *G. squamifera*.
HÁBITAT Y DISTRIBUCIÓN: En el litoral rocoso profundo, en grietas y pequeñas grutas. En grandes cuevas también habita en hendiduras. Generalmente por debajo de los 20 m, aunque en cuevas puede encontrarse casi hasta en la superficie. En el Mediterráneo occidental y en el Adriático.
BIOLOGÍA: El sastre suele presentar una actividad predominantemente nocturna. Se alimenta de detritos orgánicos. Para capturar su alimento emplea su tercer par de largas patas maxilares (maxilípodos), que actúan barriendo el suelo como una escoba, recogiendo y trayendo hacia sí las partículas, de las cuales selecciona las que le interesan mediante sus segundos maxilípodos.

2 Galathea *Munida rugosa* —Familia *Galatheidae*

CAT— *Munida rugosa*
FRA— Galathée rose
ING— Rugose squat lobster
ALE— Langarmiger Springkrebs

CARACTERÍSTICAS: Tamaño de hasta 6 cm. Primer par de patas marchadoras con pinzas mayores del doble de la longitud corporal. Pinzas muy largas y delgadas. Abdomen plegado hacia la zona ventral. Patas con espinas y cerdas. Color herrumbroso uniforme.
POSIBLE CONFUSIÓN: La característica típica de esta especie son las patas con pinzas extremadamente largas, que le diferencian de otros representantes de la misma familia.
HÁBITAT Y DISTRIBUCIÓN: Sobre suelos pedregosos y cenagoso-arenosos, y en cuevas y hendiduras en comunidades coralígenas (circalitoral). Más frecuentemente entre los 50 y 150 m de profundidad, y ocasionalmente también en zonas más superficiales. En todo el Mediterráneo.
BIOLOGÍA: Emplea sus pinzas también para defenderse de potenciales enemigos. Debido a su exagerada longitud, el efecto de palanca de dichas pinzas resulta deficiente y poco vigoroso. Pero éstas le resultan muy adecuadas para buscar alimento en hendiduras y grietas.

3 *Actea rufopunctata* —Familia *Xanthidae*

CAT— *Actea rufopunctata*
FRA— Crabe rond de Monod
ING— *Actea rufopunctata*
ALE— Rotpunktkrabbe

CARACTERÍSTICAS: Caparazón de 10 a 15 mm de diámetro con un patrón regular de surcos. Desde naranja hasta un blanco amarillento. Patas marchadoras velludas.
POSIBLE CONFUSIÓN: El diseño en surcos hace que esta especie sea inconfundible.
HÁBITAT Y DISTRIBUCIÓN: Especie difundida por todo el mundo.
BIOLOGÍA: Como elemento indopacífico-tropical presente en el Mediterráneo, esta especie es lo que se denomina un relicto de Thetis. Fuera del Mediterráneo está acreditada en mares tropicales (Indopacífico, Australia) y subtropicales (Nueva Zelanda).

1

2

3

1 Cangrejo moro *Xantho pilipes* —Familia *Xanthidae*

CAT— *Xantho pilipes*
FRA— Xanthe poilu
ING— Less furrowed xanthid crab
ALE— Marmorkrabbe

CARACTERÍSTICAS: Caparazón de 3 a 4 cm de ancho, los machos son claramente más anchos que largos, las hembras son redondeadas. Las puntas de las pinzas de tono marrón negruzco. Las patas marchadoras traseras tienen un tupido ribete de cerdas. Existe un marcado dimorfismo sexual que se muestra tanto en la forma del caparazón como en la coloración. Los machos, claramente más grandes, son de tono beis amarillento mientras que las hembras, más pequeñas, son rojizas.
POSIBLE CONFUSIÓN: Esta especie se puede confundir con la *X. incisus.*
HÁBITAT Y DISTRIBUCIÓN: Desde aguas someras hasta 40 m de profundidad, en substratos duros y en fondos arenosos. Su centro de gravedad es el mediolitoral rocoso. Mediterráneo y Atlántico, desde África Occidental hasta Noruega, islas Británicas.
BIOLOGÍA: Para adaptarse a su hábitat en la zona de mareas, el cangrejo moro puede superar zonas desecadas para lo que siempre lleva consigo una reserva de agua para respirar. Este cangrejo juega un importante papel ecológico como "barrendero", pues se aprovecha de toda clase de materia orgánica. Prefiere alimentarse de poliquetos y gambas. A pesar de su carácter depredador, vive escondido entre algas y reacciona ante cualquier ataque con un reflejo de "muerte fingida".

2 Cangrejito peludo *Pilumnus hirtellus* —Familia *Xanthidae*

CAT— *Pilumnus hirtellus*
FRA— Pilumne hirsute
ING— Hairy black crab
ALE— Borstenkrabbe

CARACTERÍSTICAS: Se le identifica por sus largas cerdas y un borde frontal muy serrado. Su colorido es intensamente rojo y llama la atención su revestimiento espinoso: tanto el dorso como las patas están cubiertas de una densa piel dotada de cerdas amarillas. Los dedos de las pinzas y las espinas son de tono marrón oscuro.
POSIBLE CONFUSIÓN: Esta especie es inconfundible debido a su velloso ribete.
HÁBITAT Y DISTRIBUCIÓN: Vive predominantemente en fondos rocosos profundos, en suelos secundarios duros y sedimentarios, entre 10 y 60 m de profundidad. Muy extendido en todo el Mediterráneo.
BIOLOGÍA: Prefiere vivir en alcionarios y esponjas. Se le encuentra frecuentemente en cavidades de esponjas, como la *Geodia cydonium,* que ha recortado primero.

3 Cangrejo moruno *Eriphia verrucosa* —Familia *Xanthidae*

CAT— *Eriphia verrucosa*
FRA— Crabe verruqueux
ING— Yellow shore-crab
ALE— Italianischer Taschenkrabbe

CARACTERÍSTICAS: Se caracteriza por varias filas de sólidos dientes situados a lo largo de la frente. Su dorso es de un intenso pardo rojizo con protuberancias oscuras y manchas amarillas. Las protuberancias también aparecen en sus robustas pinzas, cuyos dedos, así como las uñas finales, son de color marrón oscuro.
POSIBLE CONFUSIÓN: Inconfundible por su tamaño y porte. Es la especie más vigorosa del Mediterráneo.
HÁBITAT Y DISTRIBUCIÓN: Vive en fondos rocosos profundos del mediolitoral e infralitoral, desde la línea de la marea baja hasta los 10 m de profundidad. Especie muy frecuente en todo el Mediterráneo, mar Negro y Atlántico.
BIOLOGÍA: Durante el crepúsculo vespertino suele llevar a cabo sus "acciones hostiles" contra crustáceos y otros cangrejos a los que captura y descuartiza con sus grandes pinzas. Precaución: las pinzas también pueden resultar desagradables para los humanos. Después de sus expediciones de caza, el cangrejo se retira a sus asentamientos de algas y grietas entre las rocas.

1

2

3

1 Centollo *Maja squinado* —Familia *Majidae*

CAT— *Maja squinado*
FRA— Araignée de mer
ING— Common spider crab
ALE— Große Seespinne

CARACTERÍSTICAS: Ésta es la mayor araña de mar del Mediterráneo, con una longitud media del caparazón de 13 cm (máx. 18 cm) y 25 cm de ancho. Rostro en forma de dos puntas ligeramente en V. Borde del caparazón en ambos lados con grandes espinas marginales y otras espinas contiguas. Lado superior del caparazón con una hilera longitudinal de espinas acabadas en punta en la línea media del cuerpo. Visto desde arriba, la forma del cuerpo es triangular, con el borde posterior redondeado. Largas patas circulares en forma de zancos. Primer par de marchadoras con pequeñas aunque robustas pinzas. Color entre pardo-rojizo y pardo-amarillento. Cuerpo y extremidades de grandes ejemplares apenas recubiertos de otros organismos.
POSIBLE CONFUSIÓN: En el Mediterráneo hay 3 especies parecidas. En el caso de *Maja crispata*, la longitud del caparazón sólo alcanza los 6,5 cm y carece de espinas, presentando en su lugar verrugas en la línea media del caparazón. En la región del estrecho de Gibraltar y en el vecino Atlántico habita otra especie relativamente grande, *Maja brachydactyla* (1B), una especie posiblemente presente también en las costas del sur de España y de Marruecos.
HÁBITAT Y DISTRIBUCIÓN: En suelos rocosos y blandos cubiertos de algas (infralitoral) y sobre sustratos duros secundarios en el circalitoral, desde aguas superficiales hasta mayores profundidades. En todo el Mediterráneo y en el vecino Atlántico desde las islas Británicas hasta Namibia.
BIOLOGÍA: Vive en zonas costeras profundas, aunque los grandes ejemplares suben a aguas más superficiales durante la época de apareamiento. En primavera y hasta el verano se observan hembras provistas de huevos. Una vez pasado el periodo reproductivo de nuevo emigran a aguas más profundas. Muestran cierto comportamiento agresivo bajo ciertas circunstancias (¡precaución!). En primer lugar adoptan una postura de advertencia o amenaza, irguiendo las patas anteriores y extendiendo las pinzas al máximo. El atacante huye disuadido por el blandir de pinzas del centollo.

2 Cámbara *Maja crispata* —Familia *Majidae*

CAT— *Maja crispata*
FRA— Araignée de mer Atlantique
ING— Spiny spider crab
ALE— Kleine Seespinne

CARACTERÍSTICAS: Longitud del caparazón cíe hasta 6,5 cm. Rostro en forma de dos puntas dispuestas en V. Borde del caparazón provisto en ambos lados de grandes espinas marginales. Forma del cuerpo (desde arriba) entre triangular y circular. Largas patas circulares en forma de zancos. Primer par de marchadoras con pequeñas aunque robustas pinzas. Color entre pardo-rojizo y pardo-amarillento. Cuerpo y extremidades más o menos recubiertos de otros organismos.
POSIBLE CONFUSIÓN: En el Mediterráneo hay 3 especies parecidas del género *Maja*. El centollo (*Maja squinado*), una segunda especie especialmente similar a la que nos ocupa, alcanza hasta 25 cm y presenta espinas acabadas en punta en la línea central media del caparazón.
HÁBITAT Y DISTRIBUCIÓN: En suelos rocosos y blandos recubiertos de algas (infralltoral) y sobre sustratos duros secundarios del circalitoral. En todo el Mediterráneo y en el vecino Atlántico, desde Portugal hasta Marruecos.
BIOLOGÍA: Suelen estar bien camufladas. Por un lado se ha apuntado a la protección ante potenciales enemigos. Por otro les permitiría acercarse a sus presas sin ser percibidas. Muchas modifican su camuflaje al cambiar de lugar, para adaptarse de forma óptima a su entorno. Otras se pueden reconocer con facilidad por estar recubiertas de una densa capa de ascidias de colores brillantes. Este disfraz cumple la función de difuminar la verdadera forma del crustáceo, lo que favorecería la captura de sus presas. Además el recubrimiento de esponjas y ascidias que algunas llevan en su dorso podría servir también para hacerlas menos apetecibles a sus depredadores (pulpos por ejemplo) o para confundir los órganos sensoriales de éstos. Durante su muda son especialmente vulnerables, por lo que suelen efectuarla por la noche o al amanecer.

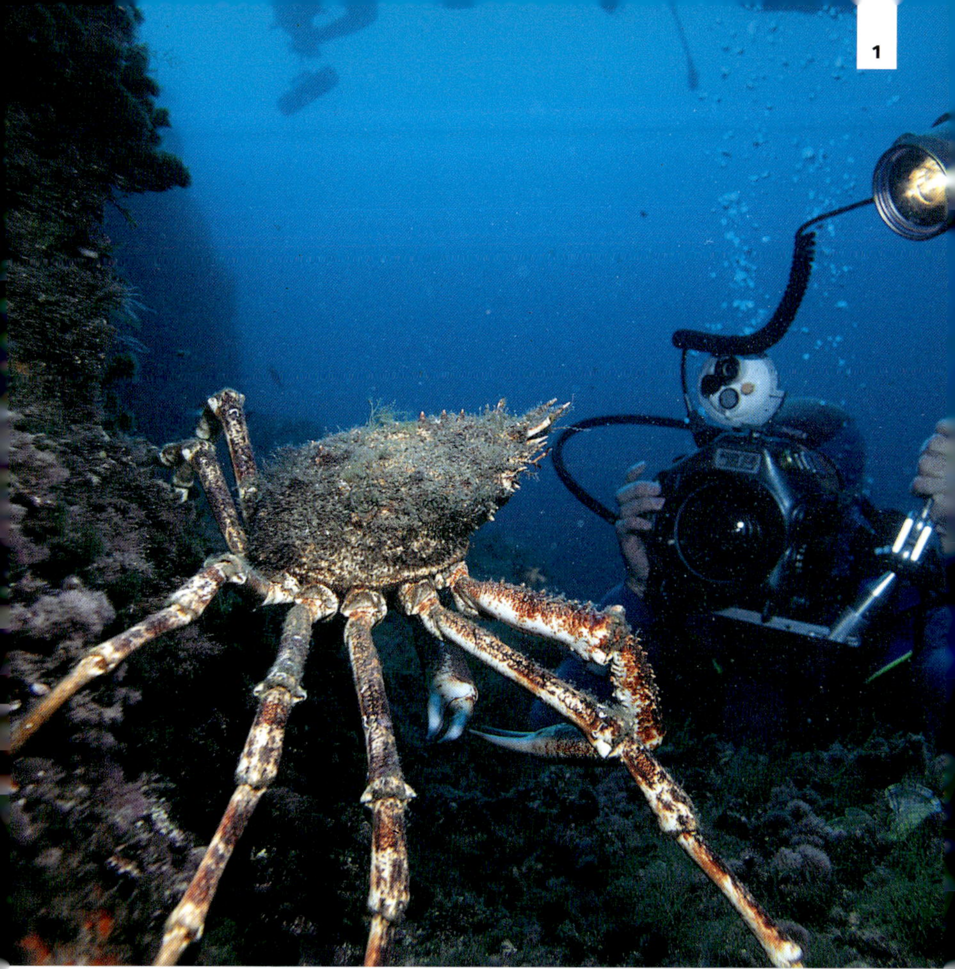
1

1B

2

1 *Herbstia condyliata* —Familia *Majidae*

CAT— *Herbstia condyliata*
FRA— Araignée de mer ridée
ING— Wrinkled spider crab
ALE— Runzelige Seespinne

CARACTERÍSTICAS: Araña de mar con una longitud corporal de 4,5 cm y forma entre triangular y circular. Lados y dorso del caparazón cubiertos de pequeñas espinas. Patas marchadoras más largas que el doble del tamaño del cuerpo. Primer par con pinzas, que en su posición de descanso normalmente están cerradas de forma que los extremos de las pinzas quedan por debajo del cuerpo.
POSIBLE CONFUSIÓN: Ninguna. Única especie del género en el Mediterráneo.

HÁBITAT Y DISTRIBUCIÓN: Típico habitante de cuevas, desde aguas superficiales hasta mayores profundidades. En grandes cuevas se suele encontrar en los rincones más interiores.
BIOLOGÍA: En esta especie se pueden distinguir los machos de las hembras por la diferente forma del abdomen replegado hacia abajo: en los machos éste es delgado y termina en punta, mientras que el de las hembras es ancho y claramente redondeado al quedar entre el abdomen y el resto del cuerpo un espacio suficientemente grande para los huevos.

2 Araña de mar *Macropodia sp.* —Familia *Majidae*

CAT— Aranya de mar
FRA— Macropode rostré
ING— Long-legged spider crab
ALE— Langbeinige Gespensterkrabbe

CARACTERÍSTICAS: Cuerpo triangular. Caparazón de hasta 2,5 cm con lado dorsal liso. Largos pedúnculos oculares y no retráteles. Rostro con dos largas espinas contiguas. Patas muy largas, duras y que recuerdan a las de una araña. Primer par de patas marchadoras con pinzas.
POSIBLE CONFUSIÓN: El género *Macropodia* tiene en el Mediterráneo 5 especies. Se diferencian por la longitud del rostro y la forma de las antenas. Las parecidas especies del género *Inachus* poseen pedúnculos oculares cortos y retráteles. La determinación de la especie a partir de fotografías es muy difícil.

HÁBITAT Y DISTRIBUCIÓN: Se encuentra en lugares con densas formaciones de algas del infralitoral, siendo más rara en el coralígeno. Desde aguas superficiales hasta a mayores profundidades (hasta 1.000 m).
BIOLOGÍA: Tienen una forma que recuerda a la de una araña y además viven casi totalmente escondidas. Con sus pinzas arrancan pequeños brotes de algas y otros materiales para adherirlos a su caparazón y espinas junto a las patas marchadoras, perfecto camuflaje entre algas. Su adaptación al hábitat también se ve reforzada por su comportamiento discreto.

3 Cámbara *Pisa sp. (?)* —Familia *Majidae*

CAT— Cranca
FRA— Chartelle jaune de Méditerranée
ING— *Pisa sp*
ALE— Maskenkrabbe

CARACTERÍSTICAS: Cuerpo triangular. Caparazón de hasta 4 cm. Dorso con fuertes espinas y rostro con dos puntas en forma de V. Primer par de patas marchadoras con pinzas, claramente más largas que el resto de patas, gradualmente más cortas hacia el extremo abdominal. Color: generalmente pardo, con el cuerpo cubierto de algas o esponjas para favorecer su camuflaje.
POSIBLE CONFUSIÓN: El género Pisa cuenta en el Mediterráneo con 6 especies, todas ellas muy difíciles de diferenciar entre sí.
HÁBITAT Y DISTRIBUCIÓN: Sobre todo tipo de suelos, desde aguas superficiales hasta unos 50 m.

BIOLOGÍA: Algunas especies del género Pisa se camuflan parcial o totalmente con ayuda de algas o esponjas que llevan adheridas a su cuerpo. Ello implica que la determinación de la especie mediante fotografías tomadas bajo el mar sea algo imposible, dado que los caracteres morfológicos de reconocimiento como la forma del cuerpo y la presencia y disposición de las espinas sólo pueden observarse tras eliminar dichos organismos que le sirven de camuflaje. Algunas especies abandonan sus escondrijos por la noche para buscar alimento. Para ello llegan a encaramarse a hojas de posidonia y otras angiospermas marinas (véase fotografía).

1

2

3

1 Araña de mar *Inachus sp.* —Familia *Majidae*

CAT— Aranya de mar
FRA— Andrésie
ING— Burrowing anemone
ALE— Gespensterkrabbe

CARACTERÍSTICAS: Araña de mar con cuerpo en forma triangular. Caparazón de hasta 3,5 cm. Género con dorso profusamente cubierto de espinas. Pedúnculos oculares cortos y retraíbles. Patas marchadoras tres veces más largas que el caparazón. Todo el cuerpo está camuflado con algas o esponjas.
POSIBLE CONFUSIÓN: El género *Inachus* aparece representado en el Mediterráneo por un total de 7 especies. Las parecidas especies del cercano género Macropodia poseen largos pedúnculos oculares no retraíbles y el dorso liso, sin espinas. La determinación de las especies de ambos géneros a partir de fotografías es una tarea casi imposible.
HÁBITAT Y DISTRIBUCIÓN: Entre formaciones de algas a cierta profundidad, y algunas especies (p. ej., *Inachus thoracicus)* también en suelos arenoso-cenagosos. En el Mediterráneo y Atlántico.
BIOLOGÍA: Óptimamente adaptadas a su entorno, se camuflan sirviéndose de pequeños fragmentos de algas que arrancan del sustrato con ayuda de sus pinzas. *Inachus thoracicus* es conocido por envolver su segundo par de patas marchadoras con esponjas que siguen creciendo incluso hasta sus extremidades. *Inachus phalangium* siempre vive bajo la protección de la anémona de mar común (Anemonia sulcata), a veces incluso con varios ejemplares. Las investigaciones han dado como resultado que hasta dos tercios de las anémonas de mar común tenían esta araña de mar como acompañante. Durante el día estos crustáceos permanecen protegidos en la proximidad de los tentáculos de la anémona. En caso de peligro se refugian en la profundidad de la maraña de tentáculos. Por la noche abandonan su protección para partir en busca de alimento. La asociación con la anémona es muy intensa: sólo abandonan su protección de forma más prolongada para efectuar la muda, para huir de otros ejemplares de su misma especie más robustos o para buscar otro ejemplar de anémona. El beneficio que obtendría la anémona no estaría claro.

2 Cangrejo peludo *Dromia personata* —Familia *Dromiidae*

CAT— Cranc felput
FRA— Dromie
ING— Sponge crab
ALE— Wollkrabbe

CARACTERÍSTICAS: Cangrejo con una anchura máxima del caparazón de hasta 90 mm. Forma compacta y pesada. Cuerpo abombado, más ancho que largo. Cuerpo y extremidades cubiertos de cortos pelos recios y afelpados. Sólo están sin cubrir las extremidades, de color rosado claro, y las pinzas lisas. Color del cuerpo entre pardo oscuro y pardo-rojizo.
POSIBLE CONFUSIÓN: En grandes ejemplares, ninguna. En el Mediterráneo existe otra especie similar de menor tamaño *(Sternodromia spinirostris).*
HÁBITAT Y DISTRIBUCIÓN: Habita especialmente sobre suelos rocosos y en suelos de sedimentos próximos y en cuevas, desde aguas superficiales hasta los 130 m. En todo el Mediterráneo y en el vecino Atlántico, desde el mar del Norte hasta Marruecos. Relicto del mar de Tetis.
BIOLOGÍA: Poco activa, frecuentemente recubre su dorso con esponjas y ascidias coloniales. Este "mimetismo" lo adquiere recortando con sus pinzas partes de colonias de esponjas y ascidias, fijando éstos a su dorso mediante los pares de patas 4.° y 5.°. El sentido de este camuflaje visual incompleto no está claro, sobre todo si se considera que su depredador principal, el pulpo, podría arrancar estos organismos del dorso del cangrejo sin problemas. Quizás el cangrejo se sirve de esta protección para evitar ser reconocido al tacto por otros depredadores. Este comportamiento estaría de acuerdo con su estancia en cuevas, donde los depredadores apenas se orientan visualmente, sino por medio del tacto. Tampoco parece clara la utilización del otro "organismo asociado" –esponja o ascidia– a pesar de que ambos sobreviven sobre el cangrejo. Es capturado en algunas regiones del Mediterráneo, como en las costas de Liguria, Italia, y en Chipre. Como alimento se emplea sobre todo en la conocida sopa bullabesa.

1

2

1 *Leptomysis sp.*
—Familia *Mysidae*

CAT— *Leptomysis*
FRA— *Leptomysis*
ING— *Leptomysis*
ALE— Schwebgarnele

CARACTERÍSTICAS: Los mísidos son unos pequeños crustáceos superiores. Poseen un cuerpo alargado, con su parte dorsal superponiéndose a un mínimo de 5 segmentos pectorales libres. Tienen 7 pares de patas palmeadas y de agarre. Los ojos se asientan sobre un pedúnculo.
POSIBLE CONFUSIÓN: Podrían confundirse a primera vista con crías de peces. El orden de estos animales está formado en el Mediterráneo en total por 5 familias y numerosas especies, sólo determinabas por especialistas. Probablemente sólo las especies del género *Leptomysis* se suelen mantener bajo la protección de la anémona de mar común *(Anemona sulcata).*
HÁBITAT Y DISTRIBUCIÓN: En el infralitoral en enjambres sobre formaciones de algas y fondos arenosos, protegidos entre anémonas, desde aguas superficiales hasta unos 10 m. En el Mediterráneo.
BIOLOGÍA: Sólo alcanzan un año de edad. En el verano se produce la reproducción entre estos crustáceos de sexos separados, que pueden llegar a producir varias generaciones. Las hembras se reconocen por las grandes placas de puesta, que forman una bolsa de incubación. La transferencia de los espermatozoides tiene lugar por la noche, cuando el esperma de los machos es introducido en la bolsa de incubación de la hembra, donde después la hembra deposita los huevos, teniendo así lugar la fecundación. El desarrollo de los huevos y de los primeros estadios larvarios se completa en la bolsa materna de incubación. Tras la eclosión de las crías tiene lugar una última muda y con ello el estadio juvenil de movimiento libre queda completado. Se alimentan de plancton, detritos y pequeños organismos que conducen hasta su boca por el movimiento turbulento provocado por sus patas pectorales. *Leptomysis* busca la protección de la urticante *Anemonia sulcata,* a pesar de que es sensible a su picadura y a que puede caer presa de la propia anémona. Para ello siempre debe permanecer a una distancia prudencial de los tentáculos de la anémona.

2 Cochinillas parásitas *Anilocra sp., Nerocila bivittata*
—Familia *Cymothoidae*

CAT— *Nerocila bivittata*
FRA— Isopode
ING— *Nerocila bivittata*
ALE— Fischassel

CARACTERÍSTICAS: Cochinillas que pueden alcanzar hasta 2,5 cm, parásitos de peces. Cuerpo alargado y abombado, con el mayor ancho y mayor altura en la parte central. Pequeña cabeza con aparato perforador para fijación. Cola claramente separada, con apéndices laterales en el borde posterior. Patas marchadoras transformadas en patas de agarre. Color entre gris y pardo oscuro.
POSIBLE CONFUSIÓN: En el Mediterráneo hay varias especies de cochinillas parásitas de peces, todas ellas muy difíciles de diferenciar entre sí.
HÁBITAT Y DISTRIBUCIÓN: Parasitando peces de los fondos y costas, especialmente en el infralitoral, frecuentemente sobre lábridos. Extendidas por todo el Mediterráneo.
BIOLOGÍA: Tienen una constitución y comportamiento adaptados a su forma de vida parásita, viviendo largo tiempo sobre el pez huésped. Parecen buscar a sus presas sobre todo por la noche. Se agarran a la piel del pez con ayuda de sus patas de agarre, fijándose sobre el dorso o detrás de los ojos. Por medio de su aparato chupador comienzan inmediatamente a succionar la sangre y parte de la piel del pez parasitado. Puede haber más de un parásito sobre un mismo pez. Las investigaciones han demostrado que dependiendo del lugar de muestreo y de la especie de pez, puede parasitar hasta un 20 % de los peces. Los daños ocasionados al pez dependen del número de parásitos sobre el mismo y del tamaño de éste. Los pequeños peces pueden sucumbir del todo ante el ataque de una sola cochinilla parásita. Las cochinillas *(Isopoda)* constituyen el grupo de crustáceos con mayor éxito ecológico. La mayoría viven en el mar, algunas en aguas dulces, muchas en tierra (cochinillas de la humedad) y algunas incluso en los desiertos.

1

2

1 Clavelina *Antedon mediterranea* —Familia *Antedonidae*

CAT— Clavellina, forbiana
FRA— Comatule
ING— Rosy feather-star
ALE— Mittelmeer-Haarstern

CARACTERÍSTICAS: Comátula con un diámetro de 20 cm. Color rojo, naranja, pardo o amarillo. Presenta 10 brazos muy frágiles que se desarrollan a partir de la ramificación de 5 brazos básales originales. Disco corporal reducido, con hasta 30 cirros en su parte inferior, que sirven para funciones de desplazamiento y anclaje. Los cirros están articulados, con unos 20-23 segmentos. Los brazos tienen en ambas caras 60 pares de apéndices plumosos denominados pínnulas.
POSIBLE CONFUSIÓN: En el Mediterráneo se conocen en total 4 especies de comátulas, todas muy similares entre sí, que se diferencian sobre todo en el número de cirros, en el hábitat y en la distribución: por ejemplo, *Antedon* bífida sólo presenta 15-18 cirros con 12-16 segmentos y sólo se sabe de su presencia hasta el momento en la zona meridional de la cuenca occidental (Argelia). Otra especie del Mediterráneo occidental, *Leptometra phalangium*, posee más de 30 cirros (37-38) y sólo se encuentra por debajo de los 60 m de profundidad.
HÁBITAT Y DISTRIBUCIÓN: La clavelina es el representante más común de las comátulas en el Mediterráneo, llegando a ser ocasionalmente muy abundante. Se trata de una especie de la comunidad coralígena, siempre en sustratos duros bien expuestos, o de un organismo epizoico sobre otros organismos como ascidias y gorgonias. También en praderas marinas profundas y en suelos blandos a partir de los 50 m en las comunidades de detritos costeros y sobre suelos de algas calcáreas rojas de *Lithothamnium fruticulosum.*
BIOLOGÍA: Filtradores que se alimentan del plancton. Para ello se disponen en perpendicular a los lugares bien expuestos a las corrientes, formando un "colador de filtración" con sus brazos pinnados. El alimento es transportado hasta la abertura bucal por los canales asurcados de sus brazos. Cuenta con sexos separados. Los huevos son fecundados mientras permanecen adheridos a las pínnulas y al cabo de unos pocos días se desarrollan de ellos unas larvas planctónicas que se fijan al fondo por medio de un pedúnculo. Un mes después finaliza el estadio de lirio marino, desprendiéndose la cabezuela que se transforma en una pequeña comátula que nada libremente y que termina por dirigirse al fondo marino. Las adultas también pueden nadar batiendo sus brazos.

2 Gorgonocefalo *Astrospartus mediterraneus* —Familia *Gorgonocephalidae*

CAT— *Astrospartus mediterraneus*
FRA— Gorgonocéphale
ING— Gorgon's head
ALE— Gorgonenhaupt

CARACTERÍSTICAS: Ofiura con 5 brazos sólo reconocibles en la base, que después se ramifican profusamente. Disco corporal de hasta 8 cm de diámetro, con una envergadura con los brazos extendidos de hasta 80 cm. Color de un gris blancuzco uniforme.
POSIBLE CONFUSIÓN: Única especie del género en el Mediterráneo, inconfundible.
HÁBITAT Y DISTRIBUCIÓN: Hasta el momento sólo se ha observado en el Mediterráneo occidental. Es frecuente en el estrecho de Gibraltar; en las costas de Marruecos y Argelia, en Sicilia y en el estrecho de Mesina. Presencia conocida en Giannutrie, Monte Cristo, Córcega y Costa Azul francesa. Especie de la comunidad coralígena, que vive fundamentalmente como epibionte sobre gorgoreas (*Paramuricea*, *Eunicella)*, a partir de los 50 m de profundidad.
BIOLOGÍA: Esta especie es bastante territorial, viviendo generalmente sobre gorgonias bien expuestas a la corriente, pudiendo ser observada varios años en el mismo lugar (según observaciones personales de Schmidt y Hafner, no publicadas). Durante el día los brazos están completamente enrollados, semejándose algo el animal a un ovillo de lana. Para capturar el alimento por la noche despliega sus brazos ramificados disponiéndose en perpendicular a la corriente, captando así las partículas orgánicas y el plancton que llega en suspensión. Los brazos son extremadamente móviles, incluyendo las mínimas ramificaciones, y reaccionan al tacto enrollándose. También la luz de flashes y focos es un estímulo que provoca su rápido enrollamiento, desde la punta de sus extremidades hasta las ramificaciones menores.

1A

1B

2

1 *Ophiocomina nigra*
—Familia *Ophiocomidae*

CAT— *Ophiocomina nigra*
FRA— *Ophiocomina nigra*
ING— Black brittle star
ALE— Schwarzer Schlangenstern

CARACTERÍSTICAS: Ofiura con un diámetro del disco de 2-3 cm y 5 brazos que pueden llegar a medir hasta 10 cm. Color del disco y de los brazos completamente negro. Resultan llamativas las numerosas espinas negras a lo largo de los brazos,
POSIBLE CONFUSIÓN: Puede confundirse con la ofiura de espinas finas *(Ophiotrix fragilis)*, también provista de espinas. Esta ofiura presenta colores muy variados, normalmente pardo, rojo, con dibujos, pero nunca negro. Las espinas de sus brazos suelen ser incoloras y de aspecto vidrioso.
HÁBITAT Y DISTRIBUCIÓN: Sobre sustratos blandos arenoso-cenagosos, en grietas de fondos rocosos y en el dominio coralígeno. En el Mediterráneo occidental, sobre todo en las costas del sur de Francia y en el golfo de Ñapóles. También en el Atlántico.
BIOLOGÍA: Esta ofiura tolera desechos de origen orgánico, por lo que puede desarrollar grandes formaciones en regiones costeras con grandes aportes de materia orgánica, Actúa como filtrador de partículas detríticas, las cuales filtra con ayuda de sus brazos. El disco corporal queda sujeto bajo restos de conchas o piedras. Únicamente los brazos sobresalen del suelo.

2 **Ofioderma** *Ophioderma longicaudum*
—Familia *Ophiocomidae*

CAT— Estrella amb potes bruna
FRA— *Ophioderma longicaudum*
ING— Brown birttle star
ALE— Glatter Schlangenstern

CARACTERÍSTICAS: Ofiura con diámetro del disco corporal de 2-3 cm. Los 5 brazos alcanzan hasta 12 cm y parecen lisos debido a que las cortas espinas apenas sobresalen. Los brazos y disco corporal resultan correosos al tacto. Color pardo o negro, a veces con manchas.
POSIBLE CONFUSIÓN: Hay varias especies más en el Mediterráneo, todas ellas parecidas, cuya determinación sólo a partir de una fotografía resulta muy difícil.
HÁBITAT Y DISTRIBUCIÓN: En el litoral rocoso, y más raramente en suelos secundarios. Vive escondida en hendiduras o bajo piedras. También en fondos arenosos, siempre que encuentre refugio bajo una piedra. Desde aguas superficiales hasta unos 70 m de profundidad. En todo el Mediterráneo occidental y en el Adriático.
BIOLOGÍA: Puede moverse rápidamente hacia delante con sus largos brazos móviles. Para ello los arquea en forma de S para dar una batida, tras lo cual vuelve a extenderlos. Esciófila, huye si se le da la vuelta a la piedra bajo la que se esconde o si se la ilumina por la noche.

3 **Ofiura de espinas finas** *Ophiotrix fragilis*
—Familia *Ophiotrichidae*

CAT— *Ophiotrix fragilis*
FRA— *Ophiotrix fragilis*
ING— Common brittle star
ALE— Zerbrechlicher Schlangenstern

CARACTERÍSTICAS: Disco central redondeado a pentagonal de hasta 2 cm de diámetro. Brazos que alcanzan los 10 cm de longitud y están rebordeados con numerosas espinas largas y puntiagudas (7 espinas por segmento o artejo). Especie de coloración muy variable, frecuentemente parda, gris o crema, aunque también puede ser de un luminoso púrpura. A menudo presenta un patrón de franjas.
POSIBLE CONFUSIÓN: La especie *O. quincemaculata* presenta básicamente 6 espinas por segmento, y resultan ser más cortas.
HÁBITAT Y DISTRIBUCIÓN: En muchos sustratos: entre hierbas marinas, bajo piedras, en suelos duros o coralinos y en fondos cenagosos. Desde la línea de la marea baja hasta más de 50 m de profundidad. Mediterráneo, en el Atlántico desde Noruega e Islandia hasta Sudáfrica.
BIOLOGÍA: Se alimenta de pequeños animales que recoge del fondo con el sistema ambulacral de los extremos de sus brazos, también de plancton que se enreda en sus brazos extendidos. Esporádicamente, esta especie puede aparecer en grandes masas cuyo número supera los 100 animales por metro cuadrado. Es típico en ellas que huyan ante la luz, sean bastante móviles y relativamente rápidas.

1

2
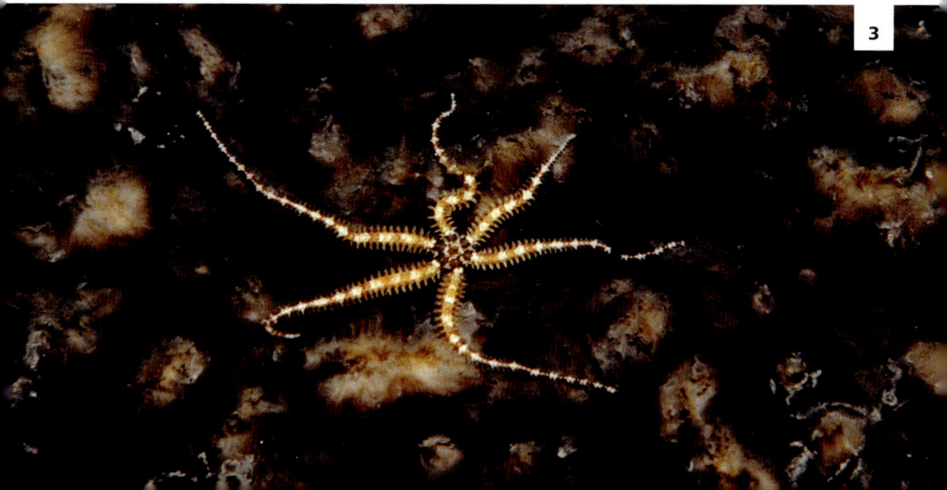
3

1 Estrella de capitán *Asterina gibbosa* —Familia *Asterinidae*

CAT— Estrelleta
FRA— Etoile à pegne
ING— Starlet cushion star
ALE— Fünfeckstern

CARACTERÍSTICAS: Pequeña estrella de mar de hasta 6 cm, con contorno entre ligeramente estrellado y pentagonal. Tiene 5 brazos muy cortos, cara inferior plana y cara superior abombada. Coloración variable: por ejemplo los animales jóvenes amarillos, ejemplares de mayor tamaño beis-gris, pardo, verdoso o rojo. Foto (1A) ejemplar verde; Foto (1B) ejemplar rojo sobre pradera marina con numerosos diminutos animales jóvenes amarillos.
POSIBLE CONFUSIÓN: En el Mediterráneo hay otras estrellas de mar de contorno pentagonal que, no obstante, se diferencian suficientemente de la que nos ocupa en la forma, color y tamaño.
HÁBITAT Y DISTRIBUCIÓN: En praderas marinas, aunque también sobre suelos duros (especialmente bajo piedras) y en hendiduras. Prefiere regiones con aguas someras, siendo más rara en aguas muy profundas.
BIOLOGÍA: Esta estrella de mar habita normalmente durante el día entre los rizomas de angiospermas marinas o escondida bajo piedras. Por la noche abandona su escondite para salir en busca de alimento. Esta especie es un depredador de otros animales. Para ello la estrella llega frecuentemente a trepar sobre ejemplares de posidonia. A diferencia de otras muchas especies de estrellas de mar, de los huevos fecundados de esta especie no se desarrollan larvas con vida planctónica. Los huevos quedan adheridos al sustrato y al cabo de cierto tiempo eclosionan las diminutas estrellas de mar con la forma adulta (1B). A lo largo de su vida esta especie cambia de sexo. Tras una fase inicial masculina, a los cuatro años, los animales cambian al femenino.

2 Estrella de hondura *Luida ciliaris* —Familia *Luidiidae*

CAT— Estrella de set bracos
FRA— Asterina gibbosa
ING— *Luid ciliaris*
ALE— Siebenarmiger Großplattenstern

CARACTERÍSTICAS: Gran estrella de mar de hasta 50 cm, con 7 largos brazos móviles y lisos. Disco corporal pequeño. Brazos a menudo desiguales, dado que puede regenerar brazos parcialmente dañados o perdidos (autotomía). Color entre ocre y rojo anaranjado. Imagen (2A) variante pardo oscuro, imagen (2B) variante naranja.
HÁBITAT Y DISTRIBUCIÓN: En suelos arenosos profundos algo cenagosos, desde aguas superficiales hasta unos 400 m. Es más bien rara en praderas marinas y sobre sustratos duros. Nada frecuente, está probablemente presente en todo el Mediterráneo; más frecuente en el Atlántico.
BIOLOGÍA: De día permanece enterrada en el sustrato blando y por la noche sale en busca de presas, como erizos irregulares del género *Brissus* y bivalvos. Las de mayor tamaño son digeridas tras eyectar su estómago fuera del cuerpo. Al huir puede desprender fragmentos de algún brazo para entretener a los depredadores y así salvar la vida, regenerando más tarde los miembros Incompletos.

1A

1B

2A

2B

1 Estrella de arena anaranjada *Astropecten aranciacus* —Familia *Astropectinidae*

CAT— Estrella de sorra ataronjada
FRA— Grande étoile-peigne
ING— Red comb-(sea)star
ALE— Großer Kammseestern

CARACTERÍSTICAS: Gran estrella de mar de hasta 60 cm, con gran disco plano y ancha base de los brazos. Siempre 5 brazos, con los bordes ribeteados por una doble hilera de espinas. Cara superior de un vivo color rojo anaranjado o con dibujo; espinas más claras y cara inferior y pies ambulacrales amarillos.
POSIBLE CONFUSIÓN: En el Mediterráneo se conocen otras 5 especies de tamaño claramente menor, que se diferencian además entre sí por la disposición de las espinas.
HÁBITAT Y DISTRIBUCIÓN: Frecuente en todo el Mediterráneo. Esta especie vive en suelos blandos y en praderas marinas, desde aguas superficiales hasta mayores profundidades (máx. hasta 100 m).

BIOLOGÍA: Suele permanecer durante el día enterrada en los sedimentos, y por la noche caza su alimento. Se alimenta de gasterópodos, bivalvos y erizos irregulares enterrados bajo la arena. Las presas de menor tamaño son tragadas por completo, expeliendo íntegros los restos indigeribles (conchas). Las presas mayores son digeridas desde fuera del cuerpo mediante la eyección del estómago. Puede desplazarse rápidamente sobre el sustrato con sus pies ambulacrales, tanto hacia delante como en horizontal. Para enterrarse en la arena, desliza los pies a uno y otro lado hasta que el animal entero desaparece bajo la superficie, percibiéndose apenas un contorno de cinco puntas en la arena, en el lugar donde se enterró. Los pies de esta especie no poseen ventosas, por lo que no puede escalar.

2 *Astropecten spinulosus* —Familia *Astropectinidae*

CAT— *Astropecten spinulosus*
FRA— Petite étoile-peigne
ING— Slender sea star
ALE— Kletter-Kammseestern

CARACTERÍSTICAS: Estrella de hasta 10 cm, con cuerpo aplanado, Presenta 5 brazos romos, rodeados por una hilera de espinas parduzcas llamativamente dispuestas con gran regularidad. Pies con ventosas en parte de su longitud. Cara superior muy oscura, de oliváceo parduzco.
POSIBLE CONFUSIÓN: En el Mediterráneo hay otras 5 especies del mismo género. La determinación sólo es posible por la disposición de las espinas. *Astropecten spinulosus* es la única especie del género con ventosas en los pies, lo que le permite escalar superficies verticales.

HÁBITAT Y DISTRIBUCIÓN: Endémica del Mediterráneo. En praderas marinas y más raramente en suelos arenosos. Desde aguas superficiales hasta los 30 m (raramente hasta los 50 m).
BIOLOGÍA: Endémica del Mediterráneo, permanece durante el día enterrada entre los rizomas de posidonia o bajo la arena. Con el ocaso abandona su escondrijo para buscar alimento, para lo cual llega a encaramarse incluso a hojas de plantas de posidonia con ayuda de sus ventosas.

3 Estrella de mar de brazos largos *Chaetaster longipes* —Familia *Chaetasteridae*

CAT— *Chaetaster longipes*
FRA— Etoile de mer aux longs bras
ING— Long-armed sea star
ALE— Langarmiger Seestern

CARACTERÍSTICAS: Disco central muy pequeño con 5 brazos muy largos que son llamativamente estrechos y redondeados. Coloración: amarillento pálido anaranjado.
POSIBLE CONFUSIÓN: Además de esta especie, en el Mediterráneo aparece otra estrella de mar de coloración similar, se trata de la *Hacelia attenuata* que presenta unas visibles protuberancias en la parte superior de los brazos y suelen estar organizadas regularmente en 10 series. Sus brazos, hasta el extremo, se renuevan constantemente.
HÁBITAT Y DISTRIBUCIÓN: Especie rara en el Mediterráneo y vecino Atlántico, se encuentra predominantemente en fondos arenosos muy profundos.
BIOLOGÍA: La única especie mediterránea de este género.

1

2

3

1 Estrella de espinas finas *Coscinasterias tenuispina* —Familia *Asteriidae*

CAT— *Coscinasterias tenuispina*
FRA— Etoile de mer épineuse
ING— Blue spiny starfish
ALE— Dornenseestern

CARACTERÍSTICAS: Con más de 5 brazos (frecuentemente 7, hasta 10). Tamaño de hasta 15 cm. 2-4 madreporitos (placas tipo madrépora). Numerosas espinas, dispuestas de forma Irregular sobre la cara superior del disco y ordenadas en 5 hileras longitudinales en los brazos. Color muy variable: la cara superior blanca, roja o parda, con manchas azules, amarillas y pardas.
HÁBITAT Y DISTRIBUCIÓN: Relicto del mar de Tetis presente en el Mediterráneo. Sobre suelos rocosos y bajo piedras y plantas. Desde aguas superficiales hasta los 50 m. Probablemente en todo el Mediterráneo. Especie relativamente frecuente. En el Atlántico oriental desde Cabo Verde hasta el golfo de Vizcaya; también en el Atlántico occidental desde Brasil hasta las Bermudas.
BIOLOGÍA: Posee una capacidad de regeneración extremadamente eficaz: a partir de un brazo arrancado puede originarse un individuo completo. Dentro de las poblaciones existen menos machos que hembras. La estrella de espinas finas es un depredador de otros organismos.

2 Estrella de mar común *Marthasterias glacialis* —Familia *Asteriidae*

CAT— Estrella verda
FRA— Etoile de mer glaciaire
ING— Spiny starfish
ALE— Eisseestern

CARACTERÍSTICAS: Con 5 brazos. Tamaño de 30-40 cm y hasta 80 cm. Cada placa dorsal cuenta con una gran espina. Disposición de las espinas en los brazos en 3 hileras longitudinales, formándose en el disco un pentágono perfecto. Las espinas están rodeadas en su base por un penacho de pinzas de agarre (pedicelarios). Color: los jóvenes son entre pardo apagado y verde oliva; los adultos tienen una coloración más viva, pardo-rojiza con un dibujo amarillo grisáceo.
HÁBITAT Y DISTRIBUCIÓN: Vive sobre sustratos duros, en hendiduras y cuevas, o bajo piedras. A mayor profundidad, por debajo de los 50 m, llega a habitar también en suelos arenoso-cenagosos. Se conoce en el Mediterráneo occidental, Adriático, costas de Grecia y costas del norte de Turquía. En la distribución de esta especie ártica la temperatura del agua tiene una gran importancia: prefiere las costas con temperaturas medias más frescas.
BIOLOGÍA: La estrella de mar común es especialmente temible en cultivos de mejillones y ostras. Además de a estos moluscos, esta estrella de mar depreda crustáceos, peces heridos e incluso a otros equinodermos como, por ejemplo, erizos de mar, a los cuales da la vuelta con sus brazos para poder digerirlos desde su orificio bucal. Como en el caso de otras estrellas de mar que actúan como depredadores, para alimentarse realiza la eversión de su estómago hacia el exterior.

3 *Hacelia attenuata* —Familia *Ophiasteridae*

CAT— *Hacelia attenuata*
FRA— Etoile de mer lisse
ING— Red starfish
ALE— Orangefarbener Seestern

CARACTERÍSTICAS: Estrella de mar con 5 brazos redondeados, que se insertan en el pequeño disco corporal con su base más ancha y que se van estrechando hacia el extremo hasta terminar en punta. Tamaño de hasta 20 cm. Lado superior con pápulas visibles dispuestas en 10 claras hileras longitudinales a lo largo de los brazos. Color: rojo anaranjado (3A), rojo parduzco o rojo escarlata (3B).
POSIBLE CONFUSIÓN: Además de esta estrella de mar, en el Mediterráneo hay otras dos estrellas con coloración roja: la estrella espinosa roja *(Echinaster sepositus)*, que presenta pápulas visibles en la cara superior aunque irregularmente dispuestas, y la estrella púrpura (*Ophidiaster ophidianus*), que no exhibe pápulas bien visibles y además éstas están ordenadas en 8 hileras longitudinales.
HÁBITAT Y DISTRIBUCIÓN: Sobre todo tipo de sustratos duros entre los 3 y 150 m de profundidad, especialmente entre los 20 y los 50 m. Especie más bien esciófila que aparece bajo salientes rocosos, en cuevas y en comunidades coralígenas. En el Mediterráneo occidental, sur del Adriático, mar de Mármara y en el vecino Atlántico y Azores.

1
2
3A
3B

1 Estrella espinosa roja *Echinaster sepositus* —Familia *Echinasteridae*

CAT— Estrella vermella
FRA— Etoile de mer rouge
ING— Red starfish
ALE— Roter Seestern

CARACTERÍSTICAS: Estrella de mar con 5 brazos (más raramente 6 o 7) largos y redondeados. Tamaño de hasta 20 cm. Disco pequeño. Cara superior con numerosas vesículas branquiales denominadas pápulas, de pequeño tamaño aunque claramente visibles, irregularmente dispuestas. Piel con abundantes glándulas, con espinas embebidas en ésta, de hasta 1,5 mm de largo. Color de un rojo brillante entre anaranjado y teja.
POSIBLE CONFUSIÓN: En el Mediterráneo hay otras dos especies de estrellas de mar rojas: la estrella púrpura *(Ophidiaster ophidianus)*, sin pápulas claramente visibles dispuestas en 8 hileras longitudinales, y *Hacelia attenuata*, con pápulas dispuestas en 10 hileras longitudinales.
HÁBITAT Y DISTRIBUCIÓN: Estrella frecuente en el infralitoral inferior, sobre sustratos duros, con presencia regular por debajo del estrato de rompiente del mar y hasta mayores profundidades. También en praderas marinas y en las comunidades coralígenas. En todo el Mediterráneo.
BIOLOGÍA: Se alimenta de detritos orgánicos y pequeños organismos que toma del sustrato con ayuda de sus suctores podales y que conduce hasta su boca por la cara Inferior de sus brazos a través de unos surcos provistos de cilios. Las poblaciones de este hermoso equinodermo se han visto diezmadas al venderse masivamente a los turistas como recuerdo en estado disecado.8 Entre sus enemigos naturales se cuenta el gasterópodo conocido como bocina (*Charonia lampas*).

2 Estrella púrpura *Ophidiaster ophidianus* —Familia *Ophidiasteridae*

CAT— Estrella porprada
FRA— Etoile de mer violette
ING— Purple sea-star
ALE— Purpurroter Seestern

CARACTERÍSTICAS: Estrella de mar con pequeño disco corporal y siempre 5 brazos de igual grosor, con las puntas arqueadas. Cara superior del cuerpo con pápulas apenas visibles, dispuestas en 8 hileras longitudinales claramente reconocibles en cada brazo. Axilas de los brazos en ángulo agudo. Color característico rojo púrpura aunque también de un rojo anaranjado o rojo teja. A veces incluso con manchas rojo púrpura sobre un fondo rojo anaranjado o rojo teja (2A).
POSIBLE CONFUSIÓN: Existen otras dos estrellas de color rojo en el Mediterráneo: la estrella espinosa roja *(Echinaster sepositus)*, con pápulas claramente visibles no dispuestas en hileras, y *Hacelia attenuata*, con 10 hileras longitudinales de pápulas por brazo.
HÁBITAT Y DISTRIBUCIÓN: Esta especie vive en sustratos duros primarlos y secundarios, desde aguas superficiales hasta mayores profundidades, y raramente en praderas marinas. Prefiere zonas umbrías. Se extiende puntualmente por el Mediterráneo: entre Marruecos y Túnez, Costa Brava, Baleares, sur de Francia, sur de Italia, Sicilia, centro y sur del Adriático y algunos puntos dispersos del Mediterráneo oriental. También en el Atlántico desde Portugal hasta Santa Helena.
BIOLOGÍA: La estrella púrpura aparece junto a la estrella de mar común (*Marthasterias glacialis)* en el dominio precoralígeno. Pero, la estrella púrpura prefiere aguas más cálidas por lo que suele ser más frecuente en regiones meridionales y orientales del Mediterráneo.

3 Estrella disco *Sphaerodiscus placenta* —Familia *Goniasteridae*

CAT— *Sphaerodiscus placenta*
FRA— Etoile-biscuit
ING— *Sphaerodiscus placenta*
ALE— Kissenseestern

CARACTERÍSTICAS: Estrella de mar de hasta 10 cm con llamativo perfil pentagonal. Grandes placas marginales abombadas rodeando a la estrella. Color de la cara superior entre rojo pardo y pardo-amarillento, y cara Inferior más clara.
HÁBITAT Y DISTRIBUCIÓN: Sobre suelos arenosos o cenagoso-arenosos, desde los 30 m hasta mayores profundidades. Por debajo del límite inferior de las praderas marinas. En todo el Mediterráneo excepto en el Adriático norte. Más frecuente el Mediterráneo meridional.

1

2A

3

2B

1 Cucumaria planci
—Familia *Cucumariidae*

CAT— *Cucumaria planci*
FRA— Holothurie
ING— *Cucumaria planci*
ALE— Bäumchen-Seegurke

CARACTERÍSTICAS: Cohombro de mar con 10 tentáculos ramificados con aspecto arborescente, de unos 10-15 cm de tamaño. Color: entre pardo oscuro y claro, a veces con puntos oscuros.
POSIBLE CONFUSIÓN: En el Mediterráneo existen en total 8 especies del género Cucumaria.
HÁBITAT Y DISTRIBUCIÓN: Habita suelos arenosos con sedimentos cenagosos, asociado a ascidias y algas rojas, entre los 6 y 60 m. De forma regular en todo el Mediterráneo, así como en el Atlántico, desde Senegal hasta Inglaterra.
BIOLOGÍA: Las especies del género *Cucumaria* no pasan por los dos estadios larvarios de los cohombros de mar.

2 Cohombro de mar negro *Holothuria forskali*
—Familia *Holothuriidae*

CAT— Pixota negra, carallot negre
FRA— *Holothuria forskali*
ING— Black sea cucumber
ALE— Variable Seegurke

CARACTERÍSTICAS: Los tentáculos terminan en discos estrellados. Tamaño del cuerpo de hasta 35 cm, sección transversal casi circular, lado ventral con 3 hileras de pies suctores. Superficie corporal con numerosas papilas cónicas.
POSIBLE CONFUSIÓN: Los ejemplares de color pardo se pueden confundir con otros del cohombro de mar pardo *(Holothuria tubulosa)*, aunque de este último no se desprenden filamentos pegajosos.
HÁBITAT Y DISTRIBUCIÓN: Especie frecuente en praderas marinas, sobre suelos arenosos embarrados y suelos duros. Mediterráneo y costa atlántica europea.
BIOLOGÍA: Desprende filamentos pegajosos al ser tocado, lo que le sirve de defensa. También se desprende del tracto intestinal. Este mecanismo también puede utilizarse para la defensa contra los parásitos (véase *Carapus acus* pág. 270).

3 Cohombro de mar pardo *Holothuria tubulosa*
—Familia *Holothuriidae*

CAT— Pixota terrosa, botifarra
FRA— Holothurie tubuleuse
ING— Cotton-spinner
ALE— Röhrenseegurke

CARACTERÍSTICAS: Cohombro de mar cuyos tentáculos terminan en discos estrellados. Tamaño de hasta 40 cm y sección transversal casi circular de unos 6 cm. Numerosas papilas oscuras por todo el cuerpo.
POSIBLE CONFUSIÓN: En total, en el Mediterráneo habitan 7 especies del género *Holothuria*.
HÁBITAT Y DISTRIBUCIÓN: Sobre suelos blandos y suelos duros hasta los 100 m. Frecuente en el Mediterráneo occidental y en el Atlántico hasta el golfo de Vizcaya.
BIOLOGÍA: En el verano tardío avanza hacia aguas someras. Allí adopta una posición erguida en L para depositar los huevos y el esperma.

4 Polyplectana kefersteini
—Familia *Synaptidae*

CAT— *Polyplectana kefersteini*
FRA— Holothurie serpent brune
ING— Keferstein's sea cucumber
ALE— Kefersteins Wurm-Seegurke

CARACTERÍSTICAS: Cuerpo largo y estirado, con forma de serpiente. Individuo blando y de piel fina con numerosas vesículas en la superficie que están organizadas en 5 series longitudinales y pueden ser más o menos grandes.
POSIBLE CONFUSIÓN: Ninguna.
HÁBITAT Y DISTRIBUCIÓN: En fondos duros, arenosos y de cantos rodados. Predominantemente en el infralitoral. Esta especie llegó desde el mar Rojo al canal de Suez, en cuya cuenca oriental se asienta actualmente. En el Indopacífico desde el mar Rojo hasta Hawai.
BIOLOGÍA: Como otras especies similares, se contrae vigorosamente cuando es molestado, llegando a reducirse a la cuarta parte de su longitud original. No necesita pies ambulacrales. Si sus pequeños ganchos calcáreos se enganchan en la piel de los seres humanos, pueden causar irritaciones cutáneas.

1

2

3

4

1 *Holothuria polii*
—Familia *Holothuriidae*

CAT— *Holothuria polii*
FRA— Concombre de mer ensablé
ING— White spot cucumber
ALE— Weißspitzen-Seegurke

CARACTERÍSTICAS: Cohombro de mar cuyos tentáculos terminan en discos estrellados. Tamaño de hasta 25 cm, con sección transversal del cuerpo casi circular. Pies suctores dispuestos en 3 hileras en el lado ventral. Piel aterciopelada negra, con numerosas papilas de un blanco brillante. No presenta túbulos de Cuvier.
HÁBITAT Y DISTRIBUCIÓN: En suelos duros y praderas de *Zostera.* Desde aguas superficiales hasta profundidades mayores. Raro en el Mediterráneo y en el Atlántico.

BIOLOGÍA: Se alimenta de materia orgánica (detritos) que capta con los extremos de sus tentáculos y transporta a su boca. En este proceso también ingiere otros materiales, por lo que en su tracto digestivo se realiza una selección posterior de las partículas alimenticias. La fracción no digerible es excretada por la cloaca en forma de pequeños agregados arenosos.

2 Cohombro de mar real *Stichopus regalis*
—Familia *Stichopodidae*

CAT— Espardenya, llonguet
FRA— Bocasse jaune
ING— Royal cucumber
ALE— Königseegurke

CARACTERÍSTICAS: Sus tentáculos acaban en ampollas. Tamaño de hasta 35 cm, con sección transversal claramente achatada. Pies suctores en 3 hileras en el lado ventral, con el lado superior con verrugas y protuberancias, y grandes papilas blancas flanqueando el cuerpo. Lado superior entre amarillento y pardo-rojizo con manchas blancas lateraless, y lado inferior con una zona central roja y laterales color pardo. Sin túbulos de Cuvier.
HÁBITAT Y DISTRIBUCIÓN: Sobre suelos blandos que contengan detritos, y también en las comunidades de detritos costeros y en suelos de algas calcáreas rojas *(Lithothamnium fruticulosum).* Entre los 5 y los 800 m de profundidad. En las regiones meridionales del Mediterráneo es más bien raro y probablemente falte en la cuenca oriental. En el vecino Atlántico hasta las islas Canarias y costas occidentales de Irlanda. También en el Caribe (Antillas y golfo de México).
BIOLOGÍA: Puede expulsar sus propias vísceras en caso de peligro y regenerarlas en 2-3 semanas. Su cavidad interna a veces se ve parasitada por la rubloca (*Carapus acus*). Este cohombro de mar, al igual que el cohombro de mar pardo *(Holothuria tubulosa),* son capturados para el consumo de sus pulmones a mano o con rasquetas. Se alimenta de detritos (véase *Holothuria).*

3 Erizo negro *Arbacia lixula*
—Familia *Arbaciidae*

CAT— Garota negra
FRA— Oursin noir
ING— Black sea urchin
ALE— Schwarzer Seeigel

CARACTERÍSTICAS: Caparazón con simetría radial, con la abertura bucal debajo y el ano arriba. Diámetro máximo del caparazón de 8 cm, con numerosas púas de hasta 3 cm de largo, muy afiladas y de color negro (3A), Caparazón achatado, con gran abertura bucal. Caparazón rosa, con bandas pardo oscuras. Campo bucal de color verdoso. Pies ambulacrales en la cara superior, sin suéteres, por lo que no puede tomar trozos de algas y fragmentos de conchas para camuflarse.
POSIBLE CONFUSIÓN: Con *Paracentrotus lividus,* aunque éste tiene el caparazón redondeado verdoso y una pequeña abertura bucal, púas pardas, violetas o verdosas y campo bucal rojizo, y numerosos pies ambulacrales con suctores en la parte superior.

HÁBITAT Y DISTRIBUCIÓN: Esta especie habita en el infralitoral en una zona propia (facies) en compañía del erizo de mar común y exclusivamente en suelos rocosos. En contraste con el erizo de mar común, el erizo negro no perfora las rocas. Es frecuente en el Mediterráneo occidental, siendo más raro en la cuenca oriental. También en el vecino Atlántico, al norte del estrecho de Gibraltar.
BIOLOGÍA: El erizo negro se alimenta sobre todo rayendo algas en superficies verticales en la zona de rompiente (3B). Su caparazón achatado ofrece una menor resistencia a la corriente de agua. Se captura para el consumo de las gónadas de las hembras.

1

2

3A

3B

1 Erizo de mar común *Paracentrotus lividus* —Familia *Echinidae*

CAT— Garota de roca
FRA— Oursin comestible
ING— Purple sea urchin
ALE— Steinseeigel

CARACTERÍSTICAS: Caparazón con simetría radial, con la abertura bucal debajo y el ano arriba (*Regularia*). Diámetro máximo de hasta 7 cm, con púas no demasiado numerosas de hasta 3 cm de longitud, afiladas, de color violeta oscuro, parduzco o verdoso. Caparazón redondeado con una pequeña abertura bucal. Caparazón verdoso con campo bucal rojizo. Pies ambulacrales en la cara superior con suctores, lo que le permite camuflarse con trozos de algas y fragmentos de conchas y darse la vuelta en unos 5 minutos si se le pone "boca arriba".
POSIBLE CONFUSIÓN: El erizo negro (*Arbacia lixula),* aunque éste se diferencia por su caparazón achatado, numerosas púas negras y gran abertura bucal, color rosado del caparazón con bandas pardo oscuras, campo bucal verdoso, pies ambulacrales en el lado superior sin suctores, e incapacidad de camuflarse con algas y trozos de conchas o de darse la vuelta en caso de ser volteado.
HÁBITAT Y DISTRIBUCIÓN: Típica especie del infralitoral, también presente en lagunas que quedan en la marea baja. Siempre sobre suelos rocosos y más raramente en praderas marinas. Desde aguas superficiales hasta los 50 m de profundidad. Especie frecuente en todo el Mediterráneo y también en el vecino Atlántico, desde las islas Canarias hasta Irlanda, incluyendo las Azores.
BIOLOGÍA: El erizo de mar común puede incrustarse en unas cavidades que perfora en el sustrato ayudándose de sus púas y por medio de giros sobre su propio eje. Para ello prefiere rocas calizas. Durante el día se mantiene refugiado en dichas cavidades, abandonando éstas al llegar la oscuridad y regresando de nuevo al amanecer. Los erizos de mar son recolectados por los seres humanos por dos razones: para su consumo (ya son apreciados desde la antigüedad), y especialmente de las gónadas femeninas, dispuestas en cinco hileras de color anaranjado en el interior del caparazón y consideradas una exquisitez. Las gónadas masculinas son de color blanquecino y son menos apreciadas. Desde hace algunos años se emplean bastante los erizos de esta especie para estudios embriológicos y moleculares dada la transparencia de sus huevos, lo que permite observar al microscopio cómodamente los procesos de división celular. Dichas aplicaciones han supuesto en la práctica la reducción de las poblaciones de este equinodermo, lo cual ha favorecido el desarrollo en su lugar del erizo negro (*Arbacia lixula).*

2 Ericillo de mar *Psammechinus microtuberculatus* —Familia *Echinidae*

CAT— Garotina
FRA— Oursin grimpeur
ING— Green sea-urchin
ALE— Kletterseeigel

CARACTERÍSTICAS: Caparazón con simetría radial, con la abertura bucal debajo y el ano arriba (*Regularia*). Erizo de mar con caparazón achatado, con un diámetro de hasta 3,5 cm. Púas primarias apenas mayores que las secundarias, con una longitud máxima de hasta 1,5 cm. Color de las púas entre verdoso y parduzco, con puntas blancas, y a veces con bandas. Color del caparazón entre verdoso oscuro y pardo, con campos de poros blancos.
POSIBLE CONFUSIÓN: Se puede confundir con ejemplares jóvenes del erizo de mar común.
HÁBITAT Y DISTRIBUCIÓN: Sobre suelos duros primarios y secundarios, en formaciones de algas y sobre todo en praderas marinas. Esta especie es activa por la noche y durante el día vive oculta bajo piedras y entre los rizomas de las angiospermas marinas. Es frecuente en todo el Mediterráneo y también en el vecino Atlántico, desde las costas de Portugal hasta las islas de Cabo Verde.
BIOLOGÍA: Deja su escondite por la noche para buscar su alimento y reproducirse, subiéndose frecuentemente a las hojas de posidonia o a otros emplazamientos expuestos. Su alimentación se basa en algas y pequeños invertebrados que ingiere con su aparato bucal. Es un verdadero especialista escalando: en ensayos de laboratorio se ha comprobado que incluso puede ascender por la cuerda de un violín. También se aprecian las gónadas de esta especie para su consumo, por lo que en algunas regiones se recolectan ejemplares de este pequeño erizo de mar.

1

2

1 *Echinus melo*
—Familia *Echinidae*

CAT— *Echinus melo*
FRA— Oursin melon
ING— Melon urchin
ALE— Melonenseeigel

CARACTERÍSTICAS: Caparazón con simetría radial, con la abertura radial debajo y el ano arriba (*Regularia*). Gran erizo de mar con caparazón casi esférico con un diámetro máximo de hasta 17 cm. Púas primarias más largas y púas secundarias más cortas. Las púas primarias son de un color verde oliva y sólo surgen cada dos placas del caparazón (placa interambulacral aboreal). Color del caparazón entre pardo claro y pardo, normalmente desde las puntas hasta la boca con zonas blancas y pardas a lo largo de las líneas que marcan los límites entre placas.
POSIBLE CONFUSIÓN: Esta especie se puede confundir fácilmente con el cercanamente emparentado erizo de hondura *(Echinus acutus)*. Esta otra especie presenta un caparazón entre esférico y algo cónico (visto lateralmente), en el que hay una espina primaría por cada placa interambulacral, lo que le da un aspecto más densamente armado de púas que en el caso de *E. melo*. El color de las púas en E. *acutus* es rojo oscuro en la base, blanco a continuación, rojo claro hasta la punta y blanco de nuevo en la punta.
HÁBITAT Y DISTRIBUCIÓN: Este erizo coloniza sobre todo sustratos duros secundarios en el circalitoral, aunque también aparece en el coralígeno y más raramente en suelos de detritos costeros, desde unos 40 m hasta grandes profundidades (máx. 1.100 m). En todo el Mediterráneo occidental es ocasionalmente frecuente. En el Atlántico en las costas de Cornualles (raro), de Portugal y de Azores.
BIOLOGÍA: Aunque esta especie llama la atención por su tamaño, púas y colorido, se trata de una especie poco estudiada. Se cree que se alimenta de algas calcáreas rojas que encuentra en sus desplazamientos. Sus largos pedicelarios le permiten fijarse al sustrato no sólo por su cara inferior, sino también lateralmente, por lo que también puede encontrarse en lugares relativamente expuestos del dominio coralígeno.

2 Ericillo de hondura *Echinus acutus*
—Familia *Echinidae*

CAT— Garota de fons
FRA— Oursin pointu
ING— Yellow sea-urchin
ALE— Gelber Seeigel

CARACTERÍSTICAS: Caparazón con simetría radial, con la abertura bucal debajo y el ano arriba (*Regularia*). Gran erizo de mar con caparazón entre esférico y cónico (visto lateralmente), de hasta 15 cm de diámetro. Púas primarias más largas y secundarias más cortas. Las púas primarias son de un rojo oscuro en la base, blancas después, hasta la punta de un rojo claro y en la punta de nuevo blancas; éstas salen de cada una de las placas del caparazón (placa interambulacral aboreal). Color del caparazón entre rojo y pardo-rojizo, normalmente desde el extremo hasta la boca con zonas blancas y rojas a lo largo de las filas que marcan el límite entre placas.
POSIBLE CONFUSIÓN: Este erizo puede confundirse fácilmente con *E. melo*, con el que está estrechamente emparentado. Esta otra especie se diferencia por su caparazón esférico, del que sólo salen púas primarias de cada segunda placa interambulacral, por lo que resulta menos espinoso que el erizo de hondura. Además las púas de *E. melo* son de un color verde oliva.
HÁBITAT Y DISTRIBUCIÓN: El erizo de hondura habita sustratos duros secundarios en el circalitoral, encontrándose también en suelos con detritos costeros y algas calcáreas rojas, desde los 20 m hasta grandes profundidades (1.200 m). En todo el Mediterráneo occidental, en el Adriático y en el norte del Egeo (aunque es más raro allí). En el vecino Atlántico hasta las islas Británicas.
BIOLOGÍA: El erizo de hondura se alimenta de un gran número de diferentes organismos del suelo y detritos orgánicos. Su reproducción tiene lugar en los meses de verano. En el Atlántico y en el mar del Norte existe otra especie cercanamente emparentada (*Echinus esculentus)* del mismo género. En los lugares donde estas dos especies de erizos coinciden, se han encontrado ejemplares híbridos de ambas especies.

1

2

1 | **Puercoespín marino** *Centrostephanus longispinus* —Familia *Diadematidae*

CAT— Eriçó de punxes llargues
FRA— Oursin-diadème méditerranéen
ING— Longspined sea-urchin
ALE— Diademseeigel

CARACTERÍSTICAS: Caparazón con simetría radial, con la abertura bucal abajo y el ano arriba (*Regularia*). Erizo de mar con un diámetro máximo de hasta 6 cm. Púas claramente más largas que el diámetro corporal, móviles, frágiles y algo quebradizas, y cubiertas de pequeñas espinas. Color de las púas entre pardo y negro en los ejemplares adultos (1B) y entre violeta-parduzco con anillos blancos en los ejemplares jóvenes (1A).
POSIBLE CONFUSIÓN: Ninguna. Es la única especie del género en el Mediterráneo.
HÁBITAT Y DISTRIBUCIÓN: Esciófila que habita en sustratos duros primarios y secundarios en hendiduras y cuevas. A partir de los 40 m de profundidad, encontrándose ejemplares jóvenes libres también sobre suelos de algas calcáreas rojas (*Lithothamnium fruticulosum)* en detritos costeros (H. Schmidt). Probablemente en todo el Mediterráneo de forma local. En el Mediterráneo occidental aumenta su presencia conforme se va más hacia aguas más meridionales. También se ha citado en el Atlántico en las Azores y en las islas Canarias.
BIOLOGÍA: Los erizos de la familia Diadematidae son claros habitantes de los arrecifes coralinos tropicales, por lo que se puede considerar al puerco espín marino como un relicto tropical en el Mediterráneo. El puerco espín marino es un animal muy móvil con un gran radio de acción. Durante el día permanece oculto en hendiduras de rocas, sobresaliendo tan sólo las largas púas móviles. Este erizo de mar reacciona a la luz y a la sombra, disponiendo sus púas hacia algún objeto que se aproxime a él como protección. Debe tenerse cuidado con sus púas: se clavan fácilmente en la piel y son difíciles de extraer al quedar trabadas por las pequeñas espinas que presentan. Las zonas en las que se clava una espina quedan teñidas de un color azul negruzco debido al líquido que contienen las púas, que están huecas. También pueden producirse infecciones secundarias, por lo que es importante extraer cuidadosamente los restos de púas clavadas con unas pinzas y desinfectar las partes de la piel afectadas con una disolución de alcohol al 40-70 %. Las púas clavadas de forma profunda deben ser extraídas por un médico.

2 | **Tabaquera** *Cidaris cidaris* —Familia *Cidaridae*

CAT— Tabaquera
FRA— Oursin-lance gris
ING— Crany cidaris
ALE— Großer Lanzenseeigel

CARACTERÍSTICAS: Caparazón con simetría radial, con la abertura bucal debajo y el ano arriba *(Regularia).* Erizo de mar con largas y robustas púas primarias muy separadas, rodeadas por círculos de púas secundarias más cortas. Púas primarias con base más ancha, que se estrechan hacia arriba progresivamente, generalmente de color entre blanco-grisáceo y violeta claro. Púas primarias como mínimo el doble de largas que el diámetro del caparazón, de unos 7 cm. Púas secundarias muy cortas dispuestas como una corona alrededor de la base de las púas primarias, de color blanco, violeta claro o amarillo. Pedicelarios en forma de pinzas con diente terminal claramente visible.
POSIBLE CONFUSIÓN: En el Mediterráneo existe otra especie cercanamente emparentada: la tabaquera roja (*Stylocidaris affinis).* Ambas especies son muy parecidas y de tamaño similar. Las púas primarias de *S. affinis* son sólo un poco más largas que el diámetro del caparazón, de color parduzco con bandas más claras y frecuentemente están cubiertas de algas calcáreas rojas; en la tabaquera roja los pedicelarios no poseen diente terminal.
HÁBITAT Y DISTRIBUCIÓN: Sobre suelos blandos arenoso-cenagosos, sobre todo en zonas de detritos costeros. Desde los 60 m hasta grandes profundidades (máx. 2.000 m). Probablemente en todo el Mediterráneo, aunque sólo frecuente de forma puntual (p. ej. en las islas Lípari). También en el Atlántico; costas occidentales de Irlanda, islas Feroe, Noruega, Azores y Cabo Verde.
BIOLOGÍA: Llega a constituir una zona típica en suelos blandos a partir de los 60 m en la que es el elemento faunístico dominante, En dicha zona se pueden observar numerosos ejemplares apiñados en pequeños grupos mientras se alimentan de algas calcáreas rojas.

1A

1B

2

1 Tabaquera roja *Stylocidaris affinis* —Familia *Cidaridae*

CAT— Tabaquera roja
FRA— Oursin lance rouge
ING— Red lance-urchin
ALE— Kleiner Lanzenseeigel

CARACTERÍSTICAS: Caparazón con simetría radial, con la abertura bucal debajo y el ano arriba (*Regularia*). Erizo de mar con largas y robustas púas primarias bastante separadas, rodeadas por círculos de púas secundarias más cortas. Las púas primarias presentan una base más ancha y se van estrechando progresivamente hacia la punta; suelen ser de color parduzco con bandas más claras. Las púas primarias son más largas que el diámetro del caparazón, de unos 4-5 cm. Las púas secundarias se disponen en círculos alrededor de la base de las púas primarias, son muy cortas y tienen un color entre anaranjado y rojizo. Los pedicelarios no presentan ningún diente terminal.
POSIBLE CONFUSIÓN: Con una especie emparentada muy similar, la tabaquera común *(Cidaris cidaris)*. En el caso de la tabaquera común las púas primarias no están nunca cubiertas de otros organismos y son claramente el doble de largas que el diámetro del caparazón, las secundarias son de un color entre blanco, violeta claro y amarillo, y los pedicelarios presentan un diente terminal claramente visible.
HÁBITAT Y DISTRIBUCIÓN: En las comunidades del coralígeno, a partir de los 30 m. Probablemente se distribuye por todo el Mediterráneo, de forma puntual (p. ej. islas Lípari). En el Atlántico occidental a partir de los 33° de latitud norte hasta las islas de Cabo Verde y el Atlántico oriental.
BIOLOGÍA: Las bandas de las púas primarias apenas se reconocen en muchos ejemplares, al presentar numerosos organismos epibiontes como briozoos, esponjas y pequeños gusanos tubícolas colonizando dichas púas. La tabaquera roja forma en algunas regiones a partir de los 30-40 m de profundidad una zona (facies), en la que este erizo es el elemento faunístico predominante.

2 Erizo violáceo *Sphaerechinus granularis* —Familia *Toxopneustidae*

CAT— Garota violeta, eriçó violeta
FRA— Oursin granuleux
ING— Violet sea urchin
ALE— Violetter Seeigel

CARACTERÍSTICAS: Caparazón con simetría radial, con la abertura bucal debajo y el ano arriba (*Regularia*). Diámetro del caparazón de entre 12 y 13 cm, claramente aplanado lateralmente en la zona ventral. Púas numerosas, muy próximas entre sí y romas, de hasta 2 cm de largo. Color de las púas generalmente violeta, con las puntas blancas, aunque también pueden ser completamente blancas, pardas o rojizas. Color del caparazón púrpura oscuro, con campos de poros blancos.
POSIBLE CONFUSIÓN: En el Mediterráneo no existe ninguna otra especie similar.
HÁBITAT Y DISTRIBUCIÓN: Sobre sustratos duros primarios y secundarios, sobre todo en el pre-coralígeno y en el infralitoral en praderas marinas cubiertas por superficies de sedimentos gruesos, También en suelos de algas calcáreas rojas en zonas de detritos costeros, hasta los 100 m de profundidad. Presencia regular en todo el Mediterráneo. En el Atlántico desde las islas Británicas hasta Azores y Cabo Verde.
BIOLOGÍA: Se alimenta de algas y detritos. Los jóvenes son raros en zonas costeras más superficiales, dado que los suelos con detritos costeros suelen darse a mayor profundidad. Los jóvenes rojos o blancos se esconden durante el día y salen por la noche en busca de alimento. A partir de la edad de maduración sexual se desplazan en gran número a zonas más superficiales. Puede camuflarse con diferentes materiales, p. ej., algas y trozos de conchas, los cuales toma con ayuda de sus pedicelarios. Una parte de estos pedicelarios está provista de glándulas de veneno que le sirven como defensa. Cada pedicelario posee tres mordazas móviles que se pueden clavar y abrir en la piel del atacante, inyectando el veneno. Parece que el veneno contenido en 40 pedicelarios basta para matar a una rata. Estas púas no suponen ningún peligro para los seres humanos, pues las puntas no pueden atravesar la piel. Es comestible, al igual que el erizo de mar común (Para*centmtus lividus),* aunque no es tan exquisito como aquél. Se reproduce a lo largo de todo el año, aunque alcanza una tasa reproductiva máxima en los meses de primavera y verano.

1

2

1 Erizo de corazón purpúreo *Spatangus purpureus* —Familia *Spatangidae*

CAT— Garota cor, eriçó cor porprat
FRA— Spatangue pourpré
ING— Purple heart urchin
ALE— Violetter Herzigel

CARACTERÍSTICAS: Caparazón con simetría bilateral, con la abertura bucal hacia delante y el ano en la parte opuesta (*Irregularia*). Longitud del caparazón de hasta 12 cm, con la parte inferior plana y la superior abombada. Púas cortas, similares a cerdas, con sólo algunas más largas y flexibles en la parte superior. Caparazón y púas de un púrpura uniforme (véase 2, arriba a la izquierda).
HÁBITAT Y DISTRIBUCIÓN: En suelos blandos más o menos cenagosos, en suelos arenosos puros, y en suelos de algas calcáreas rojas *(Lithothamnium fruticulosum)* en detritos costeros; desde los 10 hasta los 900 m. Se encuentra esta especie tanto en el sustrato como enterrada hasta unos 8 cm. Es uno de los erizos irregulares más frecuentes en el Mediterráneo y en el vecino Atlántico.
BIOLOGÍA: Vive más o menos enterrado en los sedimentos y toma de la superficie con sus pies especiales los detritos orgánicos y pequeños organismos que los sustratos blandos contienen. No posee ningún órgano para disponer y mantener abiertos canales respiratorios, debe enterrarse en sustratos relativamente gruesos para poder respirar en el sistema de galerías y poros de éstos. Es activo sobre todo por la noche, desplazándose lentamente sobre el fondo y dejando un rastro característico tras de sí como resultado de su actividad al enterrarse y desenterrarse.

2 *Brissus unicolor* —Familia *Brissidae*

CAT— *Brissus unicolor*
FRA— Oursin de sable gris
ING— Groove burrowing urchin
ALE— Grauer Herzigel

CARACTERÍSTICAS: Tamaño hasta 12 cm. Púas de color ocre a gris, muy numerosas, cortas y blandas.
POSIBLE CONFUSIÓN: Muchas especies semejantes de la familia con dibujos en forma de línea (fasciolos) rodeado por cinco hileras de poros claramente visibles y un segundo fasciolo arriñonado en la parte anterior de la cara inferior.
HÁBITAT Y DISTRIBUCIÓN: Prefiere suelos de sedimentos de arenas entre oficinas a gruesas. Mediterráneo; Azores hasta cabo verde; también en el Atlántico oriental.
BIOLOGÍA: Como otros erizos irregulares, es una especie activa por las noches y vive predominantemente en el sedimento, enterrándose de a 8 centímetros de profundidad. Especie rara aunque en el fondo se suelen encontrar conchas rotas de animales muertos.

3 Erizo corazón *Echinocardium cordatum* —Familia *Loveniidae*

CAT— *Echinocardium cordatum*
FRA— Oursin coeur
ING— Heart urchin
ALE— Kleiner Herzigel

CARACTERÍSTICAS: Tamaño de hasta 5 cm. Púas blancas a color blanco crema. Reconocible por una escotadura en la cara superior del caparazón.
POSIBLE CONFUSIÓN: La *Scizaster canaliferus* posee una escotadura mucho más marcada en forma de canal sobre la parte superior del caparazón mientras que la *Echinocardium flavescens* no dispone de escotadura.
HÁBITAT Y DISTRIBUCIÓN: Esta especie prefiere suelos con arenas gruesas o finas, desde aguas superficiales hasta unos 200 m. Mediterráneo; en el Atlántico oriental, de Noruega hasta Sudáfrica; también en el Atlántico occidental.
BIOLOGÍA: Se entierra entre 4 y 18 cm en el sedimento. Especie que habita en suelos de sedimento de gruesos asesinos a partir de los 10 m.

1

2

3

1 *Ciona intestinalis*
—Familia *Cionidae*

CAT— Budell
FRA— Cione
ING— Ciona intestinalis
ALE— Schlauch-Seescheide

CARACTERÍSTICAS: Ascidia solitaria, que también puede formar grupos, aunque nunca con individuos unidos entre sí. Individuos con una talla normal entre 5 y 15 cm (máx. 20 cm). Cuerpo en forma tubular, a veces algo alargado, con un manto blando de consistencia gelatinosa. Orificios inhalante y exhalante casi contiguos, en forma de chimenea, de hasta 2 cm de largo. Color normalmente amarillento, amarillo verdoso, e incluso rojizo o gris con varias manchas claras, generalmente de color amarillo, blanco o rojizo en los bordes de los orificios inhalante y exhalante.
HÁBITAT Y DISTRIBUCIÓN: Sobre sustratos duros, desde aguas someras hasta grandes profundidades (máx. 500 m). Adherida a restos de conchas, en hendiduras rocosas o en el dominio coralígeno. En todo el Mediterráneo y en el Atlántico y por casi todos los mares (cosmopolita). Biología: Parece que vive solitaria en grietas de rocas, con sus aberturas inhalante y exhalante emergiendo un tanto. En caso de rozarla puede cerrar sus aberturas respiratorias y adquirir una forma apepinada gracias a sus músculos longitudinales. El manto sirve como contrafuerte para la musculatura. La sustancia del manto está formada por compuestos orgánicos e inorgánicos entre los que predomina la tunicina, conocida como "celulosa animal". En el caso de las especies del género *Ciona,* la tunicina supone aproximadamente el 60 % de la sustancia seca del animal. Puede reproducirse a lo largo de todo el año, con la tasa reproductiva máxima en primavera y verano. En condiciones ideales su crecimiento puede alcanzar los 10 cm al mes, pudiéndose desarrollar varias generaciones en el mismo año.

2 Ascidia roja *Halocynthia papillosa*
—Familia *Ascidiidae*

CAT— Leucèmia, ascidi roig
FRA— Ascidie rouge
ING— Ciona papillosa
ALE— Rote Seescheide

CARACTERÍSTICAS: Ascidia solitaria. Tamaño medio hasta 10 cm (máx. 20 cm). Cuerpo erguido en vertical y abombado con un manto firme provisto de papilas. Orificio inhalante lateral y exhalante terminal, claramente separados y rodeados por un penacho de cerdas. Aberturas lobuladas. Color entre rojo anaranjado intenso y rojo coral, con el lado a la sombra de color más claro.
HÁBITAT Y DISTRIBUCIÓN: Especie esciófila que vive sobre suelos duros primarios y secundarios. En el circalitoral en la comunidad de organismos propia del coralígeno, bajo saledizos rocosos, en accesos a cuevas y entre los rizomas de posidonia. Desde aguas superficiales hasta mayores profundidades. En todo el Mediterráneo y en el vecino Atlántico hasta Portugal.
BIOLOGÍA: La ascidia roja es la ascidia más conocida y llamativa del Mediterráneo. Si se la roza reacciona cerrando sus aberturas inhalante y exhalante y contrayendo su cuerpo. Los receptores táctiles son las cerdas que presenta en los bordes de los sifones, que también sirven al animal para evitar la entrada de partículas indigeribles o demasiado grandes. Esta ascidia se alimenta de varios tipos de diminutos organismos flagelados y minúsculos crustáceos.

3 *Phallusia fumigata*
—Familia *Ascidiidae*

CAT— *Phallusia fumigata*
FRA— Ascidie noire
ING— Black sea-squirt
ALE— Schwarze Seescheide

CARACTERÍSTICAS: Ascidia solitaria, de una talla máxima de 8 cm. Cuerpo abombado con manto grueso de consistencia cartilaginosa, con numerosas protuberancias lisas. Aberturas inhalante y exhalante (en el ápice) claramente separadas una de otra. Color negro.
HÁBITAT Y DISTRIBUCIÓN: Sobre suelos duros secundarios en el dominio coralígeno, aunque también sobre suelos arenosos y cenagosos, en estos últimos siempre adherida a restos de conchas y piedras. Máxima densidad de distribución local en el golfo de Napóles, Sicilia y en el Adriático.
BIOLOGÍA: Esta especie se encuentra frecuentemente en hendiduras rellenas de sedimentos, de las que asoman los orificios inhalante y exhalante.

1

2

3

1 Piña de mar *Phallusia mammilata* —Familia *Ascidiidae*

CAT— Pinya de mar
FRA— *Ascidie blanche*
ING— *Phallusia mammillata*
ALE— Weiße Seescheide

CARACTERÍSTICAS: Ascidia solitaria de hasta 20 cm de tamaño. Cuerpo erguido y abombado con grueso manto cartilaginoso y numerosas protuberancias redondeadas. Aberturas inhalante y exhalante (en el ápice) claramente separadas. Adherida al sustrato por el extremo del cuerpo. Color blanco lechoso con líneas pigmentadas oscuras que pasan alrededor de las protuberancias, resaltando así éstas, ligeramente translúcidas.
POSIBLE CONFUSIÓN: Ninguna. La segunda especie del género *Phallusia,* la ascidia negra *Phallusia fumigata,* normalmente suele presentar color negro como tinta china, no llega a ser tan grande y siempre está fijada al sustrato por su lado izquierdo.
HÁBITAT Y DISTRIBUCIÓN: Sobre diferentes suelos blandos, siempre en sustratos sólidos como piedras, restos de conchas o sustratos duros secundarios. También en bloques de espigones y en restos de naufragios. Prefiere zonas con fuerte corriente, desde la superficie hasta los 200 m de profundidad. En el Mediterráneo y en el vecino Atlántico.
BIOLOGÍA: La sustancia del manto de las ascidias está formada por compuestos orgánicos e inorgánicos, y sobre todo por la tunicina, la "celulosa animal". Entre todos los animales pluricelulares, sólo los tunicados, que además de las asicidias incluyen las salpas o taliáceos y las apendicularias o larváceos, sintetizan celulosa, esa sustancia tan extendida en el mundo vegetal. Además de por la tunicina, las ascidias se caracterizan por otros rasgos únicos. Poseen un corazón tubular por detrás del intestino branquial, embebido en el epicardio o bolsa peribranquial. La sangre es bombeada como resultado de los movimientos de contracción que se suceden desde un extremo del corazón al otro a modo de ondas. Los vasos sanguíneos no existen, salvo raras excepciones. La sangre circula a través de cavidades en los tejidos corporales. De forma única en el reino animal, en estos animales se da una alternancia en el sentido de circulación de la sangre y de las contracciones del corazón. Tras unos 100 latidos, la frecuencia cardiaca se ralentiza hasta detenerse, comenzando a continuación a mandar la sangre en sentido inverso, y así alternativamente. Las ascidias, las salpas y las apendicularias, a pesar de su primitivo aspecto, adoptan un grado de organización estructural bastante elevado, lo que incluso las ha llevado a ser consideradas cordados, en un grupo muy próximo a los animales vertebrados. La razón estriba en una característica que presentan sus larvas: de los huevos fecundados resultan larvas planctónicas con una forma que recuerda a los renacuajos. La sección caudal de dichas larvas contiene una cuerda dorsal (*chorda dorsalis*) que se podría considerar como una estructura primitiva antecesora de la columna vertebral. Sobre ésta se extiende una médula dorsal (tubo neural) hasta la parte anterior del cuerpo, que termina en un ganglio cerebral. La transformación de las larvas nadadoras con gran desarrollo estructural en los organismos adultos sésiles de aspecto primitivo tiene lugar en poco tiempo. La larva se adhiere con la cabeza al sustrato. La cola, la corda, la médula dorsal, la glándula cerebral y los órganos sensoriales experimentan una involución. Finalmente la forma de la larva sufre una metamorfosis hasta la forma adulta mediante procesos de crecimiento.

2 Ascidia común *Ascidia mentula* —Familia *Ascidiidae*

CAT— Ascidi comú
FRA— Ascide rose
ING— Pink sea-squirt
ALE— Rosa Seescheide

CARACTERÍSTICAS: Ascidia solitaria de hasta 18 cm de talla, con manto fino y de consistencia cartilaginosa. Orificios inhalante y exhalante bastante separados uno de otro. A menudo con el lateral fijado al sustrato, color rosa lechoso con fino veteado rojizo.
POSIBLE CONFUSIÓN: Ninguna.
HÁBITAT Y DISTRIBUCIÓN: Sobre rocas, piedras y conchas de bivalvos, en grietas y cuevas, sobre todo en el circalitoral, hasta los 200 m de profundidad. En el Mediterráneo y en el vecino Atlántico hasta Noruega.

1

2

1 Provecho, puril *Microcosmus sp.*
—Familia *Pyuridae*

CAT— Bunyol, ou de mar
FRA— Violet, biju
ING— *Microcosmus sp*
ALE— Mikrokosmos-Seescheide

CARACTERÍSTICAS: Solitario, de entre 15 y 25 cm de tamaño. Manto coriáceo, duro y plegado, entre pardo-rojizo y púrpura. Siempre colonizados por toda una pléyade de organismos sésiles, de modo que sólo se llegan a observar las aberturas inhalantes y exhalantes (1B).
POSIBLE CONFUSIÓN: El género Microcosmus está representado en el Mediterráneo por aproximadamente 6 especies cuya ordenación sistemática aún no está clara del todo. Debido a la gruesa cobertura de otros animales sobre estos organismos las características diferenciadoras externas se encuentran limitadas en todas las especies a la longitud y color de las aberturas inhalantes y exhalantes (sifones). La ascidia relativamente pequeña *Microcosmus polymorphus* posee sifones cortos de un rojo oscuro, que a veces presentan bandas longitudinales más claras. M. *sabatieri* presenta sifones algo más largos con 8 bandas longitudinales violáceas separadas por bandas claras. M. *sulcatus* (=M. *vulgaris)* muestra largos sifones de color blancuzco.
HÁBITAT Y DISTRIBUCIÓN: Sobre rocas, especialmente en cortados y pendientes, entre los 5 y los 200 m de profundidad (frecuentemente entre los 10 y los 40 m). También sobre suelos arenosos. Especie endémica del Mediterráneo. En el Mediterráneo occidental y Adriático. Sobre su distribución por la cuenca mediterránea oriental se tienen pocos datos fiables.
BIOLOGÍA: El duro y áspero manto ofrece un buen sustrato a numerosos organismos sésiles. Como "epibiontes" se encuentran frecuentemente algas, esponjas, briozoos, anémonas incrustantes, otras ascidias y gusanos tubícolas. Estas especies forman sobre la ascidia una pequeña comunidad. Las especies de este género también suponen una exquisitez culinaria, comiéndose sus sacos intestinales amarillos crudos o fritos. Las poblaciones de estas ascidias han experimentado un drástico retroceso debido a la sobreexplotación. Por ello, los biólogos marinos proponen que la extracción de ascidias sólo pueda practicarse durante periodos concretos de captura y esté sujeta a cuotas bien establecidas, al amparo de una legislación especial.

2 *Pyura dura*
—Familia *Pyuridae*

CAT— *Pyura dura*
FRA— Violet à bouche rose
ING— *Pyura dura*
ALE— Harte Seescheide

CARACTERÍSTICAS: Ascidia solitaria de hasta 10 cm que a veces llega a vivir en grupos, erguida y con cuerpo abombado. Resulta característico su manto verrugoso, extremadamente duro y tenaz. Aberturas inhalante y exhalante bien separadas entre sí. Color amarillo ocre.
POSIBLE CONFUSIÓN: En el Mediterráneo hay unas 5 especies. Su determinación precisa sólo es posible observando las gónadas. *Pyura dura* es la especie de mayor tamaño del género, diferenciándose además del resto de especies por su forma y por la dureza del manto. Hábitat y distribución: Especie más bien rara. Sobre suelos duros, sobre todo en cuevas (llega hasta muy adentro de las cuevas en que habita).

3 Ascidia colonial *Aplidium conicum*
—Familia *Polycitoridae*

CAT— *Aplidium conicum*
FRA— Aplidium conique
ING— Colonial sea-squirt
ALE— Kegelförmige Seescheidenkolonie

CARACTERÍSTICAS: Colonias masivas lisas, frecuentemente en forma cónica, de hasta 15 cm. Los individuos constituyentes, los zooides, están rodeados por un manto translúcido común sin cuerpo calcificado. Aberturas inhalantes bien visibles y dispuestas a modo de meandros alrededor de una abertura exhalante común. Color de la colonia entre ocre y naranja.
HÁBITAT Y DISTRIBUCIÓN: Sobre suelos arenosos y de detritos costeros; también en suelos duros secundarios, desde los 5 hasta los 50 m. En el Mediterráneo occidental y en el Adriático.

1A

1B

2

3

1 *Clavelina dellavallei*
—Familia *Polycitoridae*

CAT— *Clavelina dellavallei*
FRA— Claveline bleutée de Méditerranée
ING— Bluestriped light bulb tunicate
ALE— Durchscheinende Seescheide

CARACTERÍSTICAS: Colonias cespitosas, generalmente densas. Zooides de consistencia gelatinosa, de 1-2 cm (máx. 3 cm). Colonias formadas por entre 3 y 300 zooides cristalino-translúcidos, a través de los que se observa bastante bien el intestino branquial blanquecino, con 13-17 hendiduras branquiales. Aberturas inhalante y exhalante bien visibles, casi contiguas. Zooides pedunculados, unidos por la base mediante estolones. Color vidrioso-translúcido con brillo azulado.
POSIBLE CONFUSIÓN: En el Mediterráneo existen al menos 3 especies del género *Clavelina,* siendo frecuente encontrar de forma regular junto a *C. dellavallei* la especie *C. nana.* Esta última posee zooides de tamaño claramente menor, amarillento translúcidos y con únicamente 6-8 hendiduras branquiales.
HÁBITAT Y DISTRIBUCIÓN: Sobre diferentes sustratos duros, desde la superficie hasta profundidades mayores. Frecuentemente en salientes rocosos y sustratos duros secundarios, y como epibiontes sobre gorgonias, algas y a veces en boyas. Es algo más frecuente en el circalitoral, sobre todo en el dominio coralígeno. En el Mediterráneo occidental y en el vecino Atlántico, desde Noruega e Irlanda hasta Portugal.
BIOLOGÍA: Esta ascidia constituye un interesante ejemplar para el estudio de los órganos de las criaturas de este grupo taxonómico gracias a su transparencia casi perfecta.

2 *Aplidium proliferum*
—Familia *Polyclinidae*

CAT— *Aplidium proliferum*
FRA— Ascidie coloniale ovoïde
ING— *Aplidium proliferum*
ALE— Keulenförmige Seescheidenkolonie

CARACTERÍSTICAS: Colonia lisa y pedunculada, con forma claviforme, de hasta 5 cm. Individuos aislados (zooides) rodeados por un manto translúcido común. Manto sin cuerpo calcificado. Aberturas inhalantes de los individuos bien visibles e irregularmente agrupadas en torno a una abertura exhalante común no visible. Color de la colonia de un color entre naranja y rojo translúcido con aberturas inhalantes conspicuas.
HÁBITAT Y DISTRIBUCIÓN: Sobre sustratos duros primarios y fundamentalmente secundarios, en el dominio coralígeno, hasta los 50 m de profundidad. En todo el Mediterráneo.

3 *Clavelina nana*
—Familia *Polycitoridae*

CAT— *Clavelina nana*
FRA— Claveline naine
ING— Midget seasquirt
ALE— Zwerg-Seescheide

CARACTERÍSTICAS: Colonias cespitosas, generalmente tupidas. Individuos de la colonia (zooides) de consistencia gelatinosa y tamaño de hasta 1 cm. Zooides translúcidos, con el intestino branquial blanco-amarillento bien visible, con 6-8 hileras de hendiduras branquiales. Aberturas inhalante y exhalante bien visibles, casi contiguas. Zooides pedunculados, unidos en su base mediante estolones. Color lechoso cristalino translúcido.
POSIBLE CONFUSIÓN: En el Mediterráneo existen al menos 3 especies del género Clavelina, siendo frecuente encontrar de forma regular junto a Clavelina nana la especie C. *dellavallei.* Esta última posee zooides claramente mayores, cristalino-translúcidos y con 13-17 hendiduras branquiales.
HÁBITAT Y DISTRIBUCIÓN: Sobre diferentes suelos duros en el infralitoral y circalitoral, y también en praderas marinas y en el dominio coralígeno, desde aguas superficiales hasta los 40 m.
BIOLOGÍA: Además de la reproducción sexual, en el caso de las ascidias del género Clavelina se da una forma de reproducción asexual mediante gemación que tiene gran relevancia. En la base de los zooides se desarrollan unos estolones o protuberancias con aspecto rizomatoso que se extienden por el sustrato y de los que a determinadas distancias surge un nuevo zooide. Con el paso del tiempo se llegan a formar colonias enteras mediante gemación, con grupos poco densos de zooides.

1

2

3

1 *Clavelina neapolitana*
—Familia *Polycitoridae*

CAT— *Clavelina neapolitana*
FRA— Claveline naine jaune-orangé
ING— *Clavelina neapolitana*
ALE— Neapolitanische Seescheide

CARACTERÍSTICAS: Colonias densas, entre cespitosas y apenachadas. Zooides de consistencia gelatinosa, de un tamaño medio de 2 cm. Intestino branquial con unas 18 hileras de hendiduras branquiales. Zooides unidos en la base por medio de estolones. Color lechoso translúcido.

POSIBLE CONFUSIÓN: Puede confundirse fácilmente con otra especie, *Clavelina dellavallei,* aunque en esta última los zooides son translúcidos como el vidrio, con un brillo azulado.
HÁBITAT Y DISTRIBUCIÓN: Sustratos duros desde la superficie hasta profundidades mayores.

2 *Polycitor sp.*
—Familia *Polycitoridae*

CAT— *Polycitor*
FRA— Ascidie-cristal
ING— *Polycitor*
ALE— Schmutzigweiße Seescheidenkolonie

CARACTERÍSTICAS: Colonias en almohadilla, tubérculo o esfera, de hasta 15 cm. Cada zooide presenta una abertura inhalante y otra exhalante. Color blanco, blanquecino sucio o parduzco.

HÁBITAT Y DISTRIBUCIÓN: Sobre piedras, conchas de bivalvos y sustratos duros secundarios, entre los 10 y los 40 m de profundidad.

3 Ascidia balón *Diazona violacea*
—Familia *Diazonidae*

CAT— *Diazona violacea*
FRA— Diazone
ING— Football ascidian
ALE— Kugelascidie

CARACTERÍSTICAS: Grandes colonias masivas, entre esféricas y achatadas, de hasta 40 cm. Zooides cartilaginosos, de hasta 5 cm. Color lechoso-cristalino, amarillento o verdoso translúcido.
HÁBITAT Y DISTRIBUCIÓN: Sobre diferentes sustratos duros, y también sobre piedras en suelos blandos, a partir de los 30 m de profundidad. Esta especie prefiere emplazamientos con intensa corriente del agua. En el Mediterráneo y en el vecino Atlántico hasta las islas Británicas.
BIOLOGÍA: Aunque la mayoría de las ascidias sólo suelen vivir hasta un año, las ascidias coloniales pueden llegar a alcanzar varios años. En el caso de Diazona, se ha estimado que sus colonias llegan a vivir hasta 4 años.

4 Sinascidia gelatinosa *Diplosoma sp.*
—Familia *Didemnidae*

CAT— *Diplosoma*
FRA— Didemne spongieux
ING— Jelly-synascidian
ALE— Gallert-Seescheidenkolonie

CARACTERÍSTICAS: Grandes colonias incrustantes de hasta 15 cm. Aberturas inhalantes de los respectivos Individuos claramente visibles e irregularmente distribuidas alrededor de la abertura exhalante común fácilmente identificable. Colonia de un color gelatinoso translúcido, entre incoloro y pardo-negruzco, con un halo claro, blanquecino, alrededor de las aberturas exhalantes.

POSIBLE CONFUSIÓN: Las sinascidias pueden confundirse con esponjas.
HÁBITAT Y DISTRIBUCIÓN: Sobre distintos tipos de suelos duros, y también recubriendo algas y piedras, desde aguas superficiales hasta unos 40 m de profundidad.

1

2

3

4

1 *Didemnum sp.*
—Familia *Didemnidae*

CAT— *Didemnum sp.*
FRA— Didemne commun
ING— White didemid
ALE— Krustenbildende Seescheidenkolonie

CARACTERÍSTICAS: Delgadas colonias Incrustantes. Individuos coloniales (zooides) regularmente distribuidos por toda la colonia. Forma y color variable.
POSIBLE CONFUSIÓN: Didemnidae está representada en el Mediterráneo por 6 géneros y unas 24 especies difícilmente determinables, la mayoría de ellas incrustantes y con aspecto de esponjas.
HÁBITAT Y DISTRIBUCIÓN: Sobre rocas, piedras y algas, desde aguas superficiales hasta mayores profundidades. Probablemente en todo el Mediterráneo.

2 Fresa de mar *Aplidium elegans*
—Familia *Policlinidae*

CAT— *Aplidium elegans*
FRA— Fraise de mer méditerranée
ING— Mediterranean sea strawberry
ALE— Mittelmeeer-Seeerdbeere

CARACTERÍSTICAS: La mayoría de 3 a 6 cm de diámetro y unos 3 cm de altura. Es una ascidia colonial, cuyos individuos aislados (zooides), de color rosado, viven en comunidad y están envueltos, más o menos uniformemente, en una túnica blancuzca común. Las grandes aberturas aisladas de salida (sifones exhalantes) del agua se presentan con un ligero relieve y son fáciles de reconocer.
HÁBITAT Y DISTRIBUCIÓN: En fondos duros, desde aguas someras hasta más de 25 m de profundidad. Mediterráneo y la zona vecina del Atlántico oriental.

1A

1B

2

1 Alitán *Scyliorhinus stellaris* —Familia *Scyliorhinidae*

CAT— Gatvaire
FRA— Grande rousette
ING— Nursehound
ALE— Großgefleckter Katzenhai

CARACTERÍSTICAS: Longitud de 100 a 165 cm. Lado superior del cuerpo entre pardo y grisáceo, con manchas oscuras, algunas en forma de anillo; parte inferior blanca.
POSIBLE CONFUSIÓN: La pintarroja (*S. canicula*) presenta manchas más pequeñas y numerosas, y alcanza un tamaño máximo de 100 cm de largo.
HÁBITAT Y DISTRIBUCIÓN: Suelos duros. Hasta 60 m. Mediterráneo; Atlántico oriental, de Mauritania a Escandinavia
BIOLOGÍA: Durante el día descansa sobre el fondo marino, oculto en cuevas o bajo salientes rocosos. Vive en las inmediaciones del fondo, alimentándose de crustáceos, moluscos y peces. Cápsulas de sus huevos (1B) de unos 12 cm, con forma casi rectangular, con filamento prensil en cada esquina. Durante la puesta, la hembra traza estrechos círculos sobre un sustrato donde los filamentos de los huevos puedan adherirse. Las crías, de hasta 16 cm, salen del huevo tras unos 9 meses.

2 Raya *Raja montagui* —Familia *Rajidae*

CAT— Rajada
FRA— Raie peinte
ING— Spotted ray
ALE— Fleckenrochen

CARACTERÍSTICAS: Longitud de hasta 100 cm. Color arena o de un pardo claro, con numerosas manchas pequeñas de un pardo oscuro.
POSIBLE CONFUSIÓN: Es fácil confundirla con otras especies del género.
HÁBITAT Y DISTRIBUCIÓN: Suelos blandos y arenosos. Desde aguas poco profundas hasta unos 200 m de profundidad. En el Mediterráneo occidental así como el Atlántico oriental, desde Senegal hasta el sur de Irlanda.
BIOLOGÍA: Vive en los fondos marinos y se alimenta de diferentes tipos de animales que habitan dichos fondos. Esta especie es ovípara. Pone sus huevos entre marzo y septiembre.

1

1B

2

1 Tembladera *Torpedo marmorata* —Familia *Torpedinidae*

CAT— Tremoló
FRA— Torpille marbré, tremble
ING— Marbled electric ray
ALE— Marmor-Zitterrochen

CARACTERÍSTICAS: Longitud de hasta 70 cm. Cuerpo aplanado y redondeado con un corto y grueso pedúnculo caudal. Las dos aletas dorsales están en la cola. Bordes de los espiráculos con franjas. Coloración: color arena, pardo claro, pardo-rojizo oscuro, con un jaspeado más o menos marcado.
POSIBLE CONFUSIÓN: En el Mediterráneo se encuentran dos especies más de peces torpedo: en el caso del *T. nobiliaria,* los bordes de los espiráculos son lisos, mientras que la tremielga (T. *torpedo)* se diferencia por sus 5 manchas oculares en el dorso.

HÁBITAT Y DISTRIBUCIÓN: Sobre suelos arenosos, blandos y rocosos. En aguas poco profundas y a mayores profundidades. En todo el Mediterráneo; en el Atlántico oriental, desde Sudáfrica hasta el mar del Norte.
BIOLOGÍA: Suele ser activa desde el atardecer y durante toda la noche. Se alimenta de crustáceos, moluscos y pequeños peces, a los cuales atonta con una descarga eléctrica, que puede ser de más de 200 voltios. Estas breves descargas eléctricas también le sirven para defenderse. La descarga, corta pero apreciable, produce en los humanos un momentáneo efecto de schock pero sin secuelas.

2 Raya látigo común *Dasyatis pastinaca* —Familia *Dasyatidae*

CAT— *Dasyatis pastinaca*
FRA— Pastenague commun
ING— Common stingray
ALE— Gewöhnlicher Stechrochen

CARACTERÍSTICAS: De 40 a 150 cm de longitud (máximo 250 cm). Disco corporal más corto que la cola. Coloración desde azul grisáceo hasta amarillo grisáceo, también puede ser jaspeada.
POSIBLE CONFUSIÓN: No es fácil distinguirla de otras especies del género Dasyatis, sin embargo la mayoría de ellas son de cola más corta.

HÁBITAT Y DISTRIBUCIÓN: Fundamentalmente en suelos arenosos y cenagosos. Mediterráneo y Atlántico.
BIOLOGÍA: Reproducción vivípara. Dos veces al año alumbra de 2 a 9 crías. Se alimenta de crustáceos, bivalvos y cefalópodos.

3 Águila marina *Myliobatis aquila* —Familia *Myliobatidae*

CAT— *Myliobatis aquila*
FRA— Aigle commun
ING— Common eagle ray
ALE— Gewöhnlicher Adlerrochen

CARACTERÍSTICAS: De 50 a 150 cm de longitud (máximo 260 cm). El disco corporal incluyendo las anchas aletas semejantes a alas, da a su silueta un aspecto de rombo con una anchura que llega hasta los 90 cm. Cabeza fornida y redondeada. La cola, con aguijón dotado de un garfio, se sitúa algo detrás de la pequeña aleta dorsal. Parte superior de color parda a negruzca, parte ventral de color blanco.
POSIBLE CONFUSIÓN: La característica inconfundible de esta especie es su redondeada parte de la cabeza, mientras que en otros representantes mediterráneos de la familia la "nariz" es puntiaguda o lobulada.

HÁBITAT Y DISTRIBUCIÓN: La denominada forma de vida bentopelágica identifica a los representantes de la familia, que pueden recorrer grandes distancias nadando libremente; buscan su alimento en fondos marinos arenosos o cenagosos. Mediterráneo y Atlántico.
BIOLOGÍA: En parte viven agrupadas y buscan zonas cercanas a la costa con suelo de sedimentos finos a un máximo de 200 m de profundidad, donde capturan sobre todo gasterópodos, crustáceos y pequeños peces que desmenuzan con su aplanado aparato masticador. Son ovovíparos (los huevos son empollados por las hembras). Después de una gestación de 8 meses eclosionan hasta 7 crías.

1

2

3

1 Morena *Muraena helena* —Familia *Muraenidae*

CAT— Morena vera
FRA— Murène
ING— Mediterranean moray eel
ALE— Mittelmeer-Muräne

CARACTERÍSTICAS: Longitud de hasta 150 cm. Cuerpo anguiliforme, aunque con la cabeza lateralmente aplanada. Piel sin escamas, correosa y liso-viscosa. Las aletas dorsal, caudal y anal están fusionadas, formando una larga aleta continua; no existen las aletas pectorales y ventrales. Dientes largos, en punta, ligeramente inclinados hacia atrás. Color variable: azulado (especialmente en ejemplares jóvenes), pardo (más claro o más oscuro), con manchas de un tono crema o amarillento.
POSIBLE CONFUSIÓN: Ninguna. Cabeza más corta y maciza que en el caso de *Enchelycore anatina* (otra especie de morena del Mediterráneo), ligeramente vuelta hacia fuera. Una tercera especie de morena mediterránea, *Gymnothorax unicolor*, no posee manchas ni jaspeado, y es de un uniforme color pardo.
HÁBITAT Y DISTRIBUCIÓN: En costas rocosas con hendiduras y hoquedades, que les sirven de escondites diurnos. Desde aguas poco profundas hasta unos 100 m de profundidad. En todo el Mediterráneo; en el Atlántico oriental desde Senegal hasta las costas del sur de Gran Bretaña, Canarias, Madeira y Azores.
BIOLOGÍA: Tiene una actividad predominante vespertino-nocturna, escondiéndose durante el día en hendiduras y cavidades. Por las noches se dedica a capturar peces, pulpos y crustáceos. Es relativamente territorial, aunque tiene varios refugios en su territorio, por lo que no se encuentra siempre en el mismo lugar. La población original de esta especie antiguamente abundante en todo el Mediterráneo se ha visto diezmada localmente por la caza indiscriminada con arpón. Las morenas no poseen en realidad dientes con veneno ni glándulas venenosas, aunque en caso de ser mordido por una morena, si la herida no es bien curada pueden producirse infecciones secundarias causadas por la viscosidad secretada por su piel o por suciedades en la herida. Tales casos suelen ser muy raros, dada la baja agresividad de esta especie. Sólo muerden cuando se las arponea o importuna demasiado.

2 Morena picopato *Enchelycore anatina* —Familia *Muraenidae*

CAT— Morena
FRA— Murène tigré
ING— Enigmatic moray
ALE— Tigermuräne

CARACTERÍSTICAS: Longitud de hasta 110 cm. Cuerpo anguiliforme, con la cabeza lateralmente aplanada. Piel sin escamas, correosa y liso-viscosa. Las aletas dorsal, caudal y anal están fusionadas, formando una larga aleta continua; no tiene aletas pectorales ni ventrales. Cabeza delgada y largo hocico. Dientes llamativamente largos y en punta. Ambas mandíbulas ligeramente arqueadas, de modo que con la boca cerrada no cierran del todo y dejan entrever los dientes. Color: moteada en todo el cuerpo de un amarillo-ocre/pardo-oscuro/pardo-claro.
POSIBLE CONFUSIÓN: Ninguna.
HÁBITAT Y DISTRIBUCIÓN: En costas rocosas con suficientes escondrijos posibles en grietas y cavidades en las rocas. Desde aguas someras hasta unos 30 m. En el Mediterráneo, aunque posiblemente falta local y esporádicamente. Es bien conocida en Grecia e Israel. En el Atlántico oriental en Santa Helena, Ascensión, Cabo Verde, Canarias, Madeira y Azores.
BIOLOGÍA: Es mucho más rara que *Muraena helena*. Sus largos dientes afilados como agujas y la disposición de éstos indican que *Enchelycore anatina* es un buen predador de peces y pulpos, capacitado para capturar hasta las presas más escurridizas. Como el resto de morenas, durante el día se resguarda en hendiduras de las rocas o en refugios similares de donde, en general, sólo asoma la cabeza. El continuo abrir y cerrar de la boca no es ningún gesto de amenaza por parte de las morenas; como éstas no tienen opérculos, tienen que bombear el agua de la que obtienen el oxígeno con dichos movimientos a través de su estrecho aparato branquial. Las morenas tienen un sentido del olfato muy desarrollado que les facilita capturar las presas por la noche.

1

2

1 Serpiente de mar *Ophisurus serpens* —Familia *Diogenidae*

CAT— *Ophisurus serpens*
FRA— Poisson-lézard
ING— Serpent eel
ALE— Langschnauzen-Schlangenaal

CARACTERÍSTICAS: Hasta 210 cm de longitud. Cuerpo cilíndrico con pequeñas aletas pectorales detrás de las aperturas branquiales, hocico cónico terminado en punta con mandíbulas muy largas. Verde oliva con marrón pálido, poros de la cabeza negros. Los ejemplares jóvenes son plateados
POSIBLE CONFUSIÓN: Ninguna.
HÁBITAT Y DISTRIBUCIÓN: En suelos arenosos y cenagosos hasta más allá de los 300 m. Mediterráneo occidental, Atlántico desde el norte de España hasta Sudáfrica; también en Japón y Australia.
BIOLOGÍA: Hay unas 290 especies. Con su longitud superior a los 2 m, está entre las mayores serpientes de mar. Su cuerpo es muy delgado y en los ejemplares adultos no pasa de los 5 cm de diámetro. El período de desove en el Mediterráneo es de junio a septiembre. Con su duro y estrecho extremo caudal puede excavar hacia atrás en la arena o el limo e incluso llega a retroceder.

2 Congrio *Conger conger* —Familia *Congridae*

CAT— Congre
FRA— Congre
ING— Conger eel
ALE— Meeraal

CARACTERÍSTICAS: Longitud: hembras hasta 300 cm (peso máximo 60 kg) y machos hasta unos 150 cm. Cuerpo anguiliforme, con parte anterior casi cilíndrica y la posterior aplanada lateralmente. Color: parte superior entre gris-azulada y gris-parda; vientre de un gris blancuzco.
POSIBLE CONFUSIÓN: Ninguna.
HÁBITAT Y DISTRIBUCIÓN: Suelos rocososy, más raramente, sobre suelos arenosos y fangosos. Aguas poco profundas hasta más de 1.000 m. Mediterráneo y mar Negro; Atlántico oriental, desde Senegal hasta Noruega, mar del Norte, Canarias, Madeira y Azores.
BIOLOGÍA: Es un voraz pez nocturno, activo desde la puesta del sol. La madurez sexual la alcanza entre los 5 y 15 años. Los machos alcanzan una talla de 50-75 cm, y las hembras unos 200 cm. Para la reproducción se desplazan en el verano a determinados lugares a grandes profundidades, habiendo hasta el momento muy pocos emplazamientos de puesta conocidos. Una hembra puede desovar entre 3 y 8 millones de huevos. Supuestamente, los peces progenitores mueren tras el apareamiento. Las larvas, con forma de hoja de sauce, viven durante los dos primeros años como formas planctónicas en estado larvario a gran profundidad. Una vez alcanzados los 14-16 cm de talla, dichas larvas comienzan a transformarse en pequeños peces y adquieren su forma adulta en fondos marinos a menor profundidad.

3 *Ariosoma balearicum* Familie *Congridae*

CAT— *Ariosoma balearicum*
FRA— *Ariosoma balearicum*
ING— Conger eel
ALE— Kleiner Meeraal

CARACTERÍSTICAS: Longitud hasta 40 cm, anguiliforme, con parte anterior casi cilíndrica y la posterior aplanada lateralmente. Los radios de la aleta dorsal y anal no están segmentados (en contraste con las otras dos especies de congrios presentes en el Mediterráneo). Aletas dorsal y anal con margen negro. 3A: pez joven.
POSIBLE CONFUSIÓN: Posible confusión con ejemplares jóvenes del congrio común. También *G. mystax* es muy parecida, aunque suele encontrarse a profundidades mayores, por debajo de 80 m.
HÁBITAT Y DISTRIBUCIÓN: Prefiere suelos arenosos y blandos. Desde aguas poco profundas hasta más de 700 m. En el Mediterráneo; en el Atlántico oriental desde Angola hasta el sur de Portugal.
BIOLOGÍA: Esta especie vive en los fondos, siendo un voraz pez con actividad predominantemente nocturna. Se alimenta sobre todo de pequeños invertebrados que viven en los fondos. Este pez puede enterrarse rápidamente con ayuda de su cola en la arena o en los suelos blandos, asomando sólo su cabeza. Durante el día suele permanecer enterrado en la arena. La época de reproducción llega en el verano. Las larvas, con forma de hoja de sauce (leptocéfalos), viven unos 20-22 meses en aguas libres antes de transformarse en la forma adulta.

1

2

3A

3B

1 *Synodus saurus* —Familia *Synodontidae*

CAT— *Synodus saurus*
FRA— Poisson-lézard rayé
ING— Atlantic lizardfish
ALE— Gewöhnlicher Eidechsenfisch

CARACTERÍSTICAS: Longitud generalmente de hasta 25 cm (máx. 40 cm). Cuerpo alargado y cilíndrico. Cabeza aplanada con hocico en punta. Amplia abertura bucal con numerosos dientes afilados. Color: del color de la arena o pardo-grisáceo, con numerosas manchas que forman un diseño con bandas transversales y 2-3 bandas longitudinales interrumpidas parcialmente.
POSIBLE CONFUSIÓN: Ocasionalmente con algunas especies del género *Trachinus,* las cuales se diferencian entre otras cosas por tener una cabeza aplanada lateralmente y poseer una larga aleta dorsal bipartida. A través del canal de Suez también llegó al Mediterráneo otra especie parecida, *Saurida undosquamis,* aunque es relativamente escasa y sólo se encuentra en algunas zonas del Mediterráneo oriental; ésta se distingue sobre todo por su aleta dorsal especialmente alta. Otra especie emparentada, *Synodus synodus,* puede encontrarse en el Mediterráneo occidental; este pez muestra un pequeño punto negro justo detrás de la punta del hocico.
HÁBITAT Y DISTRIBUCIÓN: En fondos arenosos y blandos. Desde aguas poco profundas hasta unos 400 m de profundidad. En todo el Mediterráneo; en el Atlántico oriental en Marruecos, Cabo Verde, Canarias, Madeira y Azores.
BIOLOGÍA: Son voraces peces, activos durante el día, que cazan sus presas permaneciendo en todo momento al acecho en el fondo marino; las presas que se les acercan lo suficiente son capturadas en un abrir y cerrar de ojos. Captura fundamentalmente peces, y ocasionalmente también quisquillas y gambas. El dibujo y color de su piel, similar al del fondo, y su comportamiento, le proporcionan un buen camuflaje. Además, suele enterrarse en la arena casi completamente, dejando asomar solamente sus ojos. En caso de ser molestado, se desplaza una cierta distancia, para volver a asentarse de nuevo en el fondo un poco más allá.

2 **Rape** *Lophius piscatorius* —Familia *Lophiidae*

CAT— Rap
FRA— Baudroie commune
ING— Angler
ALE— Großer Seeteufel

CARACTERÍSTICAS: Longitud de hasta 200 cm. Parte anterior del cuerpo ensanchada y achatada, y parte posterior más delgada y comprimida lateralmente. Abertura bucal amplia orientada hacia la parte superior. Dos aletas dorsales, la anterior compuesta por 3 radios de consistencia dura (espinas) muy largos en la región de la cabeza y 3 más cortos casi en la parte central del cuerpo, unidos entre sí por una membrana cutánea más baja. El segundo y tercer radio muestran muchos flecos cutáneos cortos y ramificados. La segunda aleta dorsal está compuesta por 11-12 radios blandos. Color: pardo más o menos claro u oscuro, verde-grisáceo o jaspeado.
POSIBLE CONFUSIÓN: Con *L. budegassa*, que alcanza hasta 1 m de longitud, tiene un tercer radio espinoso relativamente corto en la cabeza y sólo 9-10 radios blandos en la segunda aleta dorsal.
HÁBITAT Y DISTRIBUCIÓN: En suelos blandos y arenosos, también entre algas y en fondos rocosos. Entre 15 y 500 m de profundidad. En todo el Mediterráneo y en el mar Negro; en el Atlántico oriental desde Gibraltar hasta el mar de Barents (isla Spitsbergen), en las Azores y en el mar del Norte.
BIOLOGÍA: Muy voraz, caza a sus presas esperando al acecho bien camuflado, enterrado parcialmente en fondos arenosos o cenagosos. Para ello las atrae con un apéndice en el primer radio de la aleta dorsal, que hace de señuelo. Se alimenta de peces, los cuales traga de un bocado en un rápido movimiento de succión de su enorme boca. El desove se da entre febrero y julio a grandes profundidades, en forma de cordones gelatinosos de varios metros de largo que pueden englobar hasta 1 millón de huevos. Los huevos y larvas tienen un periodo de vida planctónica. Los pequeños peces tienen en un primer momento unas aletas pectorales de un tamaño desmesurado y los radios de sus aletas dorsales y ventrales están prolongados en forma filamentosa.

1A

1B

2

1 Brótola de roca *Phycis phycis* —Familia *Gadidae*

CAT— *Mollera roquera, brotòla roquera*
FRA— Mustelle brune
ING— Greater forkbeard
ALE— Dunkler Gabeldorsch

CARACTERÍSTICAS: Longitud generalmente de hasta 25 cm (máx. 65 cm). Cuerpo alargado con abertura bucal amplia, orientada hacia el lado inferior. Barbilla con barbillón en la mandíbula inferior. Dos aletas dorsales, la primera muy corta y la segunda muy larga. Las largas aletas ventrales filamentosas quedan por delante de las pectorales, llegan justo hasta poco antes de la inserción delantera de la aleta anal y están bifurcadas en el extremo. La aleta anal es relativamente larga y de forma parecida a la segunda aleta dorsal, aunque es más corta que ésta. Color: entre pardo oscuro y pardo-rojizo; parte ventral de color claro.
POSIBLE CONFUSIÓN: Con la brótola de fango (*P. blennioides*), cuyo tercer radio de la primera aleta dorsal cuenta con una prolongación filamentosa; las aletas ventrales, también bifurcadas en su extremo, son más largas y llegan hasta justo después de la inserción anterior de la aleta anal.
HÁBITAT Y DISTRIBUCIÓN: Costas rocosas con hendiduras y cavernas, donde se refugia para pasar el día. Generalmente entre 15 m y 300 m de profundidad. En el Mediterráneo parece ausente en su cuenca oriental; en el Atlántico oriental, desde Marruecos hasta el golfo de Vizcaya.
BIOLOGÍA: Es un voraz pez de actividad nocturna, que se esconde durante el día en las fisuras de paredes umbrías e incluso en cavernas. Se diferencia de los serránidos en que no permanece delante de su refugio, sino que se esconde por completo. Se alimenta de pequeños peces y distintos invertebrados. El barbillón en la mandíbula inferior está provisto de numerosas células gustativas que le sirven para rastrear en busca de sus presas alojadas en los fondos blandos. El desove ha sido observado en los meses de enero a mayo.

2 Rubioca *Carapus acus* —Familia *Carapidae*

CAT— *Carapus acus*
FRA— Aurin
ING— Pearl fish
ALE— Nadelfisch

CARACTERÍSTICAS: Tamaño de hasta 20 cm. Cuerpo sin escasmas, con una forma que recuerda a una pequeña anguila. Aletas dorsal, caudal y anal soldadas formando una larga aleta membranosa continua. La aleta anal llega por delante hasta las aletas pectorales. Carece de aletas ventrales. Color: semitransparente con puntos rojizos y partes amarillentas.
POSIBLE CONFUSIÓN: Ninguna.
HÁBITAT Y DISTRIBUCIÓN: Vive parasitando determinadas especies de cohombros de mar; durante el día también puede ser observado fuera de su hospedante. En todo el Mediterráneo; en el Atlántico oriental en Marruecos, Madeira y Canarias.
BIOLOGÍA: Se introduce en el interior de ciertos cohombros de mar a través del orificio de la cloaca, el cual localiza táctilmente y gracias a la corriente de agua procedente de las branquias intestinales. Sus hospedantes principales son el cohombro de mar pardo *(Holothuria tubulosa)* y el cohombro de mar real (*Stichopus regalis*). También ha sido encontrado parasitando otras especies propias de regiones profundas. Es un parásito y se alimenta de las gónadas de su hospedante. Normalmente permanece completamente oculto en el interior del cohombro parasitado. Sin embargo también puede asomar parcialmente y durante la noche abandonar a su hospedante para nadar libremente y capturar pequeños peces o invertebrados del suelo submarino. La reproducción se da entre julio y septiembre. Los huevos y sus formas larvarias, denominadas vexillifer, son planctónicas. A este estadio larvario le sucede el de las larvas tenuis, ya muy parecidas a los adultos. Las larvas tenuis se ensartan con la cola hacia delante en el cohombro de mar, donde comienzan su vida parasitaria. Las rubiocas adultas se introducen dentro del cohombro de mar con la cabeza por delante. En caso de una molestia excesiva, el cohombro puede expulsar sus vísceras incluyendo al parásito, regenerándolas al cabo de unas 2 semanas. La época de reproducción de la rubioca en el Mediterráneo parece abarcar desde julio hasta septiembre.

1

2

1 Mula *Syngnathus acus* —Familia *Syngnathidae*

CAT— Agulleta, trompeter
FRA— Grande aiguille de mer
ING— Greater pipefish
ALE— Große Seenadel

CARACTERÍSTICAS: Longitud de hasta 45 cm. Cuerpo extremadamente alargado y delgado. Sin escamas, y en su lugar protegido por un esqueleto cutáneo a base de anillos óseos dorsales y caudales. Hocico alargado y tubular, claramente más largo que el resto de la cabeza y casi de la misma longitud que la aleta dorsal. Altura de la cabeza detrás de los ojos claramente mayor que la altura del hocico. Color variable: pardo-amarillento, pardo-rojizo o verdoso.
POSIBLE CONFUSIÓN: Ninguna.
HÁBITAT Y DISTRIBUCIÓN: Fondos rocosos, arenosos y blandos, praderas de angiospermas marinas y entre algas. Aguas poco profundas hasta 20 m. Mediterráneo, mar Negro y Atlántico oriental de Sudáfrica a Noruega.
BIOLOGÍA: Entre angiospermas marinas es fácil que la mula pase desapercibida gracias a su camuflaje. Más fácil de descubrir en fondos arenosos, que suele tocar con la cola mientras levanta algo la parte anterior del cuerpo. Se desplaza deslizándose, en especial gracias al movimiento de la aleta dorsal, apoyada por las aletas pectorales, o también serpenteando. Se alimenta de pequeños invertebrados y pequeños peces, que aspira con su hocico como una pipeta. La reproducción es de mayo a agosto tras un llamativo cortejo. Los machos incuban los huevos (véase *Syngnathus typhle*). Tras unas cinco semanas eclosionan unas larvas alargadas de 24-28 mm de longitud.

2 Aguja mula *Syngnathus typhle* —Familia *Syngnathidae*

CAT— Peíx bada
FRA— Vipère de mer
ING— Broadnosed pipefish
ALE— Grasnadel

CARACTERÍSTICAS: Longitud de hasta 35 cm. Cuerpo extremadamente alargado y delgado. Hocico largo, y fuertemente aplanado lateralmente. Es claramente más largo que el resto de la cabeza, y más o menos de igual altura que la cabeza, con la cual está unida sin interrupción. Color variable: parduzco o verdoso.
POSIBLE CONFUSIÓN: Posible confusión con la mula.
HÁBITAT Y DISTRIBUCIÓN: En praderas de angiospermas marinas, y en fondos rocosos cubiertos de algas y en fondos arenosos y blandos. Aguas poco profundas hasta 20 m. En todo el Mediterráneo y mar Negro; en el Atlántico oriental desde Marruecos hasta Noruega.
BIOLOGÍA: Se mantiene entre las hojas de angiospermas marinas, donde queda bien camuflada gracias a su forma y color. Incluso en los fondos arenosos puede ser tomada por una hoja muerta de posidonia. Se alimenta de pequeños invertebrados, (quisquillas y otros pequeños crustáceos), y de larvas de peces. La época de puesta es de marzo a octubre. Tras el ceremonial del cortejo, la hembra va depositando los huevos con su papila genital en la bolsa incubadora del macho formada por dos pliegues cutáneos y localizada en la parte inferior de la cola. Luego el macho fecunda los huevos, que permanecen en su bolsa herméticamente aislados del agua marina y reciben oxígeno a través del tejido circundante intensamente vascularizado. La concentración salina en el líquido de la bolsa de incubación es semejante a la de la sangre del pez progenitor, y no a la del agua del mar. Tras 4 semanas eclosionan unos peces alargados de 20-25 mm.

3 Trompetero *Macrorhamphosus scolopax* —Familia *Macrorhamphosidae*

CAT— *Macrorhamphosus scolopax*
FRA— Bécasse de mer
ING— Longspine snipefish
ALE— Schnepfenfisch

CARACTERÍSTICAS: La mayoría hasta 15 cm de longitud, máximo 20 cm. Ovalado, muy aplanado por los costados, cuerpo más o menos alto. Hocico muy largo con forma de tubo y pequeña abertura bucal. Coloración: los ejemplares jóvenes son plateados, los adultos son de tono rojizo con brillo dorado o plateado.
POSIBLE CONFUSIÓN: Ninguna.
HÁBITAT Y DISTRIBUCIÓN: Los peces jóvenes son pelágicos, los mayores prefieren las costas arenosas o rocosas. Viven entre 25 y 600 m de profundidad. Son probablemente, cosmopolitas entre mares cálidos y templados: todo el Mediterráneo, océanos Pacífico, Índico y Atlántico.
BIOLOGÍA: Se alimenta de los pequeños invertebrados del suelo y las aguas abiertas, a los que absorbe con su largo tubo bucal como una pipeta; los jóvenes pelágicos devoran invertebrados del plancton. Suelen nadar en grupo y de día se mantienen en capas profundas y ascienden por la noche.

1

2

3

1 Ochavo *Capros aper* —Familia *Caproidae*

CAT— *Capros aper*
FRA— Rascasse brune
ING— Boarfish
ALE— Eberfisch

CARACTERÍSTICAS: Máximo 30 cm de longitud. Cuerpo achatado lateralmente con dorso prominente, es, aproximadamente, la mitad de ancho que de largo. Marcado perfil de la cabeza con cortes cóncavos por encima de los grandes ojos. Hocico pequeño en forma de tubo y muy sobresaliente. Coloración variable de un intenso rojo naranja, a veces con bandas verticales de tono amarillo. Según la profundidad a que se encuentre su color puede variar: los individuos ubicados por encima de los 200 m son de un tono amarillento mientras que la coloración en las profundidades es, por el contrario, de un rojo intenso. Los ejemplares jóvenes disponen de aletas rojas que, no obstante, llegan a empalidecer.
POSIBLE CONFUSIÓN: Su grotesca forma le hace inconfundible.
HÁBITAT Y DISTRIBUCIÓN: Esta especie vive formando bancos sobre suelos cenagosos o fondos rocosos, la mayoría a grandes profundidades hasta los 700 m y raramente ascienden a los 40 m. Todo el Mediterráneo con su centro de gravedad en la cuenca occidental, en el Adriático y también en el Egeo septentrional. En el Atlántico llega desde Senegal hasta Noruega.
BIOLOGÍA: Para capturar su comida el ochavo echa hacia delante su hocico en forma de tubo apresando de esa forma gusanos y pequeños crustáceos. Para lanzar la boca hacia delante primero debe levantar la cabeza sirviéndose de los músculos dorsales asentados en la espina occipital. Se trata de la única especie del género Capros. Su significado económico es muy escaso. Se encuentra a 100 m de profundidad tan solo en el golfo de Nápoles. En el registro fósil aparece ya en el Oligoceno (20 a 30 millones de años).

2 Caballito de mar *Hippocampus ramulosus* —Familia *Syngnathidae*

CAT— Cavallet de mar
FRA— Hippocampe moucheté
ING— Long-snouted seahorse
ALE— Langschnauziges Seepferdchen

CARACTERÍSTICAS: Longitud de hasta 16 cm. Cuerpo sin escamas, reforzado por anillos epiteliales óseos. Larga cola prensil sin aletas, de perfil rectangular, que puede enrollarse espiralmente. Faltan las aletas ventral y caudal. Cabeza que recuerda a la de un caballo en ángulo con el dorso, con un hocico tubular relativamente largo. Cabeza y parte dorsal hasta la cola prensil provista de apéndices cutáneos filamentosos. Color muy variable: pardo-amarillento, pardo-oscuro, verdoso, amarillo o negro; a veces con finos puntitos claros en contraste con la coloración principal.
POSIBLE CONFUSIÓN: Se diferencia de la especie también presente en el Mediterráneo *H. hippocampus* en que este último no posee ningún apéndice cutáneo y en que su hocico es más corto.
HÁBITAT Y DISTRIBUCIÓN: En praderas de angiospermas marinas y entre formaciones de algas. En lugares poco profundos, generalmente entre 1 y 10 metros de profundidad. En todo el Mediterráneo y en el mar Negro; en el Atlántico oriental, desde Marruecos hasta Gran Bretaña, Canarias, Madeira y Azores.
BIOLOGÍA: Nadan lentamente, flotando en el agua movidos por suaves movimientos de la aleta dorsal o deslizándose por el fondo con ayuda de su cola. Se sujetan firmemente con la cola a posidonias, algas o sustratos duros adecuados. Su musculosa cola prensil les sirve también como timón al nadar. Se alimenta de pequeños crustáceos y huevos de peces. La reproducción tiene lugar entre mayo y julio, tras un largo, complejo y específico ritual de apareamiento. Entre otras cosas, la pareja de caballitos de mar se agarran uno a otro enrollando sus colas prensiles, ascendiendo hacia la superficie y descendiendo hacia el fondo repetidas veces. El macho bombea agua a golpes desde una inflada bolsa de incubación, haciendo presión con su cola contra la bolsa (bombeo de apareamiento). La hembra transfiere los huevos por medio de su papila genital hasta la bolsa de incubación del macho. El desarrollo de los huevos fecundados dura entre 4 y 5 semanas, al cabo de las cuales el macho expulsa de la bolsa ventral mediante contracciones de bombeo a unas pequeñas crías de unos 15 mm de longitud.

1

2

1 Escórpora pequeña roja *Scorpaena notata* —Familia *Scorpaenidae*

CAT— Rasclot, escórpora tinyosa, cap tinyós
FRA— Rascasse pustuleuse
ING— Small scorpionfish
ALE— Kleiner Drachenkopf

CARACTERÍSTICAS: Longitud en general hasta 15 cm, máx. 20 cm. Cuerpo achatado lateralmente, con dorso ligeramente prominente, cabeza grande y abertura bucal amplia. Ojos grandes en posición alta. Larga aleta dorsal con Inflexión entre los radios duros (espinas) anteriores y la parte posterior con radios blandos. Por encima de los ojos sólo presenta un tentáculo muy corto; no tiene ningún lóbulo en la barbilla. En la zona con radios duros de la aleta dorsal exhibe una mancha negra. Coloración: frecuentemente roja, aunque también se encuentran ejemplares pardo-rojizos, siempre moteados en mayor o menor grado.
POSIBLE CONFUSIÓN: Puede confundirse fácilmente con otras especies del género.
HÁBITAT Y DISTRIBUCIÓN: Frecuentes en fondos rocosos, aunque también sobre suelos arenosos y cenagosos, así como entre praderas marinas. Generalmente a partir de los 5 m y hasta los 700 m de profundidad. Muy frecuente en todo el Mediterráneo; sólo sería escasa en el Adriático. También en el mar Negro, en el Atlántico oriental desde Senegal hasta el golfo de Vizcaya, Canarias, Madeira y Azores.
BIOLOGÍA: Todas las especies de este género tienen una vejiga natatoria deficientemente desarrollada, por lo que son nadadores relativamente malos. Son típicos habitantes de los fondos, pasando la mayor parte del tiempo pegados al sustrato. Suelen nadar con desgana y ello sólo durante unos pocos metros, para volver a posarse enseguida en el fondo. En cambio, y a pesar de su aspecto torpe, reaccionan a gran velocidad en un instante, siendo de los peces con mayor capacidad de aceleración. Como buen depredador puede pasarse horas inmóvil al acecho de su presa. Esto se une a una rapidísima aspiración con la boca, que le permite tragar a sus presas en un abrir y cerrar de ojos, normalmente pequeños peces y crustáceos. Estos peces suelen ser activos en el crepúsculo y durante la noche, sin embargo pueden ser vistos de día en el litoral rocoso. Se encuentran regularmente en el Mediterráneo; al hacer buceo se pueden observar varios ejemplares.

2 Rascacio, escórpora *Scorpaena porcus* —Familia *Scorpaenidae*

CAT— Escórpora vera, rascle
FRA— Petite rascasse rouge
ING— Brown scorpionfish
ALE— Brauner Drachenkopf

CARACTERÍSTICAS: Longitud de hasta 25 cm. Cuerpo achatado lateralmente con dorso ligeramente elevado. Cabeza grande con amplia abertura bucal y grandes ojos en posición alta. Larga aleta dorsal con inflexión entre los duros radios anteriores y la parte posterior de radios blandos, Grandes tentáculos oculares plúmeos, casi tan largos como el diámetro de los ojos (los tentáculos aplanados hacia atrás son más difíciles de distinguir), cabeza con numerosos lóbulos cutáneos, aunque están ausentes en la barbilla. Coloración moteada parduzca o pardo-rojiza,
POSIBLE CONFUSIÓN: Puede confundirse fácilmente con otras especies del género.
HÁBITAT Y DISTRIBUCIÓN: En suelos rocosos, a menudo con formaciones de algas; también sobre fondos arenosos y cenagosos, así como en praderas marinas. Desde aguas someras hasta 800 m de profundidad. En todo el Mediterráneo, mar Negro, Atlántico oriental, desde Senegal hasta las islas Británicas, Canarias, Madeira y Azores.
BIOLOGÍA: Los peces del género *Scorpaena* tienen un marcado hábito de ir en solitario, a pesar de que a veces puedan encontrarse varios ejemplares cercanos unos de otros. Únicamente durante el periodo de reproducción se vuelven algo más sociables. La época de desove se extiende desde mayo hasta agosto. Las puestas de huevos tienen el aspecto de masas gelatinosas. Las larvas viven una primera etapa de vida planctónica, antes de adquirir su hábito adulto de vivir pegado al fondo. El rascacio, como otros peces del género, suele ser frecuente en las lonjas de pescado y es un ingrediente esencial de la conocida bullabesa. Tiene cierta importancia económica sólo a nivel local. Se alimenta de pequeños peces y de Invertebrados.

1

2

1 *Scorpaena maderensis*
—Familia *Scorpaenidae*

CAT— *Scorpaena maderensis*
FRA— Rascasse de Madère
ING— Madeira rockfish
ALE— Madeira-Drachenkopf

CARACTERÍSTICAS: Longitud de hasta 15 cm. Cuerpo aplastado, con dorso ligeramente prominente. Cabeza grande con amplia abertura de la boca y grandes ojos en posición elevada. Larga aleta dorsal con inflexión entre la parte anterior de radios duros (espinas) y la posterior de radios blandos. Filamentos cutáneos blancuzcos, de sección redondeada en la mandíbula inferior. Coloración frecuentemente rojo-parda y moteado beige.
POSIBLE CONFUSIÓN: Es fácilmente confundible con otras especies del género.
HÁBITAT Y DISTRIBUCIÓN: Sobre fondos rocosos, arenosos y de cantos rodados. Desde aguas poco profundas hasta a unos 40 m. En el Mediterráneo, aunque aquí es menos frecuente que las otras especies descritas de este mismo género, y, en todo caso, es más frecuente en la cuenca occidental; en el Atlántico oriental, desde Senegal hasta el sur de España, Cabo Verde, Canarias, Madeira y Azores.
BIOLOGÍA: Los peces de este género cuentan con una cabeza provista de una coraza de láminas óseas cutáneas y están provistos de espinas. Estos peces se desprenden cada cierto tiempo de la piel vieja. Esta muda se suele dar en las especies mediterráneas entre una y dos veces al mes. Al desprenderse de esta piel también se libran de distintos organismos de pequeño tamaño que se suelen adherir a ésta. La coloración del cuerpo con su diseño moteado les proporciona un buen camuflaje. Además también suelen adoptar la coloración del sustrato circundante.

2 Cabracho, escarapote *Scorpaena scrofa*
—Familia *Scorpaenidae*

CAT— Escórpora cap-roja, polla de mar
FRA— Rascasse brune
ING— Bigscale scorpionfish
ALE— Großer Drachenkopf

CARACTERÍSTICAS: Longitud de hasta 50 cm. Cuerpo aplastado, con el dorso ligeramente elevado. Cabeza grande con amplia abertura bucal y grandes ojos en posición alta. Larga aleta dorsal con una inflexión entre la parte anterior de radios duros y la posterior de radios blandos. Coloración entre rosa-pardo y un rojo intenso, siempre con manchas irregularmente distribuidas. Numerosos y llamativos lóbulos cutáneos en forma de hoja en la cabeza y sobre todo en la mandíbula inferior; tentáculo ocular pequeño o ausente.
POSIBLE CONFUSIÓN: El cabracho es relativamente sencillo de distinguir de las demás especies del género presentes en el Mediterráneo.
HÁBITAT Y DISTRIBUCIÓN: Sobre suelos rocosos, arenosos y blandos. Generalmente por debajo de los 10 m de profundidad y hasta más allá de los 200 m. En todo el Mediterráneo; en el Atlántico oriental desde Senegal hasta Cabo Verde, Canarias, Madeira y Azores.
BIOLOGÍA: Pertenece a la familia de los escorpénidos, cuyo nombre se debe a las espinas venenosas de sus aletas. Este veneno está presente en los 12 radios de la parte anterior de la aleta dorsal y en los radios espinosos anteriores de las aletas ventral y anal. Estas espinas venenosas acabadas en punta están provistas en ambos lados de un canal longitudinal en cuya parte superior se alojan las glándulas secretoras del veneno, el cual contiene distintas proteínas de acción desconocida. Estas espinas venenosas no sirven para la captura de sus presas sino únicamente como defensa. Confiando en su camuflaje, suelen permanecer inmóviles ante la proximidad de un submarinista, limitándose a erguir sus espinas dorsales, por lo que cualquier descuido puede ser causa de herida, lo que más bien suele ser raro. Más frecuentes son las heridas sufridas por pescadores al manipular estos peces. En caso de contacto con la espina se suele producir un dolor intenso que suele perdurar un largo tiempo junto con la inmediata hinchazón que causa. Dicha picadura es dolorosa, aunque no suele revestir peligro alguno. Respecto al tratamiento de picaduras de peces, circulan ciertos "remedios" completamente inútiles e incluso perjudiciales. Entre éstos, que no deben ser aplicados en ningún caso, se incluye quemar la parte afectada con un cigarrillo o cortar, presionar o manipular la herida. Siempre se debe acudir a un médico.

1

2

1 Rubio *Trigloporus lastoviza* —Familia *Triglidae*

CAT— Borratxo
FRA— Grondin strié
ING— Streaked gurnard
ALE— Gestreifter Knurrhahn

CARACTERÍSTICAS: Longitud de hasta 40 cm. Cuerpo cónico alargado, estrechándose progresivamente hacia la parte posterior. Cabeza grande, recubierta con láminas óseas, con perfil muy oblicuo. Dos aletas dorsales. Aletas pectorales muy grandes, cuyos tres primeros radios están libres y actúan como extremidades andadoras arqueadas; las aletas pectorales plegadas alcanzan hasta detrás de la inserción anterior de la aleta caudal, mientras que extendidas semejan unas alas algo redondeadas. Color: desde un pardo-rojizo pálido hasta un pardo rojo vivo, generalmente con manchas claras y oscuras, y en parte también con algunas bandas transversales irregulares. En las aletas pectorales extendidas se distingue un borde azul en el margen y una mancha azul.
POSIBLE CONFUSIÓN: Ésta es la única especie del género en el Mediterráneo. No obstante, a pesar de que hay otros 7 peces similares de la familia, pertenecientes a otros 4 géneros, el rubio se diferencia relativamente bien gracias a la combinación de sus rasgos principales (grandes aletas pectorales con dibujo azulado, perfil oblicuo de la cabeza y coloración ya mencionada).
HÁBITAT Y DISTRIBUCIÓN: Sobre suelos arenosos y blandos. Desde los 10 m, y predominantemente a partir de los 20 m, hasta los 150 m de profundidad. En todo el Mediterráneo; en el Atlántico oriental, desde Sudáfrica hasta las islas Británicas, Canarias, Madeira y Azores.
BIOLOGÍA: Puede correr por los fondos sirviéndose de los 3 radios libres de sus aletas pectorales en forma de dedos. También utiliza dichos radios táctiles provistos de células sensoriales para encontrar alimento en el lecho marino. Con la ayuda de sus aletas pectorales extendidas es capaz de "planear" durante cortos tramos muy cerca del fondo, aunque muestra este comportamiento cuando es molestado o se siente amenazado. La reproducción tiene lugar en el verano; los huevos y las larvas tienen una vida planctónica, llevados por la corriente marina. Tiene la capacidad de efectuar unos extraños sonidos sordos bajo el agua, que genera mediante rápidas contracciones de músculos unidos a su vejiga natatoria y que hacen que ésta vibre, actuando como caja de resonancia. En función de la profundidad a que se encuentre varía el volumen de la vejiga natatoria y de este modo el tono del sonido. Es apreciado aunque sólo suele ser capturado accidentalmente junto a otros peces, teniendo poca repercusión económica.

2 Cabete *Lepidotrigla cavillone* —Familia *Triglidae*

CAT— *Lepidotrigla cavillone*
FRA— Cavillone
ING— Large-scaled gurnard
ALE— Stachelkopf-Knurrhahn

CARACTERÍSTICAS: Longitud de hasta 20 cm. Cuerpo cónico, progresivamente estrechado hacia la parte caudal. Cabeza grande, armada con láminas óseas y frente oblicua. Dos aletas dorsales. Aletas pectorales muy grandes, con los 3 primeros radios libres, desarrollados para correr con ellos por el fondo a modo de extremidades arqueadas; las aletas pectorales plegadas alcanzan hasta detrás de la inserción de la aleta caudal. Color: pardo-rojizo con zonas claras y oscuras. Las aletas pectorales extendidas presentan un ribete marginal de un azul brillante y manchas de igual color con un fondo oscuro.
POSIBLE CONFUSIÓN: En el Mediterráneo hay otras 7 especies de tríglidos más o menos similares pertenecientes a 4 géneros, difíciles de distinguir entre sí.
HÁBITAT Y DISTRIBUCIÓN: Sobre suelos arenosos y blandos. Generalmente más allá de los 25 m de profundidad, llegando hasta los 500 m. En todo el Mediterráneo; en el Atlántico oriental desde Mauritania hasta el sur de Portugal.
BIOLOGÍA: El cabete se suele alimentar de pequeños crustáceos como copépodos y camarones. La época de desove se da en los meses de primavera y verano. La madurez sexual la alcanza a los 2 años, con una longitud de 11 cm. Para más información sobre sus hábitos de vida, véase también *Trogloporus lastoviza.*

1 Mero, cherno *Epinephelus marginatus* —Familia *Serranidae*

CAT— Mero, anfós
FRA— Mérou
ING— Dusky grouper
ALE— Brauner Zackenbarsch

CARACTERÍSTICAS: Longitud generalmente de hasta 100 cm, máx. de 150 cm. Cuerpo macizo y oval, achatado lateralmente. Aleta dorsal continua, con la parte posterior con radios espinosos. Aleta caudal ligeramente redondeada. Color parduzco, generalmente con manchas claras irregulares (1A), a veces también de un pardo homogéneo (1B).
POSIBLE CONFUSIÓN: En total hay otras 8 grandes especies emparentadas en el Mediterráneo, de las cuales *E. marginatus* se diferencia suficientemente bien por la forma de su cuerpo y su coloración.
HÁBITAT Y DISTRIBUCIÓN: Sobre suelos rocosos bien estructurados, provistos de numerosas cuevas y grietas rocosas que le proporcionan suficiente número de refugios. Generalmente de 5 m hasta 200 m de profundidad. En todo el Mediterráneo; en el Atlántico oriental desde Sudáfrica hasta Portugal.
BIOLOGÍA: El mero es uno de los peces costeros mayores y más populares del Mediterráneo. Suele habitar en un territorio o coto fijo donde posee varios escondrijos, con alguna cueva principal. Se alimenta de peces, cefalópodos y crustáceos. Aunque no lo parezca por su cuerpo, está dotado de un nado con veloces impulsos, sorprendiendo así a peces más rápidos y ágiles que él mismo. Sin embargo, en una persecución continuada no tiene nada que hacer. Más o menos a los 5 años y con una longitud de casi 50 cm alcanza la madurez sexual como hembra; más tarde, con aproximadamente 12 años y una longitud de 75 cm, se produce en él una alternancia de sexo, madurando sexualmente como macho. Puede alcanzar una longevidad de 40-50 años. Entre julio y septiembre se agrupan los individuos sexualmente maduros para llevar a cabo el desove. El mero es un pescado muy apreciado, aunque su captura excesiva a causa de una pesca intensiva con arpón ha hecho que se vuelva más raro y en muchos lugares sólo se encuentre a gran profundidad.

2 *Epinephelus alexandrinus* —Familia *Serranidae*

CAT— *Epinephelus alexandrinus*
FRA— *Epinephelus alexandrinus*
ING— Golden grouper
ALE— Spitzkopf-Zackenbarsch

CARACTERÍSTICAS: Longitud normalmente hasta 80 cm, raramente hasta 140 cm. Cuerpo alargado y ligeramente aplanado lateralmente. Perfil oblongo de la cabeza. Color parduzco, pardo-amarillento o pardo-verdoso, con varias líneas longitudinales oscuras a lo largo de los laterales. Especialmente los peces jóvenes tienen una coloración básica más clara y unas bandas oscuras longitudinales mucho más claras; con la edad este contraste se vuelve menos acentuado.
POSIBLE CONFUSIÓN: Esta especie es claramente más esbelta que *E. marginatus*, y gracias a su forma corporal y coloración resulta relativamente fácil de distinguir del resto de especies similares del Mediterráneo.
HÁBITAT Y DISTRIBUCIÓN: En suelos rocosos bien estructurados abundantes en cuevas y hendiduras en las rocas. Generalmente por debajo de los 10 m de profundidad, hasta unos 300 m. Prefiere la zona sur del Mediterráneo; en los territorios más al norte suele ser rara o incluso falta esporádicamente. En el Atlántico oriental, desde Nigeria y Cabo Verde hasta España.
BIOLOGÍA: Esta especie no está tan fijada a un mismo territorio como la anterior. Como aquella, captura peces, crustáceos y cefalópodos. Ocasionalmente también acosa a sus presas en aguas abiertas. Se trata de un hermafrodita alterno: a los 4 años y unos 30 cm de longitud alcanza la madurez sexual como hembra y posteriormente la adquiere como macho. La época de desove tiene lugar en verano. Especialmente los peces jóvenes viven en pequeños grupos.

1A

1B

2

1 Cabrilla, vaquita, bodión *Serranus cabrilla* —Familia *Serranidae*

CAT— Serrà, serrà ver, mero bord
FRA— Serran petite chèvre, Saran
ING— Comber
ALE— Sägebarsch

CARACTERÍSTICAS: Longitud de hasta 25 cm; máx. de 40 cm. Coloración general de un pardo-claro, pardo-oscuro o de un pardo-rojizo intenso; 7-9 bandas transversales más oscuras en los lados, interrumpidas por una banda longitudinal blanquecina o amarillenta desde la cabeza hasta la cola.
POSIBLE CONFUSIÓN: Ninguna.
HÁBITAT Y DISTRIBUCIÓN: En suelos rocosos sobre superficies libres, así como en cuevas y praderas marinas. Desde aguas someras hasta los 500 m de profundidad. En todo el Mediterráneo y en el mar Negro; en el Atlántico oriental desde Sudáfrica hasta las islas Británicas, Azores y Madeira.
BIOLOGÍA: Suele mantener un territorio fijo que le sirve de coto, el cual defiende ferozmente frente a otros peces de su especie. Captura otros peces, crustáceos y cefalópodos. Se trata de un verdadero hermafrodita (simultáneo). La época reproductora tiene lugar entre abril y julio. Los que se encuentran en zonas muy umbrías (cuevas) suelen tener un color pardo-rojizo intenso, mientras que los que frecuentan lugares más soleados suelen ser de un color parduzco.

2 Merillo, lobito, borracho *Serranus hepatus* —Familia *Serranidae*

CAT— Serrà de bou, escanyagats, músic
FRA— Serran à tache noire
ING— Brown comber
ALE— Beutelbarsch

CARACTERÍSTICAS: Longitud normalmente de hasta 10 cm; raramente hasta 15 cm. Color gris-blancuzco a pardo-amarillento claro, con 4-5 bandas transversales de un pardo oscuro. En la aleta dorsal tiene una mancha negra en la transición entre los radios espinosos y los radios blandos. Aletas ventrales oscuras.
POSIBLE CONFUSIÓN: El merillo se diferencia bien del resto de especies del género por su mancha negra en la aleta dorsal.
HÁBITAT Y DISTRIBUCIÓN: Sobre suelos blandos y arenosos, fondos rocosos y praderas marinas. Desde los 5 m hasta más allá de los 100 m de profundidad. En todo el Mediterráneo; en el Atlántico oriental, desde Senegal hasta Canarias y Portugal.
BIOLOGÍA: El merillo es la especie más pequeña del género en el Mediterráneo y comparativamente más esquiva. En algunas zonas es raro, mientras que en otras es frecuente. Vive de capturar pequeños invertebrados y peces. La época del desove abarca desde marzo hasta agosto. Como el resto de especies del género *Serranus,* se trata de un pez hermafrodita, con los dos sexos simultáneamente.

3 Serrano, vaquita de roca *Serranus scriba* —Familia *Serranidae*

CAT— Vaca serrana, serrà, serranet
FRA— Serran écriture
ING— Painted comber
ALE— Schriftbarsch

CARACTERÍSTICAS: Longitud de hasta 36 cm. Coloración básica entre gris-parduzco y pardo-rojizo, con varias bandas transversales oscuras en los flancos. En el vientre presenta una mancha de un azul entre pálido y vivo; raíz de la cola y aleta caudal amarillentas. Cabeza con dibujo entre azul y rojizo, con un patrón que recuerda a la escritura árabe.
POSIBLE CONFUSIÓN: Ninguna.
HÁBITAT Y DISTRIBUCIÓN: Especie frecuente en el infralitoral, sobre suelos rocosos y en praderas marinas. Desde aguas someras hasta unos 30 m de profundidad. En todo el Mediterráneo y mar Negro; en el Atlántico oriental, desde Mauritania hasta el golfo de Vizcaya.
BIOLOGÍA: Vive solitario y posee un coto que defiende frente a su propia especie. Se alimenta fundamentalmente de pequeños peces, crustáceos y distintos invertebrados. Como otras especies del género, es un pez hermafrodita simultáneo, es decir, un mismo individuo produce gametos masculinos y femeninos. El periodo reproductivo tiene lugar entre abril y septiembre.

1

2

3

1 Tres colas, borriquete *Anthias anthias* —Familia *Serranidae*

CAT— Forcadella, somera, cabut
FRA— Barbier, Castangnole rouge
ING— Mediterranean fairy basslet
ALE— Roter Fahnenbarsch

CARACTERÍSTICAS: Longitud generalmente de hasta 15 cm (máx. 25 cm). El tercer radio espinoso de la aleta dorsal suele ser claramente más largo, especialmente en los machos. Aletas ventrales muy largas, en forma de bandera. Aleta caudal ahorquillada en forma de hoz, con la sección inferior más larga que la superior. Color entre rosa y rojo salmón; a los lados de la cabeza tiene tres bandas amarillas más o menos conspicuas.
POSIBLE CONFUSIÓN: Ninguna. Otro pez estrechamente emparentado, *Callanthias ruber,* vive por debajo de los 50 m de profundidad, diferenciándose del tres colas por la ausencia de un tercer radio prolongado en la aleta dorsal y por las aletas ventrales más cortas.
HÁBITAT Y DISTRIBUCIÓN: Circalitoral, en costas rocosas, prefiriendo entradas de cuevas y fisuras, bajo saledizos, junto a paredes rocosas profundas y alrededor de bloques rocosos. Generalmente desde los 25 m hasta más allá de los 200 m de profundidad. En todo el Mediterráneo; en el Atlántico oriental desde África ecuatorial hasta Canarias, Madeira, Azores y Portugal.

BIOLOGÍA: Vive en pequeños grupos o incluso en reducidos cardúmenes. Es un hermafrodita sucesivo, que en una primera época madura como hembra y más tarde se transforma en macho. Esta transformación no depende sólo de la edad, sino también de la estructura social del grupo. Los peces viven formando un grupo de hembras acompañadas de un macho dominante y sólo cuando este macho muere, la hembra de mayor rango se transforma en macho. Prefiere las aguas oscuras. A poca profundidad sólo cuenta con la protección de cuevas o hendiduras profundas. A mayores profundidades, se aventura en aguas abiertas, aunque siempre buscando la proximidad de las rocas para tener donde esconderse. Se alimenta de crustáceos planctónicos y larvas de peces, a las que caza yendo a contracorriente. Resulta muy ágil en esta captura de plancton, en un movimiento continuo. En caso de retirarse al amparo de un refugio seguro, reduce el movimiento de sus aletas al mínimo manteniéndose suspendido en el mismo punto.

2 Salmonete real, reyezuelo *Apogon imberbis* —Familia *Apogonidae*

CAT— Moll reial
FRA— Roides rougets
ING— Cardinal fish
ALE— Meerbarbenkönig

CARACTERÍSTICAS: Longitud de hasta 15 cm. Cabeza grande con llamativos ojos de buen tamaño. Abertura bucal amplia, dirigida hacia la parte superior. Dos aletas dorsales separadas. Inserción de la cola alta, claramente diferenciada del resto del cuerpo. Color uniforme, de un rojo anaranjado más o menos intenso. Ojos negros con dos líneas longitudinales blancas. En la Inserción de la cola a veces tiene una pequeña mancha negra.
POSIBLE CONFUSIÓN: Ninguna.
HÁBITAT Y DISTRIBUCIÓN: Especie circalitoral. En costas rocosas con cuevas y fisuras; en el invierno busca mayores profundidades, encontrándose entonces también sobre suelos cenagosos. Generalmente desde los 10 m hasta más allá de los 200 m de profundidad. En todo el Mediterráneo; en el Atlántico oriental, desde el golfo de Guinea hasta Canarias, Madeira, Azores y Portugal.

BIOLOGÍA: Esciófilo, durante el día se esconde en pequeños grupos, bajo saledizos, en fisuras o en cuevas de los fondos con grandes rocas. Por la noche abandona sus refugios para ir de caza. Se alimenta de pequeños crustáceos y peces, y de huevas y puestas de otros animales. El apareamiento se da entre junio y septiembre, tras un vivo ritual de cortejo. Los huevos puestos por las hembras se adhieren entre sí formando pequeñas esferas que e! macho introduce en su dilatable cavidad bucal. En ella están a salvo del ataque de otros predadores, beneficiándose además del elevado contenido en oxígeno del agua en la boca del progenitor. El macho mantiene los huevos en su boca hasta una semana, hasta la eclosión de los alevines, sin tomar alimento alguno. Una vez eclosionan los pequeños ya no vuelven a ser protegidos en la boca del padre.

1

2

1 Verderón, pez de limón, serviola *Seriola dumerilii* —Familia *Carangidae*

CAT— Verderol, servia, sirviola
FRA— Sériole
ING— Greater amberjack
ALE— Bernsteinmakrele

CARACTERÍSTICAS: Longitud normalmente de hasta 100 cm, con un máximo de 190 cm. Perfil redondeado de la cabeza. Primera aleta dorsal corta, y segunda aleta dorsal larga. Parte dorsal de un color entre azul grisáceo plateado y pardo-grisáceo, a menudo con una banda oscura, oblicua desde los ojos hasta la terminación de la cabeza; parte ventral de un blanco plateado.
POSIBLE CONFUSIÓN: Ninguna.
HÁBITAT Y DISTRIBUCIÓN: En aguas libres, cerca de la costa. Hasta más allá de los 300 m, en general entre 20 y 70 m. En el Mediterráneo; en el Atlántico oriental desde Marruecos, y desde Sudáfrica hasta las islas Británicas; a veces en el Atlántico occidental y en el Indopacífico.
BIOLOGÍA: Este pez tiene gran velocidad y resistencia al nadar. Suele cazar pequeños peces en solitario o en grupo. Además, también se alimenta de invertebrados. Los peces pequeños (1A) suelen constituir pequeños grupos, y también se mantienen cerca de elementos a la deriva o al abrigo de medusas. Los peces adultos (1B) pueden llegar a pesar hasta 80 kg.

2 Corvallo, corvina negra *Sciaena umbra* —Familia *Sciaenidae*

CAT— Corball de roca, corba, corb, corbina
FRA— Corb, Corbeau
ING— Brown meagre
ALE— Meerrabe

CARACTERÍSTICAS: Longitud normal de 30-40 cm, y máxima de 75 cm. Coloración: entre pardo oscuro y azul grisáceo o gris verdoso con brillo plateado a dorado. Ribete negruzco en la parte de los radios blandos de la aleta dorsal y en la parte inferior y posterior de la aleta caudal; aletas ventral y anal de color negro, con los radios espinosos anteriores de un blanco brillante.
HÁBITAT Y DISTRIBUCIÓN: Sobre fondos rocosos y arenosos, y también en praderas marinas. Desde aguas poco profundas hasta unos 180 m de profundidad. En todo el Mediterráneo, en el mar Negro, en el Atlántico oriental, desde Senegal hasta las islas de Cabo Verde y Canarias.
BIOLOGÍA: Activo a partir de la puesta del sol y durante la noche. Durante el día, suele mantenerse en pequeños grupos cerca de entradas a grutas, hendiduras o salientes rocosos. Se alimenta de pequeños peces, platelmintos, crustáceos y moluscos. El desove se produce entre mayo y agosto. Puede proferir bajo el agua un tipo de sonido semejante a un gruñido por medio de la vejiga natatoria, la cual hace de caja de resonancia al vibrar sobre ella ciertos músculos.

1A

1B

2

1 Chucla, mena, mendola *Spicara maena* —Familia *Centracanthidae*

CAT— Xucla
FRA— Mendole
ING— Blotched picarel
ALE— Gefleckte Schnauzenbrasse

CARACTERÍSTICAS: Longitud: hembras hasta 21 cm, machos hasta 25 cm. De un azul grisáceo plateado, con pequeñas manchas azules en los flancos; en la mitad del cuerpo tiene una gran mancha negra justo por debajo de la línea lateral; bandas azuladas en la cabeza, a veces también con una coloración verde-amarillenta pálida como en el caso del ejemplar de la fotografía (1B).
POSIBLE CONFUSIÓN: Puede confundirse con otras dos especies del mismo género similares, S. *flexuosa y S. smaris,* de las que se distingue por tener el dorso más prominente.
HÁBITAT Y DISTRIBUCIÓN: Sobre suelos arenosos, blandos y duros, y en praderas marinas. Desde unos pocos metros hasta unos 170 m de profundidad. En todo el Mediterráneo y en el mar Negro; en el Atlántico oriental desde Marruecos hasta Portugal, Canarias y Madeira.
BIOLOGÍA: Esta especie suele encontrarse ocasionalmente formando pequeños cardúmenes. Se alimenta de zooplancton y de pequeños crustáceos y moluscos de los fondos. Se trata de un hermafrodita protógino, es decir, en primer lugar alcanza la madurez sexual como hembra y más tarde actúa como macho. Su reproducción tiene lugar en los meses de verano. Los pegajosos huevos son depositados en pequeñas hondonadas dispuestas por los propios peces.

2 Caramel, picarel *Spicara smaris* —Familia *Sparidae*

CAT— *Spicara smaris*
FRA— Picarel
ING— Picarel
ALE— Schnauzen-Pikarelle

CARACTERÍSTICAS: Hasta 30 cm de longitud. Cuerpo muy delgado y alargado. Coloración plateada. Dorso marrón grisáceo en la mayoría de las ocasiones. Mancha negra en los flancos, directamente por debajo de la línea lateral a la altura del extremo de la aleta pectoral.
POSIBLE CONFUSIÓN: Más estrecho y alargado que *S. maena,* y la mancha lateral negra es más pequeña.
HÁBITAT Y DISTRIBUCIÓN: Es frecuente en praderas marinas y suelos entre arenosos y limosos a profundidades entre los 10 y más de 150m. Mediterráneo, mar Negro, en el Atlántico llega desde Portugal hasta Marruecos, islas Canarias y Madeira.
BIOLOGÍA: La mayoría se presenta en pequeños grupos o grandes bancos. La especie es hermafrodita protógina: con el paso del tiempo las hembras se transforman en machos. Son machos todos los individuos que apenas han sobrepasado los 18 cm de largo. El desove tiene lugar desde febrero hasta mayo. La reproducción ocurre en suelos de sedimentos y la fecundación se verifica en zonas de desove preparadas por los machos, que son los que vigilan la puesta hasta la eclosión de las crías, que ahora ya se asocian otra vez en forma de bancos.

3 Caramel imperial *Centracantus cirrus* —Familia *Sparidae*

CAT— *Centracantus cirrus*
FRA— Picarel guetteur
ING— Curled picarel
ALE— Locken-Pikarelle

CARACTERÍSTICAS: La mayoría hasta 20 cm de longitud con un máximo de 34 cm. Cuerpo muy delgado y alargado, ojos grandes, aleta dorsal cóncava en el centro. Coloración plateada. Dorso marrón grisáceo en la mayoría de las ocasiones. Aletas torácica, dorsal y caudal de un rojo pálido.
HÁBITAT Y DISTRIBUCIÓN: Desde aguas someras hasta los 200 m de profundidad. Sobre zonas rocosas y costas de guijarros. Aparece en todo el Mediterráneo, en el Atlántico oriental llega desde las Azores, Canarias hasta Portugal y Madeira.
BIOLOGÍA: La especie es hermafrodita protógina: primero maduran sexualmente como hembras y luego se transforman en machos. La reproducción tiene lugar en verano. Los huevos, encerrados en gotitas oleaginosas, se desplazan como plancton pelágico.

1A

1B

2

3

1 Boga *Boops boops* —Familia *Sparidae*

CAT— *Boops boops*
FRA— Bogue
ING— Bogue
ALE— Gelbstrieme

CARACTERÍSTICAS: La mayoría hasta 20 cm de longitud con un máximo de 36 cm. Coloración plateada con algo del dorso oscuro y de 3 a 5 finas bandas longitudinales, solo perceptibles desde cerca, de tono marrón grisáceo a color latón. Llamativa línea lateral oscura. En la inserción superior de la aleta pectoral hay una pequeña mancha negra.
POSIBLE CONFUSIÓN: Es notablemente más delgada que la salpa, especie que, además, tiene bandas longitudinales más numerosas y vistosas de color amarillo.
HÁBITAT Y DISTRIBUCIÓN: Nada libremente en las costas y aguas cercanas a ellas, sobre suelos arenosos, rocosos y blandos, frecuentemente también sobre praderas marinas. Mediterráneo y mar Negro, muy extendida también en el Atlántico oriental, llega desde Noruega pasando por las Canarias y Cabo Verde hasta Angola.
BIOLOGÍA: Típico pez de formación en bancos, vive semipelágico y también en la cercanía de los suelos, donde se presenta a veces en grupos reducidos. Es omnívoro, alimentándose de algas y pequeños animales (fundamentalmente crustáceos) así como del zooplancton de las aguas libres. En el Mediterráneo occidental la reproducción tiene lugar desde abril hasta mayo, y en el oriental desde febrero hasta abril. Se trata de una especie hermafrodita protógina.

2 Chopa *Spondyliosoma cantharus* —Familia *Sparidae*

CAT— Càntara
FRA— Canthare, brème de mer, dorade grise
ING— Black seabream
ALE— Streifenbrasse

CARACTERÍSTICAS: Longitud normalmente de 20-30 cm (máx. de 60 cm). Coloración: gris plateado, con las hembras más claras (2B), con un brillo verdoso; los machos presentan un color gris azulado en la época de la puesta (2A). Ambos sexos tienen líneas longitudinales claras, más o menos prolongadas, en los laterales (2C).
POSIBLE CONFUSIÓN: No es posible su confusión con ninguna otra especie de la familia.
HÁBITAT Y DISTRIBUCIÓN: Sobre fondos rocosos y arenosos, y también en praderas marinas. Desde los 10 m hasta los 150 m de profundidad. En todo el Mediterráneo, en zonas del suroeste del mar Negro; en el Atlántico oriental desde Angola hasta el sur de Noruega.
BIOLOGÍA: Suele nadar en solitario o en grandes cardúmenes, cerca de los fondos. Se alimenta de pequeños invertebrados, especialmente crustáceos, y de algas. Alcanza una primera madurez sexual como hembra, transformándose posteriormente en macho. En la época del desove, desde febrero hasta mayo, los machos abren con su cola en los fondos arenosos cavidades de puesta, en las que las hembras depositan sus pegajosos huevos. El macho custodia la puesta y remueve el agua sobre la misma. En su estadio larvario, tienen una primera fase de vida planctónica.

1A

2A

2B

2C

1 Dentón *Dentex dentex* —Familia *Sparidae*

CAT— *Dentex dentex*
FRA— Denté commun
ING— Common dentex
ALE— Zahnbrasse

CARACTERÍSTICAS: La mayoría hasta 50 cm de longitud con un máximo hasta 100 cm. Ovalado, dorso prominente. El perfil de la cabeza de los peces es vertical y casi recto, en los adultos resulta ligeramente redondeado y en los ejemplares más grandes incluso con una leve protuberancia en la frente. Ambas mandíbulas presentan grandes colmillos. La coloración de los juveniles va desde el gris plateado al gris rosa, en parte con puntos oscuros repartidos por el dorso y la parte lateral inferior.
POSIBLE CONFUSIÓN: Ninguna.
HÁBITAT Y DISTRIBUCIÓN: La mayoría en suelos duros entre 10 y 50 metros, a veces hasta los 200 m de profundidad. Mediterráneo, son raros en el mar Negro. En el Atlántico oriental desde Vizcaya hasta Madeira y Mauritania; son raros también en el Atlántico meridional hasta Senegal.
BIOLOGÍA: Los animales jóvenes nadan habitualmente en grupos, los adultos van en solitario. Su alimentación consta de peces y moluscos además de cefalópodos y gusanos. Es un pez apreciado por su carne y se cría también por acuicultura.

2 Dorada *Sparus sparus* —Familia *Sparidae*

CAT— *Sparus sparus*
FRA— Dorada royale
ING— Gilthead seabream
ALE— Goldbrasse

CARACTERÍSTICAS: La mayoría hasta 35 cm de longitud con un máximo hasta 70 cm. Cuerpo de dorso prominente. Coloración gris plateada. Entre los ojos, por encima y por debajo, una "cinta frontal" dorada brillante y enmarcada en oscuro. Tiene una mancha vertical negra que se extiende desde el comienzo de la línea lateral hasta la zona superior de los opérculos branquiales.
POSIBLE CONFUSIÓN: Ninguna debido a la mancha oscura al comienzo de la línea lateral.
HÁBITAT Y DISTRIBUCIÓN: La mayoría en suelos rocosos y praderas marinas, aunque también nadan en fondos arenosos. Desde aguas someras hasta, en la mayoría de los casos, los 30 m de profundidad; los adultos llegan a los 150 m. Viven, sobre todo los jóvenes, en aguas salinas y salobres (como lagunas y estuarios). Mediterráneo y Atlántico oriental desde las islas Británicas hasta el golfo de Vizcaya, Canarias y Cabo Verde hasta Senegal.
BIOLOGÍA: Los peces grandes nadan en pequeños bancos no muy agrupados casi siempre en la cercanía del suelo; los jóvenes penetran en primavera hasta aguas salobres. Los adultos se alimentan de gusanos y moluscos además de pequeños crustáceos y erizos de mar. Los jóvenes se sirven, además, de algas. En el Mediterráneo oriental desovan desde enero hasta marzo, en la cuenca occidental desde marzo hasta junio.

3 *Diplodus cervinus* —Familia *Sparidae*

CAT— *Diplodus cervinus*
FRA— Sar à grosses lèvres
ING— Zebra seabream
ALE— Fünfbindenbrasse

CARACTERÍSTICAS: Longitud normalmente de hasta 35 cm (máx. 55 cm). Cuerpo con dorso prominente, con los laterales fuertemente achatados. Hocico ligeramente agudo, y en el extremo con unos labios relativamente gruesos. De un gris plateado; con 5 bandas transversales oscuras, generalmente de un color bronce-parduzco a lo largo del dorso y los lados, y otra banda transversal más de igual coloración desde la frente, atravesando el ojo, hasta la parte central de la cara. Las aletas dorsal, caudal, anales y ventrales presentan un color relativamente oscuro.
POSIBLE CONFUSIÓN: Ninguna.
HÁBITAT Y DISTRIBUCIÓN: Sobre suelos rocosos y fondos arenosos y blandos. A partir de los 10 m y hasta los 300 m. No se encuentra en el Adriático ni en el suroeste de Italia, incluyendo parte de Sicilia. Sí se encuentra en el resto del Mediterráneo, aunque no es frecuente. En el Atlántico oriental desde el norte de África hasta el golfo de Vizcaya; en Cabo Verde y Azores.
BIOLOGÍA: Se alimenta de pequeños invertebrados y de algas. Suele nadar en solitario, y en ocasiones en pequeños grupos algo dispersos, normalmente sobre fondos rocosos.

1

2

3

1 *Diplodus puntazzo*
—Familia *Sparidae*

CAT— *Diplodus puntazzo*
FRA— Charax, sar à mureau pointu
ING— Sharpsnout seabream
ALE— Spitzbrasse

CARACTERÍSTICAS: Longitud normalmente de hasta 30 cm (máx. 60 cm). Hocico puntiagudo con dientes inclinados hacia delante. Coloración básica de un gris plateado, con 8-11 bandas transversales oscuras. En la inserción de la cola y de las aletas pectorales tienen una pequeña mancha negra, así como un ribete oscuro en el borde posterior de las aletas dorsal, caudal y anal.
POSIBLE CONFUSIÓN: Debido al hocico puntiagudo, se distingue bien de *D. sargus.*
HÁBITAT Y DISTRIBUCIÓN: Sobre fondos rocosos, también sobre suelos arenosos y en praderas marinas. Desde aguas someras hasta unos 150 m. En todo el Mediterráneo y en el mar Negro. En el Atlántico oriental desde Sierra Leona hasta el golfo de Vizcaya, Cabo Verde y Canarias.
BIOLOGÍA: Los ejemplares adultos suelen ir en solitario; ocasionalmente se mezclan con grupos laxos de otros peces de la familia. Se alimenta de distintos tipos de gusanos marinos, camarones y algas. Los pequeños peces nadan también en aguas salobres.

2 Sargo *Diplodus sargus sargus*
—Familia *Sparidae*

CAT— *Diplodus sargus sargus*
FRA— Sar commun, Sargue de Rondelet
ING— White seabream
ALE— Große Geißbrasse

CARACTERÍSTICAS: Longitud normal de hasta 30 cm (máx. 45 cm). Coloración básica de un gris plateado, con una mancha negra en forma de silla en la inserción de la cola. Parte posterior de la aleta caudal de color oscuro, con los radios externos de la aleta más claros. Los peces jóvenes suelen presentar 8 o 9 bandas transversales oscuras; estas bandas van palideciendo con la edad.
POSIBLE CONFUSIÓN: Puede distinguirse bien de otra especie similar, *D. puntazzo,* por el perfil más vertical de la cabeza y el hocico menos puntiagudo.
HÁBITAT Y DISTRIBUCIÓN: Sobre suelos rocosos y arenosos y en praderas marinas. Desde aguas someras hasta unos 50 m de profundidad. En todo el Mediterráneo, mar Negro y Atlántico oriental.
BIOLOGÍA: El sargo nada en pequeños grupos de ejemplares algo separados, casi siempre cerca del fondo. Los peces jóvenes también se adentran en la primavera en las aguas salobres de la costa. Los adultos se alimentan de gusanos y moluscos, aunque también de crustáceos y erizos de mar. Los pequeños peces también se alimentan de algas. En el Mediterráneo oriental se produce el desove entre enero y marzo, mientras que en la cuenca occidental se da entre marzo y junio.

3 Mojarra, saifía *Diplodus vulgaris*
—Familia *Sparidae*

CAT— Sard, variada
FRA— Sargue ordinaire, Sar à ête noire
ING— Two-banded bream
ALE— Zweibindenbrasse

CARACTERÍSTICAS: Longitud normal de hasta 25 cm (máx. 45 cm). Coloración básica de un gris plateado, con 2 anchas bandas transversales de color negro. Tienen bandas longitudinales de un amarillo dorado en los lados (una por línea de escamas), en la zona comprendida entre las bandas transversales negras. Aletas ventrales de un color oscuro o negro.
POSIBLE CONFUSIÓN: Ninguna.
HÁBITAT Y DISTRIBUCIÓN: Sobre suelos rocosos y sobre zonas arenosas en el ámbito de las praderas marinas. Desde aguas poco profundas hasta unos 50 m. En todo el Mediterráneo; en el Atlántico oriental desde Angola hasta la Bretaña francesa, y en Canarias y Madeira.
BIOLOGÍA: Se trata de una especie frecuente, que suele ir en grupos o pequeños bancos de peces no muy agrupados en aguas poco profundas, sobre fondos rocosos cubiertos de algas. Se alimenta de pequeños invertebrados como distintos tipos de gusanos marinos y crustáceos. La época de reproducción se da en el Mediterráneo occidental en el otoño, mientras que en la zona oriental comienza algo más tarde, pudiendo retardarse hasta el mes de enero. La mojarra suele alcanzar la madurez sexual a los dos años, cuando mide unos 17 cm de largo.

1

2

3A

3B

1 *Pagrus auriga*
—Familia *Sparidae*

CAT— *Pagrus auriga*
FRA— Pagre rayé
ING— Redbanded seabream
ALE— Rotbandbrasse

CARACTERÍSTICAS: Longitud normal hasta 30 cm (máx. 80 cm). Los primeros dos radios de la aleta dorsal son muy cortos, del tercero al quinto radio están prolongados; en los jóvenes son muy largos y filamentosos. Los peces jóvenes tienen bandas transversales de un color rojo-herrumbroso. Las aletas son rojizas; las aletas ventrales son de un rojo intenso con un ribete negro en el borde. En los adultos esta coloración característica va palideciendo.
POSIBLE CONFUSIÓN: Ninguna.
HÁBITAT Y DISTRIBUCIÓN: Sobre suelos duras. Entre los 10 y los 200 m. En el sur y este del Mediterráneo; en el Atlántico oriental desde Angola hasta Portugal, Canarias y Madeira,
BIOLOGÍA: Los jóvenes viven en aguas poco profundas y cercanas a la costa, mientras que los adultos suelen preferir aguas más profundas, Se alimenta de moluscos, incluyendo cefalópodos, y a veces de crustáceos. La reproducción se da hacia finales del invierno. Esta especie es comestible, como el pargo (P. pagrus), aunque sólo tiene una importancia pesquera reducida.

2 Pargo, pagara *Pagrus pagrus*
—Familia *Sparidae*

CAT— *Pagrus pagrus*
FRA— Pagre commun
ING— Red porgy
ALE— Sackbrasse

CARACTERÍSTICAS: Longitud de hasta 80 cm. Cuerpo comprimido lateralmente, con dorso prominente y oval, perfil de la cabeza muy convexo y hocico redondeado. Mandíbulas con robustos dientes cónicos para la captura de sus presas (4 en la mandíbula superior y 6 en la inferior). Color: plateado, con un brillo rosado en algunas partes.
POSIBLE CONFUSIÓN: Es relativamente fácil de distinguir de otras especies de la misma familia, sobre todo por el perfil marcadamente abombado de la cabeza y la ausencia de bandas o manchas negras.
HÁBITAT Y DISTRIBUCIÓN: Sobre suelos duros y blandos. Desde los 10 m y hasta los 250 m de profundidad. En todo el Mediterráneo; en el Atlántico oriental desde Mauritania hasta las islas Británicas, Canarias, Madeira y Azores.
BIOLOGÍA: Los jóvenes suelen encontrarse en aguas poco profundas, y especialmente en las praderas marinas. Los adultos prefieren aguas mucho más profundas. Captura crustáceos y moluscos, y pequeños peces. Cuando mide 25-30 cm de largo alcanza la madurez sexual. La época de puesta dura desde abril hasta junio; las larvas tienen un primer estadio de vida planctónica.

3 Herrera *Lithognathus mormyrus*
—Familia *Sparidae*

CAT— *Lithognathus mormyrus*
FRA— Marbré
ING— Striped bream/Sand steenbras
ALE— Marmorbrasse

CARACTERÍSTICAS: Longitud hasta 30 cm (máx. 55 cm). Perfil de la cabeza entre casi recto y ligeramente convexo. Pequeño hocico terminado en punta. Gris plateado con 14-15 bandas transversales pardo-amarillentas o pardas, del dorso hacia los flancos, sin llegar a alcanzar la parte ventral.
POSIBLE CONFUSIÓN: Ninguna.
HÁBITAT Y DISTRIBUCIÓN: Sobre suelos arenosos y blandos. Desde aguas poco profundas hasta unos 80 m de profundidad. En todo el Mediterráneo; en el Atlántico oriental desde Sudáfrica hasta el golfo de Vizcaya, Cabo Verde y Canarias.
BIOLOGÍA: Suele nadar en pequeñas formaciones, y a veces en grupos algo mayores. Captura pequeños animales que viven en los fondos, como distintos gusanos marinos, crustáceos y moluscos, algunos de los cuales tiene que desenterrar de los sedimentos. También se adentran en aguas salobres, como las propias de las zonas de desembocadura de ríos. El desove tiene lugar en la primavera y en el verano. Sus órganos sexuales maduran cuando los peces cumplen dos años y su longitud es de unos 14 cm. La herrera es hermafrodita protándrica, es decir primero es macho y a lo largo de la evolución se convierte en hembra.

1

2

3

1 Oblada *Oblada melanura* —Familia *Sparidae*

CAT— *Oblada melanura*
FRA— Marbré, Mourme
ING— Saddled seabream
ALE— Bandbrasse

CARACTERÍSTICAS: Longitud normalmente hasta 20 cm (raramente hasta 30 cm). Cuerpo alargado y achatado lateralmente. Perfil de la cabeza casi recto. Hocico corto con una apertura bucal pequeña, en el extremo del rostro, y ligeramente inclinada hacia arriba. Color: gris plateado, en algunas partes con un brillo verde-azulado. En el pedúnculo caudal tiene una mancha negra con un reborde blancuzco. La línea lateral es oscura y se distingue relativamente bien.
POSIBLE CONFUSIÓN: Ninguna, en virtud de la llamativa mancha negra con borde claro de la cola y el cuerpo oval alargado.
HÁBITAT Y DISTRIBUCIÓN: Sobre suelos rocosos y praderas marinas. Desde aguas someras y hasta 30 m de profundidad. En todo el Mediterráneo y sólo en algunas partes del suroeste del mar Negro; en el Atlántico oriental, desde Angola hasta el golfo de Vizcaya, Cabo Verde, Canarias y Madeira.
BIOLOGÍA: Estos peces son bastante sociables, nadando en grupos o pequeños bancos. Se alimentan de diferentes invertebrados de pequeño tamaño e incluso de algas. La época de puesta se da entre los meses de abril y junio. Los huevos e incluso las crías son planctónicos. La oblada es una especié en la que conviven individuos con sexos separados, que durante todo su ciclo vital son sólo machos o hembras, y otra parte de la población compuesta por hermafroditas protóginos, que primeramente alcanzan su madurez sexual como hembras, y posteriormente adquieren el sexo masculino.

2 Salema, salpa, rayada *Sarpa salpa* —Familia *Sparidae*

CAT— Salpa
FRA— Saupe
ING— Sarlema
ALE— Goldstrieme

CARACTERÍSTICAS: Longitud normal hasta 30 cm, más raramente hasta 50 cm. Cuerpo oval alargado, comprimido lateralmente, con cabeza pequeña y hocico corto y chato. Boca pequeña en el extremo de la cara, con labios engrosados. Color básico entre gris plateado y gris azulado, con 10-11 delgadas bandas longitudinales de color dorado en dorso y laterales. Donde se insertan las aletas pectorales presenta una pequeña mancha negra. Ojos de un color amarillo dorado.
POSIBLE CONFUSIÓN: No parece posible gracias a su color característico. La boga (*Boops boops*) es esencialmente más delgada y fusiforme, presentando sólo 3-5 bandas longitudinales amarillas, mucho menos conspicuas y con color menos intenso.
HÁBITAT Y DISTRIBUCIÓN: Sobre suelos rocosos y arenosos, y en praderas marinas, siendo frecuente observar a este pez a cierta distancia del fondo. Desde aguas poco profundas hasta unos 20 m de profundidad. En todo el Mediterráneo; en el mar Negro sólo esporádicamente. En el Atlántico oriental desde Sudáfrica hasta el golfo de Vizcaya, Cabo Verde, Canarias, Madeira e islas Azores.
BIOLOGÍA: La salema es marcadamente sociable, nadando de forma característica en grupos y a veces en formaciones más compactas en aguas poco profundas. Los ejemplares adultos se alimentan fundamentalmente de algas, siendo uno de los pocos peces herbívoros del Mediterráneo. Forman parte de su dieta especialmente las lechugas de mar (algas verdes del género *Ulva*), aunque también otras algas verdes como por ejemplo especies del género *Caulerpa* o algas rojas del género Laurencia. Por el contrario, los pequeños peces se alimentan fundamentalmente de pequeños animales, sobre todo pequeños crustáceos, antes de adquirir su alimentación herbívora adulta característica. Cuando alcanzan una talla aproximada de 20 cm alcanzan la edad reproductiva. Las salemas experimentan un cambio de sexo: en un primer estadio maduran como machos, y posteriormente se transforman en hembras (hermafroditismo protándrico). Esta especie cuenta con dos periodos de reproducción: en la primavera y en el otoño. Los huevos y las crías recién nacidas tienen una fase de vida planctónica.

1

2

1 Salmonete de roca *Mullus surmuletus* —Familia *Mullidae*

CAT— Molí roquer, roger de roca
FRA— Rouget de roche, Surmulet
ING— Striped mullet
ALE— Streifenbarbe

CARACTERÍSTICAS: Longitud normal de hasta 25 cm (máx. 40 cm). Perfil convexo de la cabeza, algo oblicuo. Posee un mentón con dos barbillones (1A) y dos aletas dorsales. Con la parte superior entre pardo-amarillenta y rojiza y una llamativa banda longitudinal rojo oscuro desde la frente hasta la aleta caudal, atravesando el ojo; tiene otras bandas longitudinales amarillentas. Parte ventral blanco plateado y anchas bandas oscuras en la primera aleta dorsal.
POSIBLE CONFUSIÓN: Es muy parecida a ésta una segunda especie del género en el Mediterráneo, el salmonete de fango (M. *barbatus),* aunque este otro pez tiene un perfil de la frente más oblicuo y no posee ninguna banda en la primera aleta dorsal.
HÁBITAT Y DISTRIBUCIÓN: Sobre suelos arenosos y blandos, y a veces sobre fondos rocosos. Desde pocos metros hasta casi los 100 m. En todo el Mediterráneo y mar Negro; en el Atlántico oriental desde Senegal hasta las islas Británicas, Canarias, Madeira, Azores, y más raro en el mar del Norte.
BIOLOGÍA: Propio de los fondos, puede encontrarse en solitario o bien en pequeños grupos en busca de alimento. Con sus barbillones, que poseen células sensoriales especiales, revuelve el fondo en busca de pequeños invertebrados que viven enterrados. Su dieta se compone de pequeños crustáceos, moluscos y gusanos de varios tipos. Sus actividades de remoción del fondo atraen a otros peces que se alimentan también de los animales que quedan al descubierto. Estos peces acompañantes se benefician sin perjudicar a los salmonetes en modo alguno, una relación que los biólogos denominan comensalismo. La reproducción tiene lugar en los meses de abril a julio. Los huevos y las crías que nacen tras 3 días viven una primera fase planctónica. Al alcanzar una longitud de 3 cm adquieren su forma de vida apegada a los fondos marinos. La coloración de los salmonetes es bastante variable, resultando más intensa en aguas profundas que en la proximidad de la superficie; además por la noche es más pálida que durante el día.

2 Castañuela, negrita, soldado *Chromis chromis* —Familia *Pomacentridae*

CAT— *Chromis chromis*
FRA— Petite castagnole
ING— Damselfish
ALE— Mönchsfisch

CARACTERÍSTICAS: Longitud de hasta 15 cm. Cuerpo con dorso elevado y lateralmente aplanado. Larga aleta dorsal y aleta caudal profundamente bifurcada. Escamas llamativamente grandes. El color de los jóvenes (2B) inferiores a 2 cm de largo es de un azul cobalto. Conforme van creciendo, tiene lugar un progresivo cambio de color, desapareciendo rápidamente las partes azules hasta que los peces adultos (2A) tienen un color pardo castaño, con las escamas con un borde oscuro.
POSIBLE CONFUSIÓN: Ninguna.
HÁBITAT Y DISTRIBUCIÓN: En aguas despejadas sobre rocas. Desde aguas someras hasta unos 20 m. En el Mediterráneo y mar Negro. En el Atlántico oriental desde Angola hasta el sur de Portugal.
BIOLOGÍA: Uno de los peces más frecuentes en el Mediterráneo. Nada en aguas libres sobre suelos duros o cerca de declives rocosos formando bancos poco densos, en busca del plancton. También se alimenta de crías de otros peces. Su reproducción tiene lugar en el verano. Los machos establecen pequeños territorios sobre fondos rocosos o de guijarros donde preparan una superficie para el desove, la cual limpian cuidadosamente con ayuda de su boca. Cuando alguna hembra pasa cerca la siguen y nadan a su lado, retirándose bruscamente hasta el lugar de puesta preparado para llamar la atención de dicha hembra, y agitan enérgicamente la cola a uno y otro lado. Los pegajosos huevos de la hembra quedan adheridos al sustrato rocoso y, tras la fecundación, los machos protegen la puesta aproximadamente durante una semana. Las crías azul cobalto no nadan en aguas libres inicialmente, sino que se mantienen en grupos protegidos en pequeñas cavernas, cerca de grietas rocosas o bajo saledizos.

1A

1B

2

1 Julia, doncella *Coris julis*
—Familia *Labridae*

CAT— Senyoreta, donzella, juliola, guiula
FRA— Girelle comune
ING— Mediterranean rainbow wrasse
ALE— Meerjunker

CARACTERÍSTICAS: Longitud de 10-20 cm (máx. 25 cm). El dorso en hembras y machos jóvenes (1B) es entre castaño-pardo y pardo-anaranjado pálido, con la parte Inferior y ventral blancuzca o clara. En los flancos pueden mostrar una o dos bandas longitudinales amarillo pálido. Los machos adultos (1A) tienen el dorso entre verdoso y azulado o parduzco; banda lateral naranja en zig-zag, con borde verde-azulado, y detrás de las aletas pectorales una alargada mancha negra con forma de cuña. Los tres primeros radios de la aleta dorsal son más largos y adornados con una mancha negra, naranja y blanca. Numerosas formas de transición entre los colores básicos descritos.
POSIBLE CONFUSIÓN: Ninguna.
HÁBITAT Y DISTRIBUCIÓN: En fondos rocosos y en praderas marinas. Desde aguas poco profundas hasta más allá de los 120 m. En todo el Mediterráneo, aunque frecuente en el sur. En el Atlántico oriental, desde África ecuatorial hasta Noruega, Canarias, Madeira y Azores.
BIOLOGÍA: La julia es un pez extraordinariamente ágil, que se encuentra en movimiento continuo y que da una sensación de estar siempre nervioso por su rápida y brusca forma de nadar. A pesar de ello es muy territorial. Por la noche pasa un periodo de inactividad enterrada en la arena. Su variada dieta consiste en gasterópodos, bivalvos, equinodermos y crustáceos. Localmente se comportan también como limpiadores. Alcanzan la madurez sexual como hembras al año de su eclosión, pudiendo experimentar un cambio de sexo. Su longevidad parece ser de 8 años y la reproducción comprende todo el año, aunque es menos activa sexualmente durante el invierno; entre mayo y agosto se da la mayor actividad reproductiva. Los machos adultos con mayor edad poseen áreas o cotos de reproducción de los que expulsan a cualquier competidor. El desove tiene lugar en aguas libres y los huevos son llevados por la corriente durante un breve periodo de vida planctónica, al contrario de lo que ocurre con otros peces del género emparentados (*Symphodus* y *Labrus*), El tiempo de incubación/eclosión de las crías es relativamente corto (30-36 horas a 22 °C).

2 Pez verde, fredi *Thalassoma pavo*
—Familia *Labridae*

CAT— Fadrí, senyoreta, ministre
FRA— Donzella pavonina
ING— Ornate wrasse
ALE— Meerpfau

CARACTERÍSTICAS: Longitud hasta 25 cm. Aleta caudal en los adultos escotada o falciforme, y en el caso de los machos además laciniada en su parte inferior y superior. Los animales jóvenes son primero amarillos verdosos con una mancha negra en el centro de las aletas pectorales. Jóvenes y hembras (2A) de entre pardo amarillento y pardo verdoso, con 5 bandas transversales azuladas desde el dorso hasta los flancos, con una mancha negra en el medio de la aleta dorsal y con un dibujo azul en la cabeza. Los machos adultos (2B) tienen el cuerpo entre verde oliva y azul verdoso, con una banda transversal azul en los lados y desde detrás de las aletas pectorales, seguida de otra banda transversal pardo-rojiza; cabeza con un dibujo generalmente de un intenso color rojizo y azul.
POSIBLE CONFUSIÓN: Ninguna.
HÁBITAT Y DISTRIBUCIÓN: Sobre fondos rocosos y en praderas marinas, Desde aguas poco profundas hasta unos 150 m, generalmente por encima de los 20 m. En el Mediterráneo, sobre todo en el sur. También en el Atlántico oriental, desde África ecuatorial hasta Portugal y Azores.
BIOLOGÍA: Nadador incansable, pudiendo encontrarse en solitario, en pequeños grupos o Incluso en bancos mayores. Desde el atardecer y con el aumento de la oscuridad se entierra en los fondos arenosos con ayuda de su cola para pasar la noche. Se alimenta de pequeños moluscos y crustáceos. Los peces jóvenes también hacen a veces de peces limpiadores. También sufre un cambio de sexo, de hembra a macho, en el transcurso de su ciclo vital. La época de reproducción se da en verano. Para realizar la puesta nadan los dos peces de la pareja durante un breve recorrido por aguas libres y allí liberan sus gametos, sin que se dé en esta especie la protección de los huevos fecundados, que flotan llevados por la corriente formando parte del plancton.

1A

1B

2A

2B

1 Porredana, bodión *Symphodus cinereus* —Familia *Labridae*

CAT— Tord, tord cendrós
FRA— Crénilabre cendré
ING— Grey wrasse
ALE— Grauer Lippfisch

CARACTERÍSTICAS: Longitud hasta 15 cm. Jóvenes y hembras entre gris pálido y beige, a menudo con 2 bandas longitudinales parduzcas desde el ojo hasta el pedúnculo caudal. Los machos son de un color más intenso, aunque bastante variable: frecuentemente de un pardo-amarillento con moteaduras más claras y oscuras; en la parte posterior del pedúnculo caudal suele mostrar una mancha entre azul oscuro y negro, así como una mancha negra en el comienzo de la aleta dorsal y unas cortas bandas azules a ambos lados del rostro.
POSIBLE CONFUSIÓN: Fuera de la época de reproducción se puede dar un cierto parecido de *S. cinereus* con hembras de poco tamaño de la denominada señorita (*S. tinca)* y con otra especie más propia del Atlántico oriental, aunque también presente en el Mediterráneo occidental, *S. melops*, también conocida vulgarmente como porredana.
HÁBITAT Y DISTRIBUCIÓN: Prefiere fondos arenosos próximos a praderas marinas, aunque también suelos rocosos cubiertos de algas. Desde aguas poco profundas hasta unos 20 m. En todo el Mediterráneo y mar Negro; en el Atlántico oriental desde el sur de España hasta el golfo de Vizcaya.
BIOLOGÍA: La porredana o bodión prefiere mantenerse cerca de los fondos arenosos próximos a las praderas marinas. Se alimenta sobre todo de pequeños moluscos y crustáceos que desentierra de la arena o que captura entre las algas. El desove se da entre abril y julio, época durante la cual los machos establecen territorios para la reproducción relativamente extensos; en la arena excava una hondonada que recubre de pequeñas piedras, conchas de bivalvos y restos vegetales, donde la hembra desovará los huevos. Entre las repetidas puestas, el macho protege los huevos recubriéndolos de algas y pequeños restos de conchas (véase ilustración). El macho vigila y oxigena la puesta batiendo el agua en su proximidad con sus aletas hasta la eclosión de las crías. Las hembras alcanzan la madurez sexual cuando miden unos 4 cm, lo que se da al cumplir el año de edad. La transformación sexual de hembras a machos se produce normalmente en el segundo año, cuando miden unos 7 cm. La longevidad de esta especie se estima en unos 7 años. La foto muestra una pareja en el desove sobre un nido colocado en algas rojas. Animal superior: hembra con papila de desove azul oscura claramente visible. Animal inferior: macho fecundando los huevos que acaba de poner la hembra

2 Tordo de roca *Symphodus mediterraneus* —Familia *Labridae*

CAT— Tord, tord rogenc, canari, porcellana
FRA— Crénilabre méditerranéen
ING— Axillary wrasse
ALE— Mittelmeer-Lippfisch

CARACTERÍSTICAS: Longitud hasta 15 cm (máx, 20 cm). Presenta una mancha negra en la base de la cola, por encima de la línea lateral y una segunda mancha en la inserción de las aletas pectorales. Los jóvenes y las hembras son de un color pardo amarillento, frecuentemente con un ligero jaspeado. Los machos, de mayor edad, presentan una coloración más intensa, que varía entre el rojo, el pardo-rojizo, pardo-verdoso y pardo-azulado; la mancha de las pectorales es de un tono entre azul oscuro y negro, con un reborde amarillo. En la época reproductiva también tienen un color azul en la garganta y presentan unas líneas longitudinales interrumpidas de azul por todo el cuerpo.
POSIBLE CONFUSIÓN: Ninguna, gracias a su color característico y a las manchas en la Inserción de las pectorales.
HÁBITAT Y DISTRIBUCIÓN: Sobre suelos rocosos cubiertos de algas y en praderas marinas. Desde aguas someras hasta los 70 m de profundidad. En todo el Mediterráneo; en el Atlántico oriental desde Marruecos hasta Portugal.
BIOLOGÍA: Se alimenta fundamentalmente de pequeños moluscos y equinodermos. A los dos años y cuando mide unos 9 cm, alcanza la madurez como hembra. La transformación sexual a macho se produce un año más tarde, cuando mide unos 12 cm. El periodo reproductivo abarca desde abril hasta agosto. En esa época los machos construyen sobre los fondos rocosos o arenosos un "nido" a base de algas sobre el que depositan con su boca un lecho de arena como refuerzo. Tras el desove y la fecundación de los huevos, el macho vigila la puesta ante predadores.

1

2

1 Tordo *Symphodus melanocercus* —Familia *Labridae*

CAT— Tord, tord cua-negre, llambrega
FRA— Crénilabre ocellé
ING— Blacktailed wrasse
ALE— Schwarzschwanz-Lippfisch

CARACTERÍSTICAS: Longitud hasta 10 cm (raramente hasta 14 cm). Color entre pardo pálido y pardo-grisáceo. Los machos presentan manchas azules en el dorso, en los flancos y en las aletas durante el periodo reproductivo (1A). La aleta caudal es negra en ambos sexos, con el borde posterior de un color azul más o menos intenso. Coloración: pardo claro, pardo rojizo o beis-gris claro. Aleta caudal negra con una zona estrecha más clara cerca de la cola y una parte trasera ligera azulada. Machos con maduración sexual en la época reproductiva de pardo grisáceo a gris oscuro (parte inferior cada vez más clara) y con numerosos manchas azul metálico en el dorso y en los flancos. En ocasiones estas manchas forman dos tiras azules a lo largo de la mitad superior de la cabeza.
POSIBLE CONFUSIÓN: Ninguna.
HÁBITAT Y DISTRIBUCIÓN: Sobre suelos rocosos y frecuentemente también en praderas marinas. Desde aguas superficiales hasta unos 40 m de profundidad. En todo el Mediterráneo.
BIOLOGÍA: Al comienzo del desove los machos de mayor talla (> 8 cm) mantienen cotos que defienden violentamente de otros machos. Al contrario que otras especies del mismo género, no construye nidos ni cuida la puesta. La hembra nada junto al macho sobre un fondo rocoso cubierto de algas, donde libera los huevos que el macho fecunda a continuación. El desove se produce al alba, al cabo de una o dos horas de la salida del sol. Las puestas se suceden en diferentes lugares en los territorios reproductivos relativamente extensos de los machos. Única especie de pez limpiador propiamente dicho del Mediterráneo. Mantiene diferentes puestos en los que atiende a las distintas especies de peces que desean ser limpiados de parásitos de su piel (p. ej., crustáceos de la familia *Cymothoidae).* Cada especie atendida –se conocen más de 40 especies de peces desparasitadas por la llambrega– adopta una posición característica al aproximarse al pez limpiador, por ejemplo, manteniéndose en vertical o abriendo la boca y cerrando el opérculo. A continuación el pez limpiador comienza su búsqueda de parásitos por la superficie del pez parasitado, eliminando también pequeños fragmentos de piel desprendida o escamas levantadas (véase ilustración). Algunos peces se dejan limpiar mientras siguen nadando. Localmente también se alimenta de diferentes invertebrados que viven en el sustrato. Las fotos 1C y 1D muestran al animal con su compañero limpiador en una típica posición de invitación. En el caso de 1C es una doncella en posición casi horizontal; en 1D, como ejemplo de un pez depredador, un serrano en posición oblicua y con la boca abierta de par en par.

1A

1B

1C

1D

1 Bello, porredano *Symphodus bailoni* —Familia *Labridae*

CAT— *Symphodus bailoni*
FRA— Crénilabre de Baillon
ING— Baillon's wrasse
ALE— Wangenschuppen-Lippfisch

CARACTERÍSTICAS: Hasta 20 cm de longitud.
POSIBLE CONFUSIÓN: Es frecuente confundirlo con el *S. melops.* Una buena característica para distinguirle en observaciones de buceo es la mancha oscura en la base delantera de los radios blandos de la aleta dorsal, otra mancha negra al final de los radios blandos de la aleta dorsal y otra pequeña mancha en la base de la cola.
HÁBITAT Y DISTRIBUCIÓN: Vive en zonas rocosas ricas en algas y en praderas marinas desde aguas someras hasta los 50 m de profundidad. En el Mediterráneo occidental es conocido en las costas españolas y las Baleares, aunque suele ser raro. Hace algunos años fue descubierto en gran número en el mar Negro occidental. El ámbito principal de difusión de la especie es el Atlántico oriental desde el mar del Norte oriental (canal de la Mancha) hasta Mauritania.
BIOLOGÍA: Se trata de una especie poco investigada. Durante la época de desove, que va desde marzo hasta mayo, los machos preparan con partes de plantas una especie de nido (ver fotografía) en el que las hembras depositan los huevos. Como alimento se sirven de invertebrados que viven en el suelo, como bivalvos, gasterópodos y crustáceos.

2 Tordo *Symphodus ocellatus* —Familia *Labridae*

CAT— Tord ocel·lat
FRA— Crénilabre à queue noire
ING— Ocellated wrasse
ALE— Augenfleck-Lippfisch

CARACTERÍSTICAS: Longitud hasta 12 cm. Hembras y machos jóvenes de color parduzco pálido con una banda longitudinal clara a lo largo de los laterales y vientre muy claro. Machos adultos de un intenso color verde (2B) o naranja (2A) en la época de reproducción, con un dibujo de líneas azules en la cabeza. Todos los machos tienen una gran mancha ocular (ocelo) sobre el opérculo; esta mancha es mucho menos conspicua en las hembras (2C). En ambos sexos existe una llamativa mancha negra en la base de la cola. Existe también una rara variante cromática entre amarilla (2D) y naranja, cuyos ejemplares son claramente de menor tamaño.
POSIBLE CONFUSIÓN: En el caso de los machos adultos no hay ninguna.
HÁBITAT Y DISTRIBUCIÓN: Sobre suelos rocosos cubiertos de algas y en praderas marinas. Desde aguas superficiales hasta unos 40 m de profundidad. En todo el Mediterráneo y en el mar Negro.
BIOLOGÍA: Se alimenta de moluscos, crustáceos y distintos gusanos. En la época del desove (de mayo a agosto) los machos construyen un nido cóncavo de hasta 20 cm de diámetro a base de algas que compactan con su cola y su cabeza. En las luchas por los territorios de reproducción los machos no realizan amenazantes demostraciones nadando junto a los machos rivales, sino que se acercan nadando lentamente hasta el adversario abriendo los opérculos. En el curso de estas amenazas frontales, los machos ocasionalmente se llegan a trabar por la boca tratando de hacer retroceder al rival. Tras repetidos desoves con diferentes hembras y las consiguientes fecundaciones de los huevos, el macho vigila el nido y envía agua al mismo con sus aletas. Durante el periodo reproductivo los machos pueden llegar a sacar adelante hasta 6 nidos. El resto del año, esta especie suele ser sociable y nada en grupo en formaciones abiertas de hasta 30 individuos.

1

2A

2B

2C

2D

1 Tordo de cinco manchas *Symphodus roissali* —Familia *Labridae*

CAT— Tord
FRA— Crénilabre de Roissal
ING— Five-spotted wrasse
ALE— Fünffleckiger Lippfisch

CARACTERÍSTICAS: Longitud hasta 17 cm (máx. 21 cm, en el mar Negro). Cuerpo oval con dorso elevado y lateralmente comprimido. Los ejemplares jóvenes y las hembras son de un color parduzco o pardo-grisáceo. Los machos adultos son de un pardo-rojizo o pardo-verdoso. Ambos sexos presentan numerosas manchas oscuras, más o menos dispuestas enfilas longitudinales. Las cinco manchas a lo largo de la base de la aleta dorsal que dan origen a uno de los nombres comunes no son siempre fáciles de distinguir.
POSIBLE CONFUSIÓN: Se suele diferenciar bastante bien de otros lábridos gracias a su coloración moteada y al cuerpo relativamente rechoncho.
HÁBITAT Y DISTRIBUCIÓN: Prefiere zonas rocosas planas y cubiertas de algas, frecuentemente en las proximidades de las orillas; también en praderas marinas. Desde aguas someras hasta los 30 m de profundidad. En todo el Mediterráneo y mar Negro; en el Atlántico oriental desde el norte de Marruecos hasta el golfo de Vizcaya.
BIOLOGÍA: El tordo de cinco manchas es un pez poco sociable y algo más retraído en comparación con otros peces de su género. Se alimenta de pequeños moluscos y crustáceos. Las hembras alcanzan la madurez al año de edad, cuando ya miden entre 5 y 7 cm de largo. En el periodo de reproducción, entre abril y julio, los machos construyen nidos a base de algas que compactan con su cabeza y cola hasta formar una construcción casi semiesférica con una pequeña abertura lateral. Durante la construcción del nido el macho ahuyenta a todo pez de su especie que se le aproxime, incluyendo las hembras. Tras el desove el macho cubre la puesta con algas y arena, dejando un orificio de oxigenación, vigila el nido y manda agua fresca a éste con sus aletas. Durante el periodo reproductivo se suceden varios ciclos de desove e incubación.

2 Tordo picudo *Symphodus rostratus* —Familia *Labridae*

CAT— Grivieta, tord becut
FRA— Sublet
ING— Pointed-snout wrasse
ALE— Schnauzenlippfisch

CARACTERÍSTICAS: Longitud de hasta 13 cm. Frente larga y hocico en punta. No hay diferencias de color entre machos y hembras. Color variable: pardo-grisáceo, pardo-verdoso e incluso pardo-rojizo, con algunas partes de un verde claro y numerosas manchas pequeñas irregulares. También presentan una banda clara algo quebrada que va desde la parte superior del hocico hasta la aleta dorsal.
POSIBLE CONFUSIÓN: Ninguna, dada la forma característica de la cabeza y del hocico.
HÁBITAT Y DISTRIBUCIÓN: Sobre suelos rocosos cubiertos de algas, en praderas marinas y sobre superficies arenosas limítrofes con las formaciones anteriores. Desde aguas superficiales hasta unos 20 m de profundidad. En todo el Mediterráneo y en la zona occidental del mar Negro.
BIOLOGÍA: Como les ocurre a muchos otros peces, el color del tordo picudo está perfectamente integrado con el de su entorno, encontrándose ejemplares verdosos en praderas marinas y otros pardo-grisáceos sobre fondos rocosos. Este pez se alimenta principalmente de todo tipo de pequeños crustáceos (isópodos, mísidos, cirrípedos, copépodos, etc.) que succiona con su boca en forma de pipeta. Es frecuente encontrar al tordo picudo con su cabeza orientada hacia abajo, postura que también adopta durante su reposo nocturno camuflado entre algas y angiospermas marinas. Entre marzo y junio los machos construyen nidos de algas que luego recubren con guijarros y fragmentos de conchas. Tras el desove el macho vigila y oxigena la puesta con sus aletas. Como en el caso de otras especies del género, durante el periodo reproductivo se alternan varios ciclos de cría (construcción de nido, desove y cuidado de la puesta).

1

2A

2B

1 Señorita, peto *Symphodus tinca* —Familia *Labridae*

CAT— Tord, tord ros, llavió
FRA— Crénilabre paon
ING— Peacock Wrasse
ALE— Pfauenlippfisch

CARACTERÍSTICAS: Longitud hasta 30 cm; raramente mayor de 40 cm. Las hembras y los machos (1B) de un pardo-grisáceo descolorido, con el vientre gris plateado, a lo largo de cada lado dos bandas longitudinales parduzcas y dos bandas transversales oscuras (máscara facial) le atraviesan el hocico. Los machos adultos (1A) exhiben durante la época del desove un color intenso con flancos amarillo-verdosos, con tres hileras longitudinales de puntos rojos y azules. Cabeza con máscara facial oscura y zonas verde-azuladas; aletas parcialmente de un verde-azulado. Ambos sexos presentan una mancha oscura en la base de la cola, justo por debajo de la línea lateral. Posible confusión: Los ejemplares jóvenes con coloración poco conspicua pueden resultar parecidos a las hembras de porredana (S. *cinereus).*
HÁBITAT Y DISTRIBUCIÓN: Sobre suelos rocosos y praderas marinas, entre 0,5 y 50 m. En el Mediterráneo y en el mar Negro, En el Atlántico oriental desde Marruecos hasta Portugal.
BIOLOGÍA: Es el mayor representante de su género en el Mediterráneo y alcanza la mayor longevidad del mismo con 14 años. Captura presas de mayor tamaño que las capturadas por otras especies de su género, sobre todo moluscos y equinodermos. Las hembras alcanzan la madurez sexual a los 2 años, y los machos a los 3 años. Fuera del periodo reproductivo, se trata de una especie sociable y sólo los ejemplares de mayor edad nadan en solitario. Se le conocen cuatro estrategias reproductivas diferentes: 1) machos que construyen nidos como hacen el resto de lábridos, aunque a diferencia de éstos, sólo construyen un único nido durante el periodo reproductivo; 2) machos más jóvenes denominados "machos-satélite", que acechan en la proximidad de un macho poseedor de un nido para intentar fecundar los huevos que ponga alguna hembra; 3) los denominados machos "captadores", pequeños machos que se aparean con hembras que pasan en su proximidad sin hacer nido alguno y que dejan los huevos a su suerte; y 4) los llamados machos "piratas", de mayor tamaño (más de 22 cm), que expulsan tras un breve combate al macho propietario de un nido. A continuación suelen comerse los huevos del nido conquistado y fecundan una nueva puesta en el mismo tras aparearse con otra hembra, abandonando dicha puesta a continuación, la cual queda bajo la vigilancia del constructor del nido original.

2 Gallano, gallito de rey *Labrus bimaculatus* —Familia *Labridae*

CAT— Tord blanc, xuclà, grívia
FRA— Labre mêlé
ING— Cuckoo wrasse
ALE— Kuckuck-Lippfisch

CARACTERÍSTICAS: Longitud generalmente hasta 25 cm (raramente hasta 40 cm). Hocico en punta, y apertura de la boca relativamente amplia. Las hembras y los machos jóvenes (2B) son de color rojo-anaranjado con 3 manchas negras sobre el dorso, que se prolongan desde la parte posterior de la aleta dorsal hasta la parte superior del pedúnculo caudal, normalmente separadas por otras manchas blanquecinas. Los machos adultos (2A) son de color entre pardo-amarillento y pardo-verdoso, con manchas y bandas longitudinales azules sobre el dorso, flancos y aletas.
POSIBLE CONFUSIÓN: Ninguna. El nombre científico específico *bimaculatus* aún no es firme, estando pendiente la decisión que sobre el mismo adopte la comisión internacional de nomenclatura.
HÁBITAT Y DISTRIBUCIÓN: Sobre praderas marinas y suelos rocosos. Desde aguas superficiales hasta los 200 m de profundidad. En el Mediterráneo occidental es más escaso que en el oriental o incluso falta localmente. En el Atlántico oriental desde Senegal hasta Noruega, Azores y Canarias.
BIOLOGÍA: Bastante huidizo y poco frecuente. Se alimenta de crustáceos, moluscos y peces. En el desove, a comienzos del verano, el macho prepara un nido en hondonada en el lecho arenoso mediante enérgicos golpes de cola, en el que la hembra desova una puesta de huevos pegajosos. Las hembras alcanzan la madurez sexual a los 2 años, cuando miden unos 16 cm. Más tarde se transforman en machos.

1A

1B

2A

2B

1 Merlo *Labrus merula* —Familia *Labridae*

CAT— Tord massot
FRA— Merle, Labre merle
ING— Brown wrasse
ALE— Amsel-Lippfisch

CARACTERÍSTICAS: Longitud normalmente de 15-30 cm, raramente hasta 50 cm. Ejemplares jóvenes de color verde amarillento con numerosas pintas. Adultos de color pardo-oliváceo, parduzco o azul grisáceo, con algunas partes jaspeadas; las aletas impares tienen un reborde azul claro.
POSIBLE CONFUSIÓN: Los ejemplares jóvenes pueden verse confundidos con el tordo verde (*Labrus viridis*), aunque este último tiene una banda clara característica a lo largo de los flancos.
HÁBITAT Y DISTRIBUCIÓN: Desde aguas superficiales hasta los 50 m de profundidad. Sobre suelos rocosos y praderas marinas. En todo el Mediterráneo; en el Atlántico oriental desde Marruecos hasta Portugal, y en las Azores.
BIOLOGÍA: Se alimenta de moluscos, crustáceos, gusanos marinos, erizos de mar y ofiuras. A los 2 años y con una longitud de 15-20 cm alcanza la madurez sexual como hembra. A los 4 años tiene lugar la transformación de las hembras en machos. Reproducción entre febrero y mayo. Las hembras desovan los pegajosos huevos entre plantas de las praderas marinas.

2 Tordo verde, griva *Labrus viridis* —Familia *Labridae*

CAT— *Labrus viridis*
FRA— Labre vert
ING— Green wrasse
ALE— Grüner Lippfisch

CARACTERÍSTICAS: Longitud de 15-30 cm, raramente hasta 45 cm. Color normal verde-amarillento, frecuentemente con una banda clara a lo largo de los lados, desde la boca hasta la aleta caudal. También aparecen rojizos o pardo-rojizos, respectivamente con o sin banda y manchas claras.
POSIBLE CONFUSIÓN: Véanse las características del merlo (*Labrus merula*).
HÁBITAT Y DISTRIBUCIÓN: Sobre suelos rocosos y praderas marinas, desde aguas someras hasta unos 50 m de profundidad. En todo el Mediterráneo y en la parte occidental del mar Negro. En el Atlántico oriental desde Marruecos hasta Portugal.
BIOLOGÍA: Se alimenta de crustáceos, moluscos y pequeños peces. Con 2 años y unos 16 cm adquiere la madurez sexual como hembra. Más tarde se da la transformación de las hembras en machos. Puede alcanzar los 15-18 años. En el desove, que tiene lugar entre febrero y junio, las hembras depositan sus pegajosos huevos entre plantas en las praderas marinas.

1A

1B

2

1 Vieja colorada *Sparisoma cretense* —Familia *Scaridae*

CAT— Peix lloro
FRA— Scare, poisson-perroquet
ING— Mediterranean parrotfish
ALE— Seepapagei

CARACTERÍSTICAS: Longitud de 10-30 cm (máx. 50 cm). Grandes escamas. Los dientes, soldados formando una placa dental, recuerdan al pico de un papagayo. Hembras (1B): color rojizo, con una gran mancha gris en forma de silla de montar en la parte posterior de la cabeza y dos manchas amarillas, una en el rostro y otra en la parte superior del pedúnculo caudal. Machos: entre gris y gris verdoso, con una mancha oscura más o menos conspicua detrás del opérculo. Animales jóvenes (1C).
POSIBLE CONFUSIÓN: Ninguna.
HÁBITAT Y DISTRIBUCIÓN: Sobre suelos rocosos cubiertos de algas y en praderas marinas. Desde aguas someras hasta unos 50 m. En todo el Mediterráneo, aunque es más frecuente en la región oriental que en la occidental. En el Atlántico oriental desde Senegal hasta Portugal y Azores.
BIOLOGÍA: Generalmente este pez nada en pequeños grupos de 3-6 individuos. Es un pez muy huidizo ante la presencia humana. Se alimenta de algas, especialmente de las calcáreas, y de pequeños invertebrados, que arranca del fondo con un sólido mordisco. La reproducción de la especie se produce a finales de verano, desde julio hasta octubre. La vieja colorada es el único pez de la familia Scaridae en el que las hembras presentan una coloración más vistosa que la de los machos. Machos (1A), hembras (1B).

2 Vaquete, maragota *Labrus bergyta* —Familia *Labridae*

CAT— *Labrus bergyta*
FRA— Grande vieille
ING— Ballan wrasse
ALE— Geflegter Lippfisch

CARACTERÍSTICAS: Hasta 65 cm de longitud. Cuerpo relativamente vigoroso, hocico pequeño. Coloración muy variable, por ejemplo, pardo rojizo con numerosas manchas blancas (ver fotografía), verdoso, marrón o pardo amarillento, en ocasiones también con anchas e irregulares bandas transversales o un difuso patrón de manchas.
POSIBLE CONFUSIÓN: Los restantes lábridos mediterráneos de este tamaño se pueden diferenciar muy bien en base a su colorido variable.
HÁBITAT Y DISTRIBUCIÓN: Prefiere suelos duros tapizados de algas o bien praderas marinas. Desde aguas someras (sobre todo los jóvenes) hasta los 20 m, raramente llega a los 50 m de profundidad. Solo en la parte occidental del Mediterráneo y allí también son raros. El ámbito principal de difusión de la especie es el Atlántico oriental desde Noruega sobre las Azores, Madeira y Canarias hasta Mauritania.
BIOLOGÍA: Los individuos viven en solitario y se alimentan de invertebrados del suelo, como bivalvos, gasterópodos, crustáceos y gusanos. En la época del desove el macho prepara, en un lugar protegido, una cavidad sobre la que fabrica un nido sirviéndose de trozos de plantas. Allí, de forma consecutiva, acuden varias hembras a depositar sus huevos, que son fecundados por el macho que luego vigila y protege la puesta.

1A

1B

1C

2

1 Galán, raor, lorito *Xyrichthys novacula* —Familia *Labridae*

CAT— *Xyrichthys novacula*
FRA— Rason
ING— Pearly razorfish
ALE— Mittelmeer-Schermesserfisch

CARACTERÍSTICAS: La mayoría hasta 20 cm de longitud con un máximo de 35 cm. Aplanado lateralmente, dorso prominente, el perfil de la cabeza de los peces es vertical.
POSIBLE CONFUSIÓN: Ninguna.
HÁBITAT Y DISTRIBUCIÓN: Suelos arenosos y cenagosos, también en praderas marinas. Desde 1 hasta 50 m de profundidad. Mediterráneo, en el Atlántico oriental desde Portugal hasta Gabón y las Azores.
BIOLOGÍA: Son peces muy tímidos y ante cualquier amenaza reaccionan rápidamente enterrándose de cabeza en la arena, en la que se desplazan paralelamente a la superficie para volver a aparecer de nuevo en otro lugar. La especie se alimenta de invertebrados como crustáceos, bivalvos, gasterópodos y equinodermos. La intensidad de su coloración es variable, cuando están sobre fondos arenosos su tono suele ser adecuadamente pálido. Los jóvenes y las hembras tienen en el abdomen una mancha formada por escamas plateadas. En las hembras preparadas para el desove los ovarios rojos son traslúcidos. Jóvenes (**1A**), machos (**1B**).

2 Sigano jaspeado *Siganus rivulatus* —Familia *Siganidae*

CAT— *Siganus rivulatus*
FRA— Poisson-lapin à ventre strié
ING— Marbled spinefoot
ALE— Rotmeer-Kaninchenfisch

CARACTERÍSTICAS: Longitud hasta 30 cm. Coloración oliva claro con manchas irregulares de tono marrón, línea ventral anaranjada pálida.
POSIBLE CONFUSIÓN: Se puede confundir con el sigano nebuloso (*Siganus luridus*).
HÁBITAT Y DISTRIBUCIÓN: En grandes grupos sobre suelos rocosos tapizados de algas, hasta 30 m de profundidad. Emigrante del mar Rojo. Mediterráneo oriental, mar Rojo hasta el golfo de Adén.
BIOLOGÍA: Vive en arrecifes coralinos y lagunas del Indopacífico. Son, por lo general, animales activos durante el día y vagan en parejas o pequeños grupos (a veces en grupos mayores). Pacen en perifitos (algas) y praderas marinas, aunque también ingieren alimento animal. Por la noche se limitan a echarse en el suelo sin buscar refugio protegido. Para dormir, o si se sienten amenazados, adquieren una coloración de camuflaje o amedrentamiento. El manto de color es difuso, parece jaspeado y salpicado con manchas de tono claro o pardo grisáceo oscuro.

3 Sigano nebuloso *Siganus luridus* —Familia *Siganidae*

CAT— *Siganus luridus*
FRA— Poisson-lapin à queue tronquée
ING— Dusky spinefoot
ALE— Brauner-Kaninchenfisch

CARACTERÍSTICAS: Longitud hasta 24 cm. Coloración verde a pardo oscuro. Por las noches, o si se siente amenazado, presenta un diseño de manchas
POSIBLE CONFUSIÓN: Se puede confundir con el sigano jaspeado (*Siganus rivulatus*).
HÁBITAT Y DISTRIBUCIÓN: En suelos rocosos de zonas de crecimiento de algas, desde aguas someras hasta unos 30 m de profundidad (casi siempre menos profundas). La especie es emigrante del mar Rojo establecida en el Mediterráneo oriental. Mar rojo, golfo Arábigo hasta Mauricio y Mozambique.
BIOLOGÍA: Vaga solo o en parejas en pequeños grupos nómadas sobre fondos duros. Se defiende con numerosos radios espinosos de carácter tóxico: 13 espinas que puede erguir en la aleta dorsal, 7 en la anal y 4 en la ventral. Cada espina posee dos canales de desagüe con glándulas venenosas colocadas en el tercio superior de la espina, cerca de la punta. Las espinas y el tejido glandular están rodeados por una piel que se rasga por efecto de una presión y libera el veneno en la herida. El dolor es intenso y muy candente, pero no se suele mantener mucho tiempo después de la lesión, sin que, por lo general, aparezcan síntomas concomitantes. Las espinas venenosas sirven a la especie exclusivamente para su protección pasiva frente a los posibles depredadores. Dado que son peces bastante tímidos, en su hábitat natural no existe prácticamente ningún peligro de ser dañado con sus radios espinosos.

1A

1B

2

3A

3B

1 Chucleto *Atherina hepsetus* —Familia *Atherinidae*

CAT— *Atherina hepsetus*
FRA— Athérine
ING— Mediterranean sand smelt
ALE— Großer Ährenfisch

CARACTERÍSTICAS: Longitud generalmente hasta 10 cm (máx. 20 cm). Cuerpo alargado y delgado con una cabeza aplanada en su parte superior y relativamente corta, con grandes ojos y abertura de la boca orientada hacia arriba. Tiene dos aletas dorsales separadas: la primera comienza claramente por detrás del extremo final de las aletas pectorales, y la segunda está a la altura de la aleta anal. Presenta más de 58 escamas a lo largo de la línea lateral. Color: plateado con un brillo entre verdoso y azulado, a lo largo de los flancos una banda longitudinal gris-azulada.
POSIBLE CONFUSIÓN: Existen varias especies más del mismo género en el Mediterráneo, todas ellas muy difíciles de distinguir entre sí; una característica Importante para diferenciar al chucleto es el número de escamas a lo largo de la línea lateral. Aunque los peces de esta familia son confundidos con frecuencia con las sardinas (fam. *Cupleidae)*, sobre todo con la sardina *(Sardina pichardus)* o con la alacha *(Sardinella aurita)*, estos peces, también plateados y formadores de grandes bancos, sólo tienen una aleta dorsal.
HÁBITAT Y DISTRIBUCIÓN: En la proximidad de la costa, en aguas libres o sobre los fondos. Entre 1 m y 10 m de profundidad. En todo el Mediterráneo, en partes del mar Negro; en el Atlántico oriental desde Marruecos hasta España, Canarias y Madeira.
BIOLOGÍA: Como otros peces de la misma familia, nada en grupo, no siendo raro que forme grandes bancos. Se alimenta de copépodos planctónicos y de pequeños crustáceos de los fondos. También es frecuente muy cerca de la costa, llegando a adentrarse en aguas salobres de desembocaduras y lagunas costeras. La reproducción tiene lugar en el Mediterráneo occidental entre diciembre y mayo. Los huevos tienen numerosos filamentos adherentes, por lo que se forman compactas masas de huevos adheridos a algas, rocas o fondos arenosos. El chucleto y otros peces de la familia tienen importancia pesquera, siendo frecuentes en muchos mercados locales.

2 Lisa, corcón *Chelon labrosus* —Familia *Mugilidae*

CAT— Llisa llobarrera
FRA— Mulet à grosses lèvres
ING— Thicklip grey mullet
ALE— Dicklippige Meeräsche

CARACTERÍSTICAS: Longitud hasta 60 cm. Cuerpo alargado y fusiforme, poco aplanado lateralmente. Tiene dos aletas dorsales muy separadas entre sí; la primera de ellas con 4 radios espinosos. Aleta caudal bifurcada. Cabeza aplanada en su parte superior. Grueso labio superior, provisto en su borde inferior de numerosas papilas córneas de reducido tamaño. Color: parte dorsal entre gris azulada y gris verdosa; en los flancos y hacia la parte ventral clarea hasta un tono gris plateado. Presenta 4-6 bandas longitudinales oscuras a ambos lados.
POSIBLE CONFUSIÓN: En el Mediterráneo existen numerosos mugílidos de varios géneros, todos ellos bastante parecidos. La lisa se distingue del resto gracias a la presencia de las papilas en su grueso labio superior.
HÁBITAT Y DISTRIBUCIÓN: Cerca de la orilla en aguas libres, sobre suelos rocosos cubiertos de algas, a veces muy cerca de la superficie del mar. También se adentra en aguas salobres de lagunas costeras y desembocaduras. Desde la superficie hasta unos 10 m de profundidad. En todo el Mediterráneo. En el Atlántico oriental, desde Senegal hasta Noruega, Canarias, Cabo Verde, Azores, mar del Norte, Skagerrak y Kattegat.
BIOLOGÍA: Estos peces nadan típicamente en grupos abiertos, aproximándose frecuentemente a la orilla. Mientras avanzan, van alimentándose de diferentes invertebrados de pequeño tamaño, algas y detritos del suelo. La época de reproducción comienza a finales del invierno y se prolonga hasta la primavera. Los huevos y larvas pasan por una fase planctónica. Los machos alcanzan la madurez sexual al medir unos 27 cm, y las hembras al alcanzar aproximadamente 35 cm. La lisa puede vivir hasta 9 años y llegar a pesar unos 2 kg. Se trata de apreciados peces con importancia pesquera. En el Mediterráneo occidental también son criados de forma artificial.

1

2A

2B

1 Escorpión *Trachinus draco* —Familia *Trachinidae*

CAT— Aranya blanca
FRA— Vive commune, Grande vive
ING— Greater Weever
ALE— Gewöhnliches Petermännchen

CARACTERÍSTICAS: Longitud hasta 40 cm. Cuerpo alargado y aplanado lateralmente. Cabeza grande con ojos elevados y abertura de la boca orientada hacia arriba. Sobre el opérculo tiene una larga espina dirigida hacia atrás. Dos aletas dorsales, la primera muy corta y compuesta por 5-7 radios espinosos, y la segunda muy larga con radios espinosos. Color entre gris verdoso (1B) y pardo-amarillento (1A), con numerosas líneas cortas y oblicuas, entre amarillento y pardo-oscuro.
POSIBLE CONFUSIÓN: En el Mediterráneo hay en total 4 especies de traquínidos pertenecientes a dos géneros *(Trachinus* y Echi/chthys), que se diferencian entre sí en la coloración.
HÁBITAT Y DISTRIBUCIÓN: Sobre suelos arenosos y blandos. Desde aguas someras hasta más allá de los 100 m de profundidad. En todo el Mediterráneo y mar Negro. En el Atlántico oriental desde Marruecos hasta Noruega, mar del Norte y Kattegat.
BIOLOGÍA: En los traquínidos, tanto los 5-7 radios espinosos de la primera aleta dorsal como la larga espina orientada hacia atrás del opérculo, contienen veneno. Las espinas, recubiertas por una fina piel, poseen dos conductos longitudinales en los que se incluye tejido de las glándulas secretoras del veneno, Si una persona se hiere con alguna espina, ia membrana que recubre las espinas se desgarra liberando su veneno, una mezcla de proteínas y otras sustancias, Estos peces suponen un peligro sobre todo para los bañistas y personas que pasean por aguas poco profundas, dado que no huyen de su presencia sino que erizan sus espinas como mecanismo de defensa. También los buceadores pueden aproximarse bastante a estos peces, habiéndose dado ya algún caso de heridas. La picadura en cuestión causa un intenso dolor inmediato, que se extiende a los tejidos adyacentes. La zona afectada se inflama rápidamente y la hinchazón dura varios días. Además pueden darse otros síntomas generales como aumento de la temperatura corporal, náuseas y sudores. Los primeros auxilios consistirán en la limpieza de la herida de restos de espinas y su desinfección. A continuación deberá acudirse a un médico. Más sobre esta especie en *T. radiatus.*

2 Víbora *Trachinus radiatus* —Familia *Trachinidae*

CAT— Aranya de cap negre
FRA— Vive à tête rayonnée
ING— Starry weever
ALE— Strahlen-Petermännchen

CARACTERÍSTICAS: Longitud hasta 40 cm. Cuerpo alargado y lateralmente aplanado. Cabeza grande con una abertura de la boca oblicua, orientada hacia arriba, y ojos en situación elevada. Opérculo con una larga espina orientada hacia atrás. Primera aleta dorsal corta, con 6 radios espinosos. La segunda aleta dorsal es muy larga y tiene radios blandos. Coloración básica de un color entre pardo-amarillento claro y grisáceo, con numerosas manchas pardo-oscuras.
POSIBLE CONFUSIÓN: En el Mediterráneo hay en total 4 especies de traquínidos pertenecientes a dos géneros (Trachinus y Echiichthys), que se diferencian entre sí en la coloración.
HÁBITAT Y DISTRIBUCIÓN: Sobre suelos arenosos y blandos. Desde aguas someras hasta más allá de los 100 m de profundidad. En todo el Mediterráneo y mar Negro. En el Atlántico oriental desde Angola hasta el sur de Portugal y las islas Canarias.
BIOLOGÍA: Los traquínidos o peces escorpión son peces de los fondos que viven exclusivamente sobre suelos arenosos y blandos. Frecuentemente se entierran en ellos para camuflarse mejor, a veces de forma que sólo asoma la parte superior de la cabeza con los ojos, por lo que frecuentemente pasan desapercibidos a los buceadores. Estos peces son depredadores que gustan de acechar a pequeños peces y crustáceos (p. ej., camarones) mientras permanecen inmóviles y bien camuflados. Al acercarse la presa a suficiente distancia, ésta es engullida en un abrir y cerrar de ojos. La época de puesta se extiende desde la primavera hasta el verano. Los huevos tienen una vida planctónica en aguas libres. En el Mediterráneo los peces de esta familia son localmente apreciados por su sabor, por ejemplo en el sur de Francia. Sobre el carácter venenoso de esta especie, véase *Trachinus draco.*

1A

1B

2

1 Moma nariguda *Tripterygion melanurus* —Familia *Tripterygiidae*

CAT— Bavosa morruda
FRA— *Tripterygion melanurus*
ING— *Tripterygion melanurus*
ALE— Zwergspitzkopf-Schleimfisch

CARACTERÍSTICAS: Longitud hasta 5 cm. Cabeza con hocico alargado. Tres aletas dorsales. En el caso de esta especie, los individuos de ambos sexos presentan una coloración similar durante todo el año: cuerpo de un rojo intenso y cabeza jaspeada más o menos oscura, generalmente con manchas más claras, Hay dos subespecies: *T. m. minor* y *T. m. melanurus.* En la primera el cuerpo es completamente rojo, mientras que la segunda presenta una mancha negra en forma de silla de montar y una mancha blanca anterior en el pedúnculo caudal.
POSIBLE CONFUSIÓN: Se puede confundir con *Lipophrys nigriceps,* pez que también presenta el cuerpo rojo y una cabeza jaspeada con manchas negras, aunque como pez de la familia de los blénidos que es, sólo posee una única aleta dorsal, prolongada y hendida, y una cabeza redondeada en lugar de una cabeza con hocico alargado.
HÁBITAT Y DISTRIBUCIÓN: En zonas umbrías del litoral rocoso superior. Normalmente entre 1 m y 6 m de profundidad, aunque en algunos libros se dice que incluso llega a los 20 m de profundidad. En todo el Mediterráneo, con la subespecie *T. m. minor* en la región norte y *T. m. melanurus* en el sur, p. ej, en Baleares, sur de Cerdeña, costas africanas y costas de Turquía.
BIOLOGÍA: Este pez prefiere de forma más marcada los dominios umbríos que las otras dos especies de la misma familia también presentes en el Mediterráneo. Es algo característico que se mantenga en entradas de grutas y en hendiduras oscuras. Como en el caso de las otras dos especies de tripterígidos mediterráneos, no posee ningún refugio fijo al que huir en caso de sentirse amenazado. Su forma de nadar, característica de los peces de esta familia, no es serpenteante sino brusca. Se alimenta de distintos tipos de pequeños invertebrados, sobre todo de pequeños crustáceos. La época de puesta tiene lugar entre mayo y julio. Los machos adultos poseen un pequeño territorio de cría y se aparean con las distintas hembras receptivas que pasan por su proximidad, sucediéndose varias puestas de diferentes hembras en el mismo territorio. Los machos vigilan la puesta hasta la eclosión de las larvas.

2 Moma amarilla *Tripterygion delaisi* —Familia *Tripterygiidae*

CAT— Bavosa morruda Tripte groc
FRA— Tripterygion delaisi
ING— Blackfaced blenny
ALE— Gelber Spitzkopf-Schleimfisch

CARACTERÍSTICAS: Longitud hasta 9 cm. Cabeza con hocico en punta. Tres aletas dorsales. Color: hembras y machos no territoriales (2B) de un color pardo claro, pardo-grisáceo o pardo-rojizo, generalmente con bandas transversales, irregulares y poco señaladas, en la parte dorsal. En el pedúnculo caudal presenta una mancha blanca y una mancha negra en forma de silla de montar; a lo largo de la base de las aletas dorsales tiene algunas manchas blancas. Los machos adultos (2A) en el periodo reproductivo tienen el cuerpo rojo y la cabeza negra; los primeros 1-2 radios de la segunda aleta dorsal pueden ser más largos y de color azulado en el extremo.
POSIBLE CONFUSIÓN: Véase *Tripterygion tripteronotus.*
HÁBITAT Y DISTRIBUCIÓN: Fondos rocosos con crecimiento de algas. Entre los 3 m y 40 m de profundidad. En todo el Mediterráneo. En el Atlántico oriental desde Senegal hasta el sur de Inglaterra.
BIOLOGÍA: Esta especie fue primeramente descrita con el nombre de *T. xanthosoma* en el Mediterráneo y con el de T. *atlanticus* en el canal de la Mancha, antes de que se comprobara que ambos eran idénticos a la especie atlántica ya conocida como *T. delaisi.* Este pez se alimenta de distintos tipos de pequeños invertebrados marinos, sobre todo pequeños crustáceos. En la época de la puesta, entre mayo y julio, los machos adultos poseen pequeños cotos reproductivos. La reproducción es similar a la descrita en el caso de *T. tripteronotus.* Los huevos depositados en distintos sustratos son vigilados por el macho hasta la eclosión de las larvas. Ciertos experimentos con ejemplares capturados y liberados al cabo de varios días a 100-200 m de distancia de su coto han revelado una considerable capacidad de orientación de estos peces: muchos de ellos pudieron encontrar su coto de reproducción original.

1

2A

2B

1 Moma manchada *Tripterygion tripteronotus* —Familia *Tripterygiidae*

CAT— Bavosa morruda, Cabot vermell
FRA— Triptérygion
ING— Red triplefin
ALE— Roter Spitzkopf-Schleimfisch

CARACTERÍSTICAS: Longitud hasta 8 cm. Cabeza con hocico en punta. Tres aletas dorsales. Color entre pardo-amarillento y pardo-grisáceo con irregulares bandas transversales oscuras (1B). Los machos territoriales en la época de la puesta tienen un intenso color rojo en el cuerpo y cabeza de color negro (1A); radios anteriores prolongados en la segunda aleta dorsal.
POSIBLE CONFUSIÓN: Las hembras, peces jóvenes y machos adultos fuera de la época de cría de esta especie y los de *T. delaisi* presentan colores casi idénticos, muy difíciles de diferenciar a primera vista. *T. delaisi* se diferencia sólo por una mancha negra y otra blanca en la base de la cola.
HÁBITAT Y DISTRIBUCIÓN: En fondos rocosos con algas. Desde aguas someras hasta unos 5 m. En todo el Mediterráneo y mar Negro; en el Atlántico oriental cerca de las costas de Marruecos.
BIOLOGÍA: La moma nariguda se puede encontrar tanto en lugares a los que llega la luz como en zonas umbrías. Si se le molesta huye nadando y se esconde bajo piedras o en hendiduras; sin embargo, y a diferencia de los blénidos, no posee ninguna cavidad rocosa como refugio. Se alimenta de diferentes invertebrados de pequeño tamaño, especialmente de copépodos. La época de puesta se extiende de mayo a julio. Entonces, los machos adultos defienden pequeños cotos de reproducción sobre rocas cubiertas de algas y cortejan a las hembras que pasan por su territorio irguiendo su aleta dorsal y nadando con impulsivos movimientos. Los huevos puestos por las hembras poseen unos filamentos de anclaje dispuestos en haces mediante los cuales quedan adheridos a las algas del sustrato. Un mismo macho se aparea sucesivamente con varias hembras y éstas a su vez con varios machos. El macho cuida de la puesta y la defiende de posibles depredadores. Las larvas eclosionan al cabo de unos 14 días y tienen una primera fase de vida planctónica, al cabo de la cual adquieren su hábito de nadar próximas al fondo marino. Estos peces sólo viven 3 años.

2 Cabruza, adusto *Parablennius gattorugine* —Familia *Blenniidae*

CAT— Capsigrany, bavosa de mar
FRA— Percepierre, blennie gattorugine
ING— Tompot blenny
ALE— Gestreifter Schleimfisch

CARACTERÍSTICAS: Longitud normalmente hasta 20 cm (máx. 30 cm). La prolongada aleta dorsal presenta casi la misma altura a lo largo de toda su extensión, con apenas alguna inflexión en la parte central. Sobre los ojos tiene dos grandes tentáculos muy ramificados en forma de penachos, claramente más largos que el diámetro de los ojos. Color: entre pardo claro y pardo oscuro, con 6-8 bandas transversales oscuras.
POSIBLE CONFUSIÓN: Ninguna, gracias a la forma de los tentáculos. Algunos ejemplares de P. *tentacularis* pueden parecer semejantes en una primera impresión, pero aunque también presentan tentáculos, éstos sólo se encuentran pinnados en su parte inferior.
HÁBITAT Y DISTRIBUCIÓN: Prefiere suelos rocosos cubiertos de algas. Entre los 3 m y los 20 m. En todo el Mediterráneo y mar Negro. En el Atlántico oriental desde Marruecos hasta Escocia.
BIOLOGÍA: La cabruza es la especie de mayor tamaño de todos los representantes de la familia de los blénidos en el Mediterráneo. Generalmente no se refugia en cavidades o pequeñas grutas sino en hendiduras o nichos rocosos. Entre su variada dieta se cuentan algas, briozoos, ascidias, caracoles, bivalvos, equinodermos y varios tipos más de invertebrados, los cuales ingiere mientras se alimenta principalmente de algas. En la época de puesta, que se extiende entre marzo y mayo, varias hembras ponen sucesivamente sus puestas en una cavidad dentro del coto de un mismo macho. El macho vigila y protege la puesta. Al cabo de 4 semanas eclosionan unas larvas que pasan por una breve fase planctónica, tras la que adquieren el hábito adulto de vivir cerca del fondo. La cabruza presenta una longevidad máxima de 9 años.

1A

1B

2

1 Vieja *Parablennius tentacularis* —Familia *Blenniidae*

CAT— *Parablennius tentacularis*
FRA— Blennie tentaculaire
ING— Tentacled blenny
ALE— Gehörnter Schleimfisch

CARACTERÍSTICAS: Longitud hasta 16 cm. La prolongada aleta dorsal prácticamente tiene la misma altura en toda su longitud, sin escotaduras en su parte central. Sobre los ojos tiene unos tentáculos pinnados, dirigidos hacia atrás, que en el caso de los machos pueden llegar a ser extraordinariamente largos (hasta 4 veces el diámetro de los ojos). Color: parduzco con unas cuatros bandas transversales en la parte lateral; en la zona de los 3 primeros radios de la aleta dorsal tiene una mancha oscura más o menos conspicua.
POSIBLE CONFUSIÓN: A primera vista y atendiendo al color, con la cabruza (*P. gattorugine*), aunque se distingue de ésta por los tentáculos supraoculares desflecados en su parte posterior.
HÁBITAT Y DISTRIBUCIÓN: Sobre suelos arenosos y en praderas marinas, y también sobre fondos rocosos cubiertos de algas. Desde unos pocos metros hasta unos 15 metros. En todo el Mediterráneo y mar Negro. En el Atlántico oriental desde las Canarias hasta el golfo de Vizcaya.
BIOLOGÍA: Habita casi exclusivamente sobre suelos duros. Se alimenta de algas y angiospermas que crecen sobre el fondo y de todo tipo de organismos que viven sobre y entre éstas. Su dieta está formada por algas, hidrozoos, briozoos, gusanos e incluso detritos. Su reproducción tiene lugar entre marzo y mayo. En esa época el macho ocupa una pequeña cavidad de puesta en la que las diferentes hembras con las que se aparea desovan unos grandes huevos de 0,6 mm. Frecuentemente esta especie emplea como nido alguna concha vacía de bivalvos e incluso desperdicios de origen humano adecuados que le sirven a modo de sitio de puesta.

2 Babosa de banda oscura *Parablennius rouxi* —Familia *Blenniidae*

CAT— Bavosa de banda bruna
FRA— Blennie de Roux
ING— Longstriped blenny
ALE— Längsstreifen-Schleimfisch

CARACTERÍSTICAS: Longitud hasta 8 cm. Aleta dorsal continua sin apenas escotaduras o desniveles perceptibles. Sobre los ojos presenta 2 tentáculos pinnados que en la época de puesta son mayores en los machos que en las hembras. Color: blancuzco, entre plateado y amarillento, con bandas longitudinales negras continuas, desde la frente por encima de los ojos y a lo largo de los laterales hasta la aleta caudal. En algunas zonas se encuentran también ejemplares con otros colores (2B).
POSIBLE CONFUSIÓN: Existe una variante de color, *P. pilicornis*, muy parecida. En el Mediterráneo también existe otra especie de coloración similar, *Gobius vittatus*, con el perfil más afilado del hocico, sin tentáculos supraoculares y con dos aletas dorsales.
HÁBITAT Y DISTRIBUCIÓN: Sobre fondos rocosos, cubiertos de algas y otros organismos e incluso desnudos. Desde unos 2 m hasta más allá de los 45 m de profundidad. En la zona norte del Mediterráneo; parece faltar en las costas norteafricanas y en las de Israel y Líbano; en el Atlántico oriental sólo en las costas del sur de Portugal.
BIOLOGÍA: Es uno de los representantes de la familia de menor tamaño en el Mediterráneo, aunque resulta fácil de descubrir gracias a su llamativa coloración. Presenta un intervalo de distribución en profundidad relativamente amplio y es bastante fácil de encontrar incluso fuera de la cavidad que le sirve de refugio. Se cree que sólo los machos mantienen cavidades fijas donde se refugian, mientras que las hembras nadarían de aquí para allá sin un refugio fijo. También se alimenta de algas y otros organismos que viven sobre los fondos rocosos, entre los que se encuentran esponjas, gusanos, gasterópodos, crustáceos y otros invertebrados. La época de puesta se da entre mayo y julio. El macho defiende con violencia su coto ante la presencia de otros machos rivales, a la espera de que pasen junto a él las hembras, a las cuales atrae hasta la cavidad de cría con unos movimientos que constituyen el cortejo. Tras la puesta de los huevos las hembras son expulsadas enérgicamente del lugar. Al cabo de 19 días eclosionan las larvas que pasan por una breve fase planctónica de varios días, tras los cuales se dirigen hacia el fondo rocoso.

1

2A

2B

1 *Parablennius pilicornis*
—Familia *Blenniidae*

CAT— *Parablennius pilicornis*
FRA— Blennie de Vanderveken
ING— Ringnecked blenny
ALE— Variabler Schleimfisch

CARACTERÍSTICAS: Longitud hasta 13 cm. La prolongada aleta dorsal es prácticamente de la misma altura en toda su longitud, sin escotaduras en su zona central. Tentáculos supraoculares delgados y ramificados en forma palmeada, generalmente divididos en 5 o más ramillas dispuestas en hilera longitudinal, siendo la anterior la más larga, A menudo parduzco o beige con manchas pardo-oscuras; éstas pueden soldarse entre sí formando cordones longitudinales (dibujo en bandas longitudinales, 1B). El dibujo de manchas parduzcas también puede formar 7-8 bandas transversales (dibujo en bandas transversales). Además, también se conoce una variante con un color uniforme amarillo-dorado. Los machos en el periodo reproductivo (1A) exhiben un color pardo oscuro, azul oscuro o Incluso negruzco. Excepto en el caso de la variante dorada, la cabeza suele presentar numerosas manchas produciendo un efecto jaspeado, y los tentáculos suelen tener anillos de color.
POSIBLE CONFUSIÓN: Los ejemplares con dibujo en bandas longitudinales se asemejan a otros de *P. rouxii.*
HÁBITAT Y DISTRIBUCIÓN: Desde aguas someras hasta unos 25 m de profundidad. En el Mediterráneo sólo en su región suroccidental, más o menos hasta el suroeste de Francia; en el Atlántico oriental desde Sudáfrica hasta el golfo de Vizcaya, y en las Canarias, Madeira y Azores.
BIOLOGÍA: Las hembras nadan cambiando de zona con mayor frecuencia que los machos, quienes frecuentemente se mantienen en sus cavidades de refugio. Se alimenta de organismos tapizantes de los fondos, como algas o esponjas, y de los numerosos invertebrados que se encuentran sobre o entre éstas, rastreando también con avidez pequeños crustáceos. No se tienen datos sobre la época de reproducción en el Mediterráneo; en las aguas templadas del Atlántico oriental ésta se prolonga entre abril y junio. En dicha época el macho exhibe los colores oscuros propios del celo, con una mancha ocular más o menos conspicua en el borde anterior de la aleta dorsal. Las hembras son atraídas por los machos durante el ritual de apareamiento hasta sus cavidades, siendo expulsadas de las mismas por el mismo macho una vez efectuado el desove. Tras eclosionar de los huevos, las larvas de 3 mm de largo tienen una breve fase planctónica, tras la cual adoptan el hábito adulto de vivir en los fondos. En el año siguiente alcanzarán los 7 cm, momento en que se produce la madurez sexual. La longevidad es de sólo 2 años y medio.

2 *Parablennius trigloides*
—Familia *Blenniidae*

CAT— *Parablennius trigloides*
FRA— Blennie trogloide
ING— *Parablennius trigloides*
ALE— Glotzäugiger Schleimfisch

CARACTERÍSTICAS: La mayoría hasta 10 cm de longitud con un máximo de 13 cm. Sin tentáculos oculares, en cambio tiene penachos sobre las aberturas de la nariz.
POSIBLE CONFUSIÓN: La falta de tentáculos oculares sirve para distinguirla de las especies de coloración similar.
HÁBITAT Y DISTRIBUCIÓN: En fondos duros del infralitoral. Por las noches gusta de estar en pequeñas charcas dejadas por la marea. Mediterráneo; en el Atlántico oriental hasta las islas Británicas.
BIOLOGÍA: La especie es principalmente depredadora de pequeños animales que se mueven libremente. Es de los pocos peces mediterráneos que se reproduce durante los meses de invierno.

1A

1B

1C

2

1 Babosa verde *Parablennius incognitus* —Familia *Blenniidae*

CAT— *Parablennius incognitus*
FRA— Blennie diabolo
ING— Surprise blenny
ALE— Inkognito-Schleimfisch

CARACTERÍSTICAS: La mayoría hasta 6 cm de longitud con un máximo de 8 cm. Grandes tentáculos supraoculares (sobre todo en los machos) con cortas bifurcaciones en la base.
POSIBLE CONFUSIÓN: La babosa de bandas (*P. zvonimiri*) presenta unos tentáculo análogos entre los ojos y en la apertura superior de la nariz.
HÁBITAT Y DISTRIBUCIÓN: Su hábitat típico son las aguas superficiales de litorales rocosos. En todo el Mediterráneo donde es frecuente en muchas zonas. También en el Mar Negro y el Atlántico oriental desde la península Ibérica hasta Madeira y las islas Canarias.
BIOLOGÍA: Se alimenta de algas y pequeños invertebrados, especialmente de crustáceos (gammarideas). Vive en huecos vacíos de las rocas, previamente perforados por foládidos o dátiles de mar, en los que se coloca con la cola por delante. El desove tiene lugar en el hueco que le sirve de vivienda.

2 *Microlipophrys nigriceps* —Familia *Blenniidae*

CAT— Bavosa de mar
FRA— Blennie à tête noire
ING— Blackheaded blenny
ALE— Schwarzkopf-Schleimfisch

CARACTERÍSTICAS: Longitud hasta 4 cm. Presenta una larga aleta dorsal claramente dentada en su parte central, que llega desde la parte posterior de la cabeza hasta la base de la cola. No tiene tentáculos supraoculares. Color: cuerpo rojo parduzco con o sin manchas más oscuras; cabeza con manchas oscuras o con un jaspeado azul-negruzco. Machos en el periodo reproductivo: cuerpo de un rojo intenso y cabeza negra con los lados del rostro amarillos. La subespecie L. *nigriceps portmahonis* presenta una mancha negra sobre el pedúnculo caudal.
POSIBLE CONFUSIÓN: Durante el apareamiento *Tripterygion melanurus*. Sin embargo, esta otra especie se distingue bien por su hocico agudo y su aleta dorsal dividida en tres partes.
HÁBITAT Y DISTRIBUCIÓN: Sobre fondos rocosos. En lugares umbríos del litoral rocoso como grutas y fisuras rocosas. Entre 1 m y 6 m. En el Mediterráneo se encuentran dos subespecies.
BIOLOGÍA: Presenta dos subespecies, *L. nigriceps nigriceps*, del norte del Mediterráneo, y *L. nigriceps portmahonis*, en el sur y en aguas occidentales. Ambas parecen no encontrarse juntas en ninguna zona. Se alimenta sobre todo de pequeños crustáceos como cirrípedos y copépodos, pequeños poliquetos y otros animales de los fondos, aunque ocasionalmente también consume algas. En la época de puesta, entre mayo y junio, los machos establecen pequeños cotos que defienden frente a otros machos rivales. Comportamiento reproductivo como otros blénidos.

3 *Lipophrys canevae* —Familia *Blenniidae*

CAT— *Lipophrys canevae*
FRA— Blennie de Caneva
ING— Canneva blenny
ALE— Gelbwangen-Schleimfisch o Netz-Schleimfisch

CARACTERÍSTICAS: Hasta 8 cm de longitud. Diseño variable de manchas y puntos marrones sobre fondo claro. Durante la época del desove los machos tienen negra la parte superior de la cabeza, las mejillas amarillas y todo el cuerpo de un gris uniforme.
POSIBLE CONFUSIÓN: El blénido adriático (*Microlipophrys adriaticus*), tiene un diseño de colores algo similar, sin embargo, la mitad inferior de su cabeza es blanca.
HÁBITAT Y DISTRIBUCIÓN: Prefiere las paredes rocosas escarpadas entre 0 a 2 m de profundidad, donde habita en huecos vacíos de las rocas previamente perforados por los dátiles de mar. Se considera endémico en el Mediterráneo, pero también está documentado en las costas atlánticas portuguesas, al norte de Lisboa.
BIOLOGÍA: Se alimenta principalmente de algas, además de detritus y pequeños invertebrados.

1

2

3

1 Gobio listado *Gobius vittatus*
—Familia *Gobiidae*

CAT— *Gobius vittatus*
FRA— Gobie rayé
ING— Striped goby
ALE— Streifengrundel

CARACTERÍSTICAS: Hasta 6 cm de longitud. Único gobio mediterráneo con banda longitudinal negra.
POSIBLE CONFUSIÓN: En cuanto a su diseño de colores, la babosa de banda oscura (*Parablennius rouxi*) es extraordinariamente parecida.
HÁBITAT Y DISTRIBUCIÓN: En fondos duros, prefiriendo las costas escarpadas y los suelos coralinos; a profundidades entre 15 a 40 m. Mediterráneo.
BIOLOGÍA: Esta especie y la babosa de banda oscura, ambas muy parecidas, suelen compartir su hábitat. Cuando están en reposo solo se diferencian por el puntiagudo hocico del gobio. En cambio, resultan muy diferentes mientras nadan: la babosa serpentea mientras los movimientos del gobio son bruscos.

2 Gobio de cabeza amarilla *Gobius xanthocephalus*
—Familia *Gobiidae*

CAT— *Gobius xanthocephalus*
FRA— Gobie à tête d'or
ING— Yellow- headed goby
ALE— Gelbkopfgrundel

CARACTERÍSTICAS: Hasta 10 cm de longitud. Coloración básica: amarilla en la cabeza, y va pasando a gris pálido en el final del cuerpo. Frecuentemente aparecen en todo el cuerpo unas finas líneas de punto pardo-rojizas, a veces solo en la zona delantera del animal.
POSIBLE CONFUSIÓN: En su variante amarilla tan solo se puede confundir con el gobio dorado (*G. auratus*).
HÁBITAT Y DISTRIBUCIÓN: En fondos rocosos de 5 a 30 m de profundidad, a veces se encuentra en praderas marinas. Mediterráneo; en el Atlántico oriental desde Portugal hasta las islas Canarias.
BIOLOGÍA: Se alimenta de pequeños crustáceos, camarones y cangrejitos, gusanos marinos y otros invertebrados.

3 Gobio de roca *Gobius cobitis*
—Familia *Gobiidae*

CAT— *Gobius cobitis*
FRA— Gobie à grosse tête
ING— Giant goby
ALE— Riesengrundel

CARACTERÍSTICAS: Puede llegar a los 27 cm de longitud, lo que le hace el gobio mediterráneo de mayor tamaño, cabeza grande y vigorosa, labios gruesos.
POSIBLE CONFUSIÓN: Ninguna.
HÁBITAT Y DISTRIBUCIÓN: En costas rocosas del infralitoral, profundidades de 2 a 10 m. Mediterráneo, mar Negro; en el Atlántico oriental desde el sur de Inglaterra hasta Marruecos.
BIOLOGÍA: Esta especie es sedentaria y casi siempre prefiere mantenerse cerca de su guarida, en la que se cobijan a toda velocidad. Los machos preparan una cavidad y la defienden contra sus congéneres. La especie madura sexualmente a los 2-3 años y llega a los 10 años de edad. Las hembras depositan sus huevos al techo de la vivienda de los machos. Se trata de una de las pocas especies emigrante desde el Mediterráneo al canal de Suez en el mar Rojo meridional.

1

2

3

1 Gobius auratus
—Familia *Gobiidae*

CAT— *Gobius auratus*
FRA— Gobie doré
ING— Golden Goby
ALE— Goldgrundel

CARACTERÍSTICAS: Longitud hasta 6,5 cm. Dos aletas dorsales. Color de un amarillo dorado intenso, a menudo con una zona ligeramente rojiza a ambos lados de la parte posterior de la cabeza.
POSIBLE CONFUSIÓN: Ninguna, gracias a su vivo color amarillo dorado. *G. auratus* fue conocida anteriormente como *G. luteus,* hecho al que contribuyó que la especie *G. xanthocephalus*, a pesar de su coloración claramente diferente, fuera designada previamente como G. *auratus,* hasta que a partir de 1992 dicha especie fuera descrita como especie independiente.
HÁBITAT Y DISTRIBUCIÓN: Sobre suelos rocosos cubiertos de algas. Por debajo de los 10 m y hasta los 80 m de profundidad. Las indicaciones sobre su distribución no son demasiado precisas debido a la confusión con *G. xantocephalus*: área central del Adriático, de Elba, Giglio, Corfú, mar Egeo y costas de Israel, por todo lo cual se puede suponer una distribución por todo el Mediterráneo.
BIOLOGÍA: Suele vivir en pequeños grupos de varios individuos. Es uno de los pocos góbidos que no sólo habita los fondos, sino también varios metros por encima. Debido a ello y gracias a su coloración amarillo brillante, estos peces son fáciles de observar a pesar de su pequeño tamaño. Son muy tímidos, huyendo ante la mínima molestia a sus refugios, de los cuales no se alejan nunca demasiado. Se alimentan de pequeños crustáceos como copépodos y pulgas de agua, así como de gusanos y gasterópodos. En la época de puesta, entre abril y mayo, la hembra deposita los huevos en el nido de un macho, quién se ocupa de vigilar la puesta hasta la eclosión de las larvas.

2 Gobio *Gobius bucchichi*
—Familia *Gobiidae*

CAT— Burret
FRA— Gobie de Bucchichi
ING— Bucchichi's goby o anemone goby
ALE— Anemonengrundel

CARACTERÍSTICAS: Longitud hasta 12 cm. Dos aletas dorsales, la primera con 6 radios duros. Coloración básica entre pardo y gris amarillenta, con numerosos puntos oscuros y cortas franjas que pueden llegar a formar líneas longitudinales interrumpidas a intervalos.
POSIBLE CONFUSIÓN: Relativamente fácil de identificar, especialmente si se encuentra bajo los tentáculos de una anémona de mar común *(Anemonia sulcata)*, comportamiento que no presenta ningún otro pez en el Mediterráneo.
HÁBITAT Y DISTRIBUCIÓN: En suelos rocosos y de cantos rodados, y en pequeñas áreas con arena entre sustratos duros. Desde aguas superficiales hasta los 6 m, y raramente a más profundidad, aunque sería posible encontrarlo hasta un máximo de 30 m de profundidad. En todo el Mediterráneo y mar Negro. En el Atlántico oriental en las costas del sur de Portugal.
BIOLOGÍA: La secreción mucosa de su piel le protege de los tentáculos de la anémona común, sirviéndose de los tentáculos urticantes de ésta como protección. Esta relación con la anémona no constituye una verdadera simbiosis, como en el caso de la relación de los peces payaso con anémonas de arrecifes tropicales a las cuales defienden de potenciales enemigos que devorarían sus tentáculos; en este caso la anémona no obtiene beneficio alguno, aunque tampoco se ve perjudicada, por lo que se hablaría de probiosis, dado el beneficio de una sola especie, en este caso el pez. Cabe destacar que en el Mediterráneo occidental este pez se encuentra casi siempre asociado a la anémona común, mientras que en el Mediterráneo oriental sólo busca la protección de la anémona ocasionalmente. Este góbido se alimenta de pequeños crustáceos, poliquetos, pequeños bivalvos y gasterópodos, y en menor medida de algas. Se desconoce si también se alimenta de pequeños peces. La época de puesta se prolonga desde abril hasta julio. Los machos fecundan sucesivamente los huevos de varias hembras, las cuales consiguen hacer puestas de entre 1.000 y 10.000 huevos, según sea el tamaño. Los largos huevos ovales de 1,3 mm poseen fibras en un polo que les sirven para adherirse al sustrato. Con una temperatura del agua de unos 22 °C, eclosionan unas larvas dé 2 mm al cabo de unos 6 días, pasando por una primera fase planctónica. Los peces alcanzan su madurez sexual en el primer año de vida.

1

2

1 Gobio de hocico rojo *Gobius cruentatus*
—Familia *Gobiidae*

CAT— Burret
FRA— Gobie à bouche rouge
ING— Redmouthed goby
ALE— Rotmaulgrundel

CARACTERÍSTICAS: Longitud hasta 20 cm. Dos aletas dorsales, la primera con 6 radios duros. Jaspeado con tonos pardo-oscuros, pardo-claros o pardo-rojizos; a lo largo de los lados en la mitad posterior del cuerpo suele presentar algunas bandas transversales más claras poco conspicuas. Su característica más representativa desde el punto de vista de su coloración son los labios de un rojo intenso, aunque ocasionalmente sólo tiene de dicho color las comisuras de la abertura bucal.
POSIBLE CONFUSIÓN: Ninguna, gracias a sus labios rojos.
HÁBITAT Y DISTRIBUCIÓN: Sobre suelos rocosos y fondos arenosos con escondrijos adecuados en la cercanía de las rocas, así como en praderas marinas. Aproximadamente entre los 5 y los 40 m. Probablemente en todo el mar Mediterráneo, faltando quizás en las costas africanas de la cuenca oriental. En el Atlántico oriental desde Marruecos hasta el suroeste de Irlanda.

BIOLOGÍA: En todo el Mediterráneo se conocen 56 especies de góbidos. Muchas de éstas apenas son avistadas por los buceadores, en parte porque pasan desapercibidas por sus colores adaptados al entorno, por su reducido tamaño, o muchas veces por sus esquivos hábitos. Además muchas especies sólo pueden ser diferenciadas entre sí por verdaderos especialistas. Una de las excepciones es este gobio de hocico rojo. Después del gobio de roca (G. *cobitis)* es el segundo mayor gobio en tamaño en el Mediterráneo, con un vistoso color y fácil de identificar. Como es característico de los góbidos, su actividad es diurna. Siempre se mantiene cerca de su escondrijo, al cual huye ante el mínimo peligro. Sólo se encuentra en fondos arenosos siempre que haya en su proximidad una cavidad que le sirva de refugio en zona de rocas. Defiende las cavidades donde se refugia frente a otros ejemplares de su especie y a otros peces. Se alimenta de mísidos, unos pequeños camaroncitos, y diferentes tipos de invertebrados, larvas de peces y pequeños pececillos. Apenas se tienen datos sobre su reproducción y el desarrollo de sus huevos y larvas.

2 *Gobius geniporus*
—Familia *Gobiidae*

CAT— *Gobius geniporus*
FRA— Gobie à joues poreuses
ING— Slender goby
ALE— Schlankgrundel

CARACTERÍSTICAS: Longitud hasta 16 cm. Dos aletas dorsales, la primera con 6 radios duros. Colores ocres arena o pálidos con jaspeado oscuro; en los flancos tiene una línea longitudinal interrumpida con manchas alternativamente más claras y oscuras. También presenta una mancha oscura en el opérculo. Claros poros oscuros en la cabeza, por debajo de la cual se percibe una línea horizontal de poros formada por puntos oscuros en los laterales del rostro.
POSIBLE CONFUSIÓN: Muy parecido es el chaparrudo (*G. niger*), en el cual sólo aparece el color oscuro que le da nombre en los machos en celo en la época del apareamiento. Los ejemplares jóvenes de G. geniporus no pueden ser identificados como tales con seguridad sin un examen detallado de las manchas oscuras de la cabeza. También se podría confundir con la especie *G. fallax*.
HÁBITAT Y DISTRIBUCIÓN: Sobre fondos blandos, arenosos o de gravas, frecuentemente en la proximidad de praderas marinas, entre los 5 y los 30 m. Exclusivamente en el Mediterráneo, y según algunos autores, restringido al Mediterráneo occidental, aunque según otros se encontraría en todo el Mediterráneo; también hay constancia de su presencia en las costas griegas.
BIOLOGÍA: Es uno de los góbidos más regularmente observables en el Mediterráneo, aunque tampoco es muy frecuente en ninguna zona. Como en el caso de otros góbidos, se trata de un típico pez de los fondos. Suele descansar sobre el suelo sin moverse, al acecho de pequeñas presas, entre las que se encontrarían crustáceos y distintos tipos de invertebrados. Durante el periodo reproductivo, entre abril y junio, los machos se visten de colores más oscuros. Es menos huidizo que otras especies de la familia. Mantiene pequeños escondrijos donde refugiarse, aunque no huye hacia los mismos tan deprisa como lo hacen otros góbidos al sentir la presencia de un buceador.

1

2A

2B

1 Bobi *Gobius paganellus* —Familia *Gobiidae*

CAT— Góbit de fang
FRA— Gobie paganel
ING— Rock goby
ALE— Felsengrundel

CARACTERÍSTICAS: Longitud hasta 12 cm. Dos aletas dorsales, la primera con 6 radios espinosos. Coloración básica parda clara, con jaspeado oscuro y manchas oscuras irregulares a lo largo de los laterales. Los machos en celo presentan un color entre pardo oscuro y púrpura, con un ribete entre blanquecino y amarillento en el borde superior de la primera aleta dorsal; algunos ejemplares también presentan un color similar oscuro fuera de la época de reproducción.
POSIBLE CONFUSIÓN: Puede confundirse fácilmente con otras especies de coloración similar.
HÁBITAT Y DISTRIBUCIÓN: Sobre suelos rocosos y con cantos rodados. Desde aguas someras, incluso en charcas que quedan en la marea baja, hasta unos 10 m de profundidad. En todo el Mediterráneo y mar Negro, En el Atlántico oriental desde Senegal hasta las islas Británicas, Cabo Verde, Canarias, Madeira y Azores.
BIOLOGÍA: Tolera ciertas oscilaciones en la concentración de sal en el agua, por lo que penetra hasta aguas salobres.

2 Gobio leopardo *Thorogobius ephippiatus* —Familia *Gobiidae*

CAT— Burret
FRA— Gobie léopard
ING— Leopard-spotted goby
ALE— Leopardengrundel

CARACTERÍSTICAS: Longitud hasta 13 cm. Dos aletas dorsales. Gris-blancuzco, con un ligero brillo azulado; a lo largo del cuerpo presenta grandes manchas pardo-rojizas dispuestas en hileras. En la cabeza las manchas son más pequeñas y numerosas, y de un tono rojizo más claro.
POSIBLE CONFUSIÓN: Ninguna, gracias a su coloración característica. *T. macrolepis* presenta manchas mucho más pequeñas y, en especial en la cabeza, mucho más pálidas.
HÁBITAT Y DISTRIBUCIÓN: En zonas rocosas, en cuevas o bajo saledizos, con pequeñas superficies de arena delante de sus refugios. Por debajo de los 5 m y hasta los 40 m. En todo el Mediterráneo; en el Atlántico oriental desde Madeira hasta las islas Británicas.
BIOLOGÍA: Vive en solitario en zonas umbrías de territorios rocosos. Es propio de suelos arenosos y blandos, pues siempre ocupa dichas áreas dentro de las zonas rocosas. Dados sus huidizos hábitos de vida, resulta bastante raro avistarlos. Con cierta regularidad se les puede encontrar en cuevas, bajo saledizos o al pie de paredes rocosas, siempre que cerca haya un fondo arenoso y que puedan encontrar protección en fisuras horizontales suficientemente profundas.

3 *Pomatoschistus pictus* —Familia *Gobiidae*

CAT— *Pomatoschistus pictus*
FRA— Gobie varié
ING— Painted goby
ALE— Gefleckte Sandgrundel

CARACTERÍSTICAS: Longitud hasta 6 cm. Cuerpo muy delgado, con un largo pedúnculo caudal y dos aletas dorsales. Su coloración y dibujo con manchas están bien adaptados a los fondos en los que habita: tiene manchas pardo-amarillentas, grises azuladas y pardo-oscuras, con los flancos hasta la parte ventral con zonas plateadas. En los laterales suele presentar manchas oscuras más abundantes o cortas bandas transversales. Primera aleta dorsal con dos hileras y la segunda con 3 hileras de puntos oscuros o negros.
POSIBLE CONFUSIÓN: Existen varias especies de este género en el Mediterráneo que se asemejan en cierta medida, siendo especialmente difícil de diferenciar de *P. bathi*. En el Adriático se conoce una subespecie particular de la especie que nos ocupa (*P. pictus adriaticus*).
HÁBITAT Y DISTRIBUCIÓN: Sobre fondos arenosos y de gravas. También en aguas salobres. Desde aguas superficiales hasta por debajo de los 50 m de profundidad. En el Mediterráneo y en el Atlántico oriental hasta Noruega, mar del Norte y mar Báltico.
BIOLOGÍA: Vive en los fondos, algo característico de los góbidos. Incluso se adentra en desembocaduras de ríos (p. ej., hay citas en la desembocadura del río Weser en el mar del Norte). Se alimenta de pequeños invertebrados que viven en los fondos.

1

2

3

1 Cabot chuclador *Lepadogaster candollei* —Familia *Gobiesocidae*

CAT— *Lepadogaster candollei*
FRA— Lépadogaster de De Candolle
ING— Shore clingfish
ALE— Rotfleck-Schildfisch

CARACTERÍSTICAS: Longitud hasta 8 cm. Cabeza aplanada en vertical y cuerpo aplanado en lateral. Sin escamas y con una piel cubierta de una espesa mucosidad. Mandíbula alargada en forma de pico de pato con la abertura de la boca muy amplia y labios carnosos. Carece de tentáculos nasales; sólo unas cortas papilas nasales. Las aletas dorsal y anal están claramente separadas de la caudal. Machos de un pardo-grisáceo oscuro, parcialmente con un brillo azulado, con pintas claras y manchas de un rojo intenso o con bandas sobre los lados del rostro y en la aleta dorsal; hembras con color menos intenso, entre verdoso y parduzco, con manchas claras y oscuras. En raras ocasiones variante roja (1B).
POSIBLE CONFUSIÓN: Con *L. lepadogaster,* aunque tiene las aletas dorsal y anal separadas de la caudal de modo incompleto y tentáculos en los orificios nasales.
HÁBITAT Y DISTRIBUCIÓN: En fondos con cantos rodados y bloques de piedra, y en suelos rocosos. Desde aguas someras hasta unos 15 m de profundidad. En todo el Mediterráneo y mar Negro, En el Atlántico oriental desde Senegal hasta las islas Británicas.
BIOLOGÍA: Poseen una ventosa aspirante en su parte ventral formada por las aletas ventrales. Esta les sirve para adherirse a las piedras, rocas y otros sustratos duros. Viven escondidos entre las numerosas cavidades que hay entre los suelos con cantos rodados y bloques pétreos, o en los nichos de los fondos rocosos bien estructurados. Se alimenta de pequeños crustáceos (isópodos, quisquillas, cochinillas), bivalvos y gasterópodos. En la época de apareamiento, a comienzos de la primavera, las hembras dejan adheridos los pequeños huevos (1,2 mm de largo) en piedras o superficies de rocas en el coto de un macho. Varias hembras proceden a aparearse con un mismo macho, el cual se encarga de vigilar las distintas puestas. Al cabo de unas 2 semanas (a 18 °C), las larvas eclosionan y pasan por una primera fase planctónica antes de adquirir el hábito adulto de vivir sobre el fondo. Estos peces llegan a vivir hasta 6 años.

2 Chucladit *Lepadogaster lepadogaster* —Familia *Gobiesocidae*

CAT— Xucladít
FRA— Porte-écuelle, lépadogaster de Gouan
ING— Shore clingfish
ALE— Blaufleck-Schildfisch

CARACTERÍSTICAS: Longitud hasta 7 cm. Región de la cabeza aplanada en vertical y cuerpo aplanado en lateral. Sin escamas y con una piel cubierta de una espesa mucosidad. Mandíbula alargada en forma de pico de pato con la abertura de la boca muy amplia y labios carnosos. En cada orificio nasal tiene un tentáculo. Las aletas dorsal y anal no están completamente separadas de la caudal. Entre amarillo verdoso y pardo-rojizo con manchas oscuras más o menos conspicuas.
POSIBLE CONFUSIÓN: Véase la especie anterior (*L. candollei).*
HÁBITAT Y DISTRIBUCIÓN: Sobre suelos con cantos rodados y bloques de piedra. Desde aguas someras hasta unos 10 m de profundidad. En todo el Mediterráneo y mar Negro. En el Atlántico oriental desde Senegal hasta las islas Británicas, y en las Canarias y Madeira.
BIOLOGÍA: Prefieren vivir sobre fondos someros cubiertos de cantos rodados. Permanecen adheridos en las superficies Inferiores de las piedras por medio de su ventosa ventral, por lo que son raros de observar. Es menos ágil que la especie anterior. Como alimento le sirven diferentes crustáceos de pequeño tamaño como camarones, cochinillas, pulgas de mar, etc. También engulle las puestas de otras especies y pequeñas larvas de peces. La reproducción tiene lugar entre abril y mayo. Varias hembras desovan en el coto de un mismo macho, dejando los huevos adheridos bajo piedras mediante filamentos adherentes; el macho se ocupa de vigilar las distintas puestas hasta que las larvas eclosionan, lo que sucede al cabo de unas 2 semanas, siempre en función de la temperatura del agua. Las larvas pasan una primera fase planctónica de unas 3-5 semanas, adquiriendo el hábito adulto de vivir en los fondos rocosos cuando alcanzan unos 9 mm de largo. Esta especie tiene una longevidad de 5 años.

1A

1B

2

1 Callionymus pusillus
—Familia *Callionymidae*

CAT— *Callionymus pusillus*
FRA— Callionyme élégant
ING— Sailfin dragonet
ALE— Kleiner Leierfisch

CARACTERÍSTICAS: Longitud: machos hasta 14 cm, hembras hasta 10 cm. Cabeza ancha, aplanada y triangular vista desde arriba. Ojos relativamente grandes, en posición elevada, sobresaliendo sobre la frente. Piel sin escamas. Dos aletas dorsales, la primera con 4 radios duros, y la segunda con 6-7 radios blandos. Clara diferenciación por sexos: los machos tienen unas aletas dorsales mucho mayores y un color más intenso, con bandas transversales de un azul claro en los flancos. En ambos sexos la parte dorsal presenta un color similar al de los fondos arenosos que habita.
POSIBLE CONFUSIÓN: En el Mediterráneo hay en total 7 especies de este género. Las hembras son especialmente difíciles de distinguir, dado su color adaptado al color del fondo.
HÁBITAT Y DISTRIBUCIÓN: Sobre suelos arenosos. Especialmente en aguas no muy profundas; raramente llegan hasta los 100 m de profundidad. En el norte del Mediterráneo, incluyendo aguas del Adriático, Egeo, costas de Líbano e Israel y mar Negro. En el Atlántico oriental en las costas de Portugal hasta la altura de Lisboa.
BIOLOGÍA: Como en el resto de peces de su familia, los calionímidos viven en los fondos arenosos, careciendo de vejiga natatoria. Estos peces descansan sobre sus llamativamente grandes aletas ventrales, muy separadas una de otra. Como peces de fondo que son, se alimentan de pequeños animales de los suelos marinos, sobre todo de gusanos y crustáceos. Durante la época de reproducción, los vistosos machos establecen cotos que defienden frente a otros machos rivales mediante luchas rituales. En dichos enfrentamientos, los adversarios se sitúan uno frente a otro y se amenazan abriendo sus bocas, pudiendo llegar a sujetarse de ellas sus bocas, tratando de hacer retroceder al otro macho, hasta que el macho más débil decida retirarse. En el ritual de apareamiento frente a las hembras, los machos despliegan al máximo las aletas dorsales y la caudal y exhiben sus llamativos colores. Finalmente, macho y hembra nadan hacia aguas libres más superficiales mientras se rozan lateralmente, liberando en el agua sus gametos. Los huevos y larvas son planctónicos.

2 Callionymus risso
—Familia *Callionymidae*

CAT— *Callionymus risso*
FRA— Callionyme bélène
ING— Risso's dragonet
ALE— Rissos Leierfisch

CARACTERÍSTICAS: Longitud: machos hasta 11 cm, hembras hasta 6,5 cm. Cabeza ancha, aplanada y triangular vista desde arriba. Ojos relativamente grandes, en posición elevada, sobresaliendo sobre la frente. Piel sin escamas. Dos aletas dorsales. Color: entre pardo-amarillento y color arena, con manchas más claras distribuidas irregularmente.
POSIBLE CONFUSIÓN: En el Mediterráneo hay en total 7 especies de este género. Las hembras son especialmente difíciles de distinguir, dado su color adaptado al color del fondo,
HÁBITAT Y DISTRIBUCIÓN: Sobre fondos con grava, arenosos y cenagosos. Generalmente entre los 10 m y 50 m de profundidad. En el norte y oeste del Mediterráneo, incluyendo aguas del Adriático, Egeo, costas de Argelia y Túnez, con citas en la cuenca oriental en costas de Israel; también en las costas del oeste y norte del mar Negro. En el Atlántico oriental hasta las costas de Portugal, aunque es raro.
BIOLOGÍA: Los calinonímidos sólo se encuentran de forma regular localmente. Ello, unido a su reducido tamaño y a sus hábitos de vivir en los fondos arenosos, les hace pasar inadvertidos a los submarinistas. La especie que nos ocupa es, como el resto de peces de la familia, un pez propio de los fondos. Se alimenta de pequeños invertebrados que viven en los fondos, sobre todo de gusanos y crustáceos. El desove tiene lugar preferentemente al anochecer. En ese momento el macho y la hembra nadan hacia aguas libres abandonando el fondo, tocándose lateralmente con movimientos suaves y liberando sus gametos en el agua. Enseguida vuelven nadando con rapidez hacia el fondo. Los huevos y larvas son planctónicos.

1

2

1 Pez volador mediterráneo *Cheilopogon heterurus* —Familia *Exocoetidae*

CAT— *Cheilopogon heterurus*
FRA— Poisson volant
ING— Mediterranean flyingfish
ALE— Mittelmeer-Fligender Fisch

CARACTERÍSTICAS: Hasta 40 cm de longitud. Cuerpo alargado con anchas aletas pectorales parecidas a unas alas. Aleta dorsal está colocada delante de la anal. La aleta caudal ahorquillada, su lóbulo inferior más largo que el superior. Coloración desde gris azulado a gris plata.
POSIBLE CONFUSIÓN: La especie puede confundirse con el raramente observado *C. exsiliens*. En ambas especies la aleta dorsal está colocad delante de la anal, pero en el *C. exsiliens* la parte inferior de la aleta caudal es oscura mientras que en el *C. heterurus* esté toda coloreada por igual. El *C. exsiliens* tiene una línea media oscura que no existe en su congénere.
HÁBITAT Y DISTRIBUCIÓN: Forma de vida pelágica bajo aguas superficiales pues prefiere la cercanía de la costa. Mediterráneo occidental; en el Atlántico oriental hasta Noruega meridional, así como en zonas subtropicales del Pacífico.
BIOLOGÍA: Esta especie se sirve probablemente de la huida frente a sus enemigos, para lo que utiliza sus aletas pectorales en forma de alas y emprende vuelos de unos 10 segundos de duración y hasta 200 m de longitud. Este rendimiento lo consigue con vigorosos y rápidos aleteos de sus asimétricas aletas caudales y la babosa de banda oscura, ambas muy parecidas, suelen compartir su hábitat. Con una cadencia de 60 aleteos por segundo consiguen el impulso necesario para ese vuelo a vela casi sobre la superficie del agua en el que no mueve las aletas pectorales. Para la reproducción se sirven de algas para construir nidos flotantes en los que depositan los huevos.

2 Barracuda *Sphiraena sphiraena* —Familia *Sphyraenidae*

CAT— *Sphiraena sphiraena*
FRA— Gran barracuda
ING— Mediterranean o european barracuda
ALE— Barrakuda

CARACTERÍSTICAS: La mayoría de 30 a 50 cm de longitud llegando, en casos excepcionales, a los 165 cm. Perciforme, de cuerpo alargado y cabeza aguzada. Grandes mandíbulas con largos dientes puntiagudos. Mandíbula inferior sobresaliente y más larga que la superior. Aleta caudal ahorquillada en forma de "V". Las aletas pectorales y pelvianas están claramente dispuestas unas detrás de las otras. Ancho preopérculo. Cuerpo de coloración plateada y brillante. En cambio el dorso es oscuro y tiene hasta 22 bandas transversales que llegan a la línea lateral.
POSIBLE CONFUSIÓN: En el Mediterráneo solo hay otras dos especies de barracudas: la *S. chrysotaenia* cuyas aletas pectorales y pelvianas están a la misma altura, y la ***S. viridensis*** que tiene colocadas las aletas como la anterior, pero se diferencia de ella por su estrecho preopérculo.
HÁBITAT Y DISTRIBUCIÓN: Son cazadoras de aguas abiertas sobre suelos rocosos o arenosos a profundidades que llegan a los 100 m. En todo el Mediterráneo así como en el Atlántico, desde Angola hasta Vizcaya. En el Atlántico occidental desde las Bermudas hasta Brasil.
BIOLOGÍA: La mayoría se agrupa en grandes bancos que pueden contener varios miles de individuos. Son depredadores activos y para capturar sus presas (peces, cefalópodos) pueden acelerar a enorme velocidad. Sus dientes son afilados como navajas de afeitar y pueden partir en dos, con toda tranquilidad, a una presa tan grande como su depredador. Sin embargo, son raros sus ataques a las personas. La mayoría se refieren a cazadores submarinos cuando el pez ya ha sido arponeado, pero sigue vivo. Además, en aguas turbias les atraen los objetos que brillan y resplandecen como joyas y los confunden con el tono plateado de los peces que les sirven de presas. El mayor peligro reside en padecer una intoxicación por ciguatera al consumir carne de barracuda.

1

2

1 Pez espada *Xiphias gladius* —Familia *Xiphiidae*

CAT— Peix espasa
FRA— Espadon
ING— See swordfish
ALE— Schwertfisch

CARACTERÍSTICAS: Longitud general hasta 200 cm (máx. 450 cm). Cuerpo robusto en forma de torpedo. La mandíbula superior termina en una larga estructura achatada en sentido horizontal con forma de espada, que supone hasta un tercio de la longitud corporal.
POSIBLE CONFUSIÓN: Ninguna, al ser la única especie de la familia. Los *Istiophoridae,* como marlines y peces vela, se diferencian porque la mandíbula superior se prolonga en una especie de lanza de sección circular, presentan una primera aleta dorsal alargada y tienen aletas ventrales.
HÁBITAT Y DISTRIBUCIÓN: En alta mar, en los dominios epipelagial y mesopelagial. Desde la superficie del mar hasta unos 800 m de profundidad. En todos los mares cálidos y templados del mundo, incluyendo el Mediterráneo y el mar Negro.
BIOLOGÍA: Son peces muy veloces y resistentes, propios de alta mar, que a menudo emprenden largas migraciones. Viven en solitario, aunque pueden formar pequeños grupos. Se alimentan de diferentes peces en alta mar, bancos de caballas o arenques, e incluso de calamares. Se supone que se servirían de la espada en sus cacerías y como arma de defensa. La época de puesta depende de la temperatura de las aguas, pudiendo comenzar en junio y llegando hasta septiembre. Cerca de las costas del sur de Italia y de Sicilia se conocen importantes lugares de cría. Los jóvenes presentan dos mandíbulas de igual longitud y formas de las aletas diferentes a las de los adultos. Cuando alcanzan una longitud aproximada de 1 m adquieren la forma propia de los adultos. Resulta bastante raro que los buceadores puedan llegar a tener un encuentro con ellos. Localmente se pueden observar ejemplares pescados en lonjas. Las embarcaciones típicas para su pesca poseen un mástil de avistamiento muy elevado y están provistas de un largo balancín (1B).

2 Gallo, podas *Bothus podas podas* —Familia *Bothidae*

CAT— Pedas, puput
FRA— Platophrys
ING— Wide-eyed Flounder
ALE— Weitäugiger Butt

CARACTERÍSTICAS: Longitud hasta 45 cm. Cuerpo oval redondeado, asimétrico, lateralmente muy aplanado. Ojos en el lado izquierdo, con el ojo Inferior más adelantado y cerca del hocico que el ojo superior. Los machos tienen los ojos claramente más separados que las hembras, y además tienen una espina en la punta del hocico. Color del lado superior (flanco ocular) muy variable y adaptado al entorno: gris claro, arenoso, parduzco, de forma característica con puntos y manchas más claros, y lado inferior (flanco ciego) claro.
POSIBLE CONFUSIÓN: Existe toda una serie de peces planos de diferentes familias y géneros en el Mediterráneo, todos ellos nada fáciles de distinguir. No obstante, los machos de la especie Botus podas se diferencian suficientemente bien de otras especies similares gracias a sus ojos muy separados entre sí. En Madeira y Canarias se encuentra la subespecie *Botus podas maderensis.*
HÁBITAT Y DISTRIBUCIÓN: Sobre suelos blandos, arenosos y de gravas. Generalmente por debajo de los 5 m y hasta los 200 m de profundidad. En todo el Mediterráneo; en el Atlántico oriental desde Angola hasta Portugal, y en Canarias, Madeira y Azores.
BIOLOGÍA: Los peces planos o pleuronectiformes carecen de vejiga natatoria como parte de sus adaptaciones a la vida en los fondos marinos. Para nadar, se deslizan mediante movimientos ondulatorios de sus aletas a ras del suelo. Se alimentan de pequeños invertebrados del suelo como gusanos, crustáceos, moluscos y otros pequeños peces. La reproducción tiene lugar entre mayo y agosto. Las larvas son, como en el resto de peces planos, simétricas y planctónicas. Sin embargo, se diferencian de las de otras familias de peces planos diferentes a los bótidos por ser extremadamente delgadas y muy transparentes, exceptuando algunas manchas de pigmento. El gallo es un apreciado pescado que se puede encontrar con regularidad en las lonjas de pescado y mercados.

1A

1B

2

1 *Arnoglossus thori*
—Familia *Bothidae*

CAT— *Arnoglossus thori*
FRA— Arnoglosse de Thor
ING— Mediterranean scaldfish
ALE— Thors Lammzunge

CARACTERÍSTICAS: Longitud normal hasta 15 cm (máx. 20 cm). Cuerpo oval alargado, asimétrico, lateralmente muy aplanado. Ojos en el lado izquierdo, con poca separación entre ambos. Color del lado de los ojos variable: color arena, grisáceo o parduzco, con manchas y puntos irregulares. Parte inferior (lado ciego) blancuzco.
POSIBLE CONFUSIÓN: Existen varias especies más, todas ellas nada fáciles de distinguir entre sí.
HÁBITAT Y DISTRIBUCIÓN: Sobre suelos blandos y arenosos. Desde unos pocos metros de profundidad hasta más allá de los 400 m. En el Mediterráneo, faltando en algunas zonas del Mediterráneo oriental. En el Atlántico oriental desde Sierra Leona hasta Irlanda, y en Cabo Verde.
BIOLOGÍA: Los peces planos (pleuronectiformes) son peces marcadamente de los fondos, estando adaptados al hábito de vivir pegados al suelo. Al contrario que otros peces también planos, como las rayas, los pleuronectiformes no están achatados sino más bien comprimidos lateralmente, resultando asimétricos. Sus larvas pasan por una fase planctónica y presentan aún simetría y una forma típica de pez. En un determinado momento de su desarrollo, comienza la transformación, por ej. el desplazamiento de un ojo hasta el otro lado corporal. Según la familia de pleuronectiformes, los ojos quedan al lado derecho o al Izquierdo; en algunas especies incluso llega a haber unos individuos con ojos en el lado derecho y otros en el izquierdo.

2 Pelaya *Phrynorhombus regius*
—Familia *Scophthalmidae*

CAT— Palaia misèries
FRA— Phrynorhombe unimaculé
ING— Eckstrom's topknot
ALE— Augenfleck-Zwergbutt

CARACTERÍSTICAS: Longitud normalmente hasta 12 cm (máx. 20 cm). Ojos en el lado izquierdo y poco separados. Color del lado superior (flanco ocular) variable, adaptado al fondo: arenoso, grisáceo, también rojizo, con manchas irregulares claras y oscuras. En la parte posterior central del cuerpo tiene una mancha ocular (ocelo) oscura más o menos conspicua.
POSIBLE CONFUSIÓN: Se puede confundir con otros peces planos, aunque la combinación de rasgos (ojos en el lado izquierdo, cuerpo ligeramente oval y mancha ocular oscura) permite su identificación con relativa facilidad.
HÁBITAT Y DISTRIBUCIÓN: Generalmente sobre fondos duros, y también sobre suelos con grava y arena. Entre los 10 m y los 180 m. En el Mediterráneo, aunque parece que está ausente en las costas orientales y del sur. En el Atlántico oriental desde Marruecos hasta las islas Británicas.
BIOLOGÍA: Aunque la mayoría de peces planos prefieren los suelos arenosos y blandos, la pelaya vive con agrado sobre suelos rocosos, incluso en superficies rocosas verticales. Los peces planos adaptan perfectamente su color al del entorno. Dado el sustrato circundante, la coloración no es demasiado atractiva, pero en el caso de la pelaya, sobre fondos duros cubiertos de algas puede llegar a mostrar una hermosa coloración, incluso con tonos rojizos.

3 Soldado, peluda *Monochirus hispidus*
—Familia *Soleidae*

CAT— Peluda d'alga, llenguado cuabarrat
FRA— Sole velue
ING— Whiskered sole
ALE— Pelz-Seezunge

CARACTERÍSTICAS: Longitud hasta 20 cm. Ojos en el lado derecho. Carece de aleta pectoral en el lado inferior (flanco ciego). La piel parece ligeramente "hirsuta" debido a las grandes y rugosas escamas. Coloración de la parte superior (flanco ocular) variable.
POSIBLE CONFUSIÓN: Existen unas 15 especies de esta familia de peces en el Mediterráneo. Es la única especie del género *Monochirus* en el Mediterráneo, el cual se diferencia de otros géneros por carecer de aleta pectoral en el flanco ciego.
HÁBITAT Y DISTRIBUCIÓN: Sobre suelos arenosos y blandos, y en menor medida entre praderas marinas. Generalmente entre los 10 m y los 200 m de profundidad.
BIOLOGÍA: No son asustadizos, dejando que los buceadores se acerquen. Sólo está pigmentado el lado superior o flanco ocular, mientras que el lado inferior o flanco ciego es blanquecino o de color claro.

1

2

3

1 *Monacanto reticolato* —Familia *Monacanthidae*

CAT— *Monacanto reticolato*
FRA— Stphanolepsis diaspros
ING— Reticulated leatherjacked
ALE— Rauten-Feilenfisch

CARACTERÍSTICAS: Hasta 25 cm de longitud.
POSIBLE CONFUSIÓN: Ninguna.
HÁBITAT Y DISTRIBUCIÓN: En fondos duros, desde aguas superficiales hasta los 65 m de profundidad. La especie es emigrante del mar Rojo establecida en el Mediterráneo oriental; desde el mar Rojo hasta el golfo Arábigo. Biología: Se alimenta de diversos invertebrados y algas. Es pariente cercano de los balístidos (pez ballesta) y, como ellos, dispone de un mecanismo especial en la aleta dorsal. En momentos de tranquilidad, el primer radio espinoso está guardado en un surco. Pueden levantarlo para defenderse o bien quedar bloqueado y fijo a la segunda espina por medio de una protuberancia. Una presión hacia abajo del tercer radio espinoso relaja el mecanismo de bloqueo. La aleta ventral también dispone de espinas óseas eréctiles con las que, ante alguna amenaza, el pez puede sujetarse entre las grietas de las rocas.

2 *Sargocentrum rubrum* —Familia *Holocentridae*

CAT— *Sargocentrum rubrum*
FRA— Marignan rouget
ING— Redcoat
ALE— Gestreifter Soldatenfisch

CARACTERÍSTICAS: Hasta 20 cm de longitud con un máximo de 30 cm, cuerpo muy aplanado lateralmente. Grandes ojos. Opérculo con largas espinas puntiagudas en la parte inferior y otras dos más cortas arriba. Coloración: pardo rojizo con 8 bandas longitudinales de tono blanco plateado.
POSIBLE CONFUSIÓN: Hay una única especie mediterránea y es inconfundible a causa de su atractiva coloración.
HÁBITAT Y DISTRIBUCIÓN: En cuevas y grietas de costas rocosas, entre 10 a 50 m de profundidad. Prefiere zonas de fuertes corrientes. Inmigrante del mar Rojo. Hasta ahora solo en el Mediterráneo oriental como emigrante del canal de Suez y desde Israel al Líbano hasta penetrar en la costa turca; especie muy extendida en el Indopacífico desde el mar Rojo hasta Japón y Australia.
BIOLOGÍA: La mayoría oriundos de zonas tropicales y subtropicales, se suelen ocultar de día siendo conocidos por su activa forma de vida crepuscular y nocturna. Están adaptados a la oscuridad gracias a sus enormes ojos que usan por la noche en sus expediciones de caza (crustáceos y pequeños peces) y se alimenta de diversos invertebrados y algas. Su carne es apreciada en los trópicos viéndose expuestos en las lonjas y pescaderías de muchos lugares (incluso en Israel y Chipre). Para trabajar con ellos es preciso tomar precauciones, pues sus poderosas espinas operculares constituyen una poderosa arma defensiva que puede provocar dolorosos pinchazos. En los círculos profesionales también se supone que es transmisor de veneno.

3 Pejepuerco blanco, cochino gris *Balistes capriscus* —Familia *Balistidae*

CAT— *Balistes capriscus*
FRA— Baliste commun
ING— Grey triggerfish
ALE— Grauer Drückerfisch

CARACTERÍSTICAS: De 40 a 60 cm de longitud, en el Atlántico occidental llega hasta los 75 cm. Coloración gris azulada a oliva o pardo. Cuerpo muy aplanado lateralmente.
POSIBLE CONFUSIÓN: Resulta inconfundible por ser el único representante mediterráneo de la especie.
HÁBITAT Y DISTRIBUCIÓN: Hasta 100 m de profundidad. Mediterráneo y Atlántico oriental hasta Angola. En el Atlántico occidental desde Canadá (Nueva Escocia), Bermudas, golfo de Méjico y Florida hasta el norte de Argentina.
BIOLOGÍA: Vaga solo o en pequeños grupos. En el Mediterráneo tiene lugar la reproducción en los meses de verano. Las hembras construyen una depresión superficial en la que depositan los huevos. El macho vigila la puesta. Las larvas son pelágicas. La especie se alimenta de invertebrados que viven en el suelo, especialmente los de caparazón o concha dura: bivalvos, gasterópodos, crustáceos y equinoideos. Hay regiones, sobre todo en el Atlántico occidental en que su carne es muy apreciada.

1

2

3

1 Pez de San Pedro, San Martín *Zeus faber* —Familia *Zeidae*

CAT— Peix de Sant Pere, gall
FRA— Saint-Pierre
ING— John dory
ALE— Heringskönig

CARACTERÍSTICAS: Longitud normalmente hasta 40 cm, y raramente hasta 70 cm. Cuerpo con dorso prominente, aplanado lateralmente. Cabeza grande con ojos en posición elevada y hocico dirigido hacia arriba en sentido oblicuo. Dos aletas dorsales, la anterior con radios espinosos llamativamente largos y membranas epidérmicas filamentosas alargadas, y la posterior con radios blandos y similares en estructura a la aleta anal. Color: gris claro con brillo entre plateado y amarillento y un claro dibujo a base de anchas bandas irregulares verdoso-amarillentas; tiene una llamativa mancha oscura con un ribete blanco-amarillento en la zona media de los flancos.
POSIBLE CONFUSIÓN: Ninguna.
HÁBITAT Y DISTRIBUCIÓN: Tanto en aguas libres en alta mar como sobre suelos arenosos y blandos. Desde aguas superficiales hasta por debajo de los 400 m. En todo el Mediterráneo y mar Negro. En el Atlántico oriental desde Sudáfrica hasta Noruega, y en Canarias, Madeira y Azores.
BIOLOGÍA: Vive en solitario o en pequeños grupos poco compactos, dedicándose a capturar peces que nadan formando bancos en aguas libres como los arenques, sardinas o anchoas, e incluso crustáceos de vida planctónica. Engulle a sus presas de una vez dándose un fuerte impulso hacia delante y abriendo su boca de par en par. La época de puesta coincide en el Mediterráneo con el comienzo de la primavera, mientras que en el Atlántico norte se da en el verano. El desove tiene lugar a grandes profundidades. Los huevos, de unos 2 mm de grosor, son planctónicos, al igual que las larvas eclosionadas. Resulta raro de observar este pez al realizar una inmersión. Es capturado regularmente en las redes de pesca junto con sus presas típicas, siendo un apreciado pescado en algunas lonjas y mercados aunque con poca importancia económica.

2 Pez luna, mola *Mola mola* —Familia *Molidae*

CAT— Bot
FRA— Mol, Poisson-lune
ING— Common mola
ALE— Mondfisch

CARACTERÍSTICAS: Longitud hasta 3 m, aunque normalmente su tamaño es menor. Cuerpo con dorso prominente, comprimido lateralmente. Piel correosa. Pequeño hocico con boca en forma de pico. Aletas dorsal y anal extendidas y enfrentadas, con la misma forma triangular. Aletas pectorales muy reducidas. Carece de aletas ventrales. La aleta caudal está reemplazada por una membrana cutánea que une las aletas dorsal y anal y que abarca toda la parte posterior del animal. En lugar de radios blandos o espinosos, esta membrana se sustenta en 11-16 bandas cartilaginosas paralelas. Peso corporal de hasta 1.900 kg.
POSIBLE CONFUSIÓN: Existe otra especie de la misma familia en el Mediterráneo, *Ranzania laevis,* aunque ésta tiene el cuerpo comparativamente más alargado, siendo el doble de largo que de alto.
HÁBITAT Y DISTRIBUCIÓN: En alta mar, y más raramente en la costa. Desde la superficie del mar hasta unos 400 m. En todo el Mediterráneo y en mares tropicales y templados.
BIOLOGÍA: Nada en solitario en aguas libres de mares y océanos. Carece de vejiga natatoria y su esqueleto insuficientemente osificado presenta una gran proporción de cartílago. Se mantiene en la cercanía de la superficie del mar dejándose arrastrar por la corriente. Nada mediante un batir lateral de las aletas dorsal y anal, las cuales no puede llegar a plegar del todo. Su variada alimentación se compone de medusas, ctenóforos, algas, larvas de anguilas, pterópodos pelágicos, calamares, pequeños peces, sargazos y angiospermas marinas. Sobre su reproducción y lugar de desove se sabe muy poco; en una hembra se llegaron a contabilizar hasta 300 millones de huevos de 1 mm de tamaño. El desarrollo de las larvas comprende tres estadios larvarios: los dos primeros indican por su forma un parentesco con el pez ballesta y el pez cofre. No es hasta el tercer estado larvario que adquieren la forma típica del adulto. El nombre científico del pez luna se refiere a su tamaño y forma infrecuente: *mola*, latín, significa "piedra de molino".

1

2

Índice de nombres comunes y científicos

(cat): denominación del nombre común en catalán

Índice de nombres comunes y científicos

Índice de nombres comunes y científicos

Créditos

Con 489 fotografías en color de los autores y de Manuela Kirschner, excepto: v.Boletzky 187/2a, Florian 257/1, Frei 319/1, 321/2, Göthel 163/2, 341/1, Seifarth 135/2,3, Vollmer 265/3, Nowak 161/2, 355/2.
39 pictogramas de Wolfang Lang.
Mapa del Mediterráneo de Jochen Fischer, jf-kartographie, Ingenieurbüro für Computerkartographic.

Todas las fotos de las solapas son de Ralf Kiefner www-ocean-pix.de

Diseño de cubierta de Populärgrafik utilizando dos fotografías de Manuela Kirschner.
La cubierta muestra un caballito de mar y la contra posterior un serránido.
El dibujo del cangrejo es obra de Wolfang Lang.

El contenido de este libro ha sido cuidadosamente investigado y elaborado, sin embargo, ni el autor, el traductor o la editorial aceptan responsabilidades de los datos que contiene.

La edición original de esta obra ha sido publicada en alemán por Franckh-Kosmos Verlags GmbH & Co., Stuttgart (Alemania) con el título

WAS LEBT IM MITTELMEER?

Traducción: **Fernando González-Fierro**
Licenciado en Ciencias Biológicas
Traducción y adaptación de la nueva edición revisada:
Eva Nieto Silva

www.ediciones-omega.es

ISBN 84-282-1695-1

Impreso en Italia

FSC www.fsc.org
MIXTO
Papel procedente de fuentes responsables
FSC® C023164

Ballenas del Mediterráneo

1 Rorcual común *(Balaenoptera physalus)*
2 Rorcual aliblanco o ballena enana *(Balaenoptera acutorostrata)*
3 Rorcual aliblanco o ballena enana *(Balaenoptera acutorostrata)*